新一代信息技术系列教材

U0378897

基于新信息技术的 Windows Server 2019 服务器配置与管理项目教程

主　编　易兰英　张海良　谢钟扬

副主编　刘　佳　冯　浪　钟雅瑾

　　　　刘　娟　刘　群　李晨子

　　　　吴小平　李　龙　袁毅胥

主　审　左国才

西安电子科技大学出版社

内 容 简 介

本书以建设网络、管理网络为出发点，以工程项目为载体，按照"项目导向、任务驱动"的方式，着眼于实践应用，并结合企业的真实案例，系统地介绍了 Windows Server 2019 网络操作系统在企业中的应用。

本书包含 12 个项目：安装 Windows Server 2019 网络操作系统、用户账户和组的创建与管理、活动目录的配置与管理、组策略的配置与管理、管理文件系统与共享资源、磁盘管理、DNS服务器的配置与管理、DHCP 服务器的配置与管理、Web 服务器的配置与管理、FTP 服务器的配置与管理、VPN 服务器的配置与管理、NAT 服务器的配置与管理。

本书结构合理，知识点全面，实例丰富，语言通俗易懂，可以作为高职高专院校和应用型本科计算机类专业的理论与实践一体化教材，也可以作为 Windows Server 2019 系统管理人员和网络管理工作者的参考书。

图书在版编目（CIP）数据

基于新信息技术的 Windows Server 2019 服务器配置与管理项目教程 / 易兰英，张海良，谢钟扬主编. -- 西安 ：西安电子科技大学出版社, 2024. 8. -- ISBN 978-7-5606-7390-5

Ⅰ. TP316.86

中国国家版本馆 CIP 数据核字第 2024VL2775 号

策　　划　　杨丕勇
责任编辑　　杨丕勇
出版发行　　西安电子科技大学出版社（西安市太白南路 2 号）
电　　话　　（029）88202421　88201467　　　　邮　　编　710071
网　　址　　www.xduph.com　　　　　　　电子邮箱　xdupfxb001@163.com
经　　销　　新华书店
印刷单位　　广东虎彩云印刷有限公司
版　　次　　2024 年 8 月第 1 版　　2024 年 8 月第 1 次印刷
开　　本　　787 毫米×1092 毫米　1/16　印 张　26.5
字　　数　　633 千字
定　　价　　66.00 元

ISBN 978-7-5606-7390-5

XDUP 7691001-1

*** 如有印装问题可调换 ***

前　言

随着计算机网络技术的不断发展，计算机网络已经成为人们生活、工作的重要组成部分之一，以网络为核心的工作方式必将成为未来的发展趋势。培养大批熟练掌握网络技术的人才是当前社会发展的迫切需求。党的二十大报告提出：教育、科技、人才是全面建设社会主义现代化国家的基础性、战略性支撑。我国主动顺应信息革命时代浪潮，以信息化培育新动能，用数字新动能推动新发展，数字技术不断创造新的可能。

在高等教育中，网络操作系统已经成为计算机网络技术专业的一门重要的专业课。随着 Internet 技术的飞速发展，人们越来越重视网络操作系统服务器的配置与管理，本书作为专业课程教材，与时俱进，涵盖的知识面与技术面广，可以让读者学习到前沿且实用的技术，为以后的工作储备基础知识。本书使用 Windows Server 2019 搭建网络实训环境，在介绍相关理论与技术原理的同时，搭配大量的项目配置案例，以达到理论与实践相结合的教学目的。

本书融入了编者丰富的教学经验，从网络操作系统初学者的视角出发，采用"教、学、做一体化"的教学方法，以实际项目转化的案例为主线，以"学做合一"的理念为指导，系统介绍了 Windows Server 2019 网络操作系统在企业中的应用，旨在使读者在学习本书的过程中不仅能够快速完成对入门基本技术的学习，还能够进行实际项目的开发。

本书的主要特点如下：

(1) 本书内容组织合理、有效，按照由浅入深的顺序，在逐渐丰富系统功能的同时，引入相关技术与知识，有助于"教、学、做一体化"教学方法的实施。

(2) 本书结合最新的全国职业院校技能大赛——"计算机网络应用"赛项的操作系统模块进行设计，任务实施由浅入深，层次分明。

(3) 本书内容充实、实用，实践与理论教学紧密结合，以使读者快速掌握相关技术并能够按实际项目开发要求熟练运用之。

易兰英、张海良、谢钟扬担任本书主编，刘佳、冯浪、钟雅瑾、刘娟、刘群、李晨子、吴小平、李龙、袁毅胥担任副主编。全书由左国才主审。

本书在编写过程中得到了湖南软件职业技术大学谭长富校长、马庆院长和左国才副院长等领导和专家的大力支持与热心帮助，在此表示衷心感谢。

由于编者水平有限，书中难免存在不妥之处，殷切希望广大读者批评指正，在此深表感谢。

编　者

2024 年 5 月

目　录

项目 1　安装 Windows Server 2019 网络操作系统

 **项目背景**

上海某科技职业学院 2022 级网络专业的小李进入一家 IT 企业实习，成为一名网络管理员。部门经理要求小李为物理服务器安装 Windows Server 2019，于是他去请教了网络专业的吴老师。吴老师要求他首先从下面三个方面来了解服务器。

(1) 目前主流的操作系统。

(2) Windows Server 2019 的各个版本。

(3) 利用虚拟机技术构建 Windows Server 2019 的方法。

 知识目标

- 了解 VMware 模拟器。
- 了解 Windows Server 2019。
- 掌握 Windows Server 2019 的特性。
- 掌握 Windows Server 2019 的服务器角色和功能。

 能力目标

- 掌握虚拟机及 Windows Server 2019 的安装方法。
- 掌握系统克隆与快照管理的方法。
- 掌握系统基本配置与管理的方法。

 素养目标

- 加强爱国主义教育，弘扬爱国精神与工匠精神。
- 培养自我学习的能力和习惯。
- 树立团队互助、合作进取的意识。

任务 1 安装 VMware Workstation 16

任务描述

VMware Workstation 虚拟机是在使用 Windows 或 Linux 的计算机上运行的应用程序，它可以模拟一个标准的计算机环境，和真实的计算机一样，也有 CPU、内存、硬盘、网卡、USB 接口等。本任务是完成 VMware Workstation 16 的安装。

知识衔接

一、VMware Workstation 虚拟机简介

在计算机科学中，虚拟机是指可以像物理计算机一样运行程序的计算机软件，VMware Workstation 虚拟机是一款通过软件模拟的具有完整硬件系统功能的、运行在一个完全隔离环境下的、完整的计算机系统。通过 VMware Workstation 虚拟机，用户可以在一台物理计算机上模拟出一台或多台虚拟机，这些虚拟机完全像真正的计算机那样工作(例如，可以安装 Windows Server 2019，安装应用程序，访问网络资源等)。对于用户而言，VMware Workstation 虚拟机只是运行在物理计算机上的一个应用程序；但是对于在 VMware Workstation 虚拟机中运行的应用程序而言，它就是一台真正的计算机。

VMware Workstation 虚拟机软件可以在计算机平台和终端用户之间建立一种环境，终端用户基于这个环境来操作软件。

当在虚拟机中进行软件测评时，操作系统可能一样会崩溃，但是崩溃的只是虚拟机上的操作系统，而不是物理计算机上的操作系统，且使用虚拟机的快照功能可以使虚拟机恢复到安装软件之前的状态。

VMware Workstation 的主要功能如下：

(1) 不需要分区或重开机就能在同一台计算机中使用两种及以上操作系统。

(2) 完全隔离并保护不同操作系统的操作环境及所有安装在操作系统上的应用程序和资料。

(3) 不同的操作系统之间可以进行互动操作。

(4) 具有恢复功能、快照功能、复制功能。

(5) 能够设定并随时修改操作系统的操作环境，如内存、磁盘空间、周边设备等。

二、虚拟服务器

虚拟服务器是在计算机上建立一台或多台虚拟机并由虚拟机来完成服务工作的服务器。各台虚拟机之间完全独立并可由用户自行管理，虚拟并非指不存在，而是指各虚拟机是由实体的服务器延伸而来的，其硬件系统可以基于服务器群或单台服务器来构建。

Internet 服务器通过硬件服务器虚拟成虚拟服务器可以节省硬件成本,同时一台虚拟服务器可以按逻辑划分为多个服务单位,对外表现为多台服务器,从而充分利用服务器硬件资源,提供多种服务(如 HTTP、DHCP、FTP、E-mail 等)。

三、虚拟软件

目前主流的虚拟软件有 VMware、Virtual Box、Virtual PC 和 Bochs,它们都能在 Windows 上虚拟出多台计算机。

传统的虚拟机可以模拟出其他种类的操作系统,但它需要模拟底层的硬件指令,所以在应用程序运行速度方面稍显薄弱,这是和目前的虚拟系统最大的区别。

VMware 公司总部位于美国加州帕洛阿尔托,该公司是全球云基础架构和移动商务解决方案厂商,提供基于 VMware 的解决方案,其主要涉及的业务包括数据中心改造、公有云整合等。VMware 的产品中,最常用的就是 VMware Workstation。VMware 的桌面产品非常简单、便捷,支持目前多种主流操作系统,如 Windows、Linux 等,并且提供多平台版本。

四、VMware 虚拟机的网络连接模式

在 VMware Workstation 中,虚拟机的网络连接主要是由 VMware 创建的虚拟交换机负责实现的,VMware 可以根据需要创建多个虚拟网络。VMware 的虚拟网络都是以 "VMnet+数字" 的形式来命名的,如 VMnet0、VMnet1、VMnet2。在一般情况下,虚拟机建立之后需要和宿主机通信。虚拟机可选的三种网络连接模式为桥接(Bridge)模式、NAT 模式和 Host-only 模式。

(一) 桥接模式

桥接模式是比较容易实现的网络连接模式。Host 主机的物理网卡和 Guest 客户机的虚拟网卡在 VMnet0 上通过虚拟网桥进行连接。也就是说,Host 主机的物理网卡和 Guest 客户机的虚拟网卡处于同等地位,此时的客户机就像宿主机所在网段上的另一台计算机。

如果宿主机存在 DHCP 服务器,那么宿主机和客户机都可以通过 DHCP 的方式来获取 IP 地址。

(二) NAT 模式

NAT(network address translation,网络地址转换)的主要任务是使虚拟机通过宿主机连接到 Internet。也就是说,虚拟机自己不能连接 Internet,只有通过宿主机才能连接到网络。宿主机负责将虚拟机收发数据时的 IP 地址进行转换,在这种情况下,虚拟机的 IP 地址对外是不可见的。

(三) Host-only 模式

Host-only 网络被设计成一个与外界隔离的网络。采用 Host-only 模式的虚拟网络适配器仅对宿主机可见,并在虚拟机和宿主机系统之间提供网络连接。相对于 NAT 模式而言,Host-only 模式不具备 NAT 功能,因此在默认情况下,使用 Host-only 模式的虚拟机无法连

接到 Internet。

任务实施

VMware Workstation 虚拟机在采用 Windows 或 Linux 的计算机上运行，可以模拟标准的计算机硬件系统环境。本次实验以 VMware Workstation 16 的 Windows 版本为例，展示 VMware Workstation 的安装和配置过程。

(1) 运行下载好的 VMware Workstation 16 Pro 安装包，当看到虚拟机软件的安装向导界面时，点击"下一步"按钮，如图 1-1 所示。

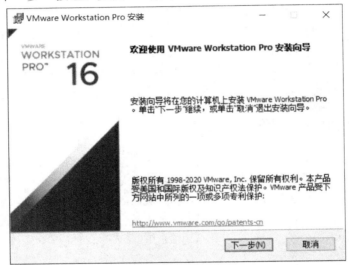

图 1-1　安装向导界面

(2) 在"最终用户许可协议"界面中，勾选"我接受许可协议中的条款"复选框，点击"下一步"按钮，如图 1-2 所示。

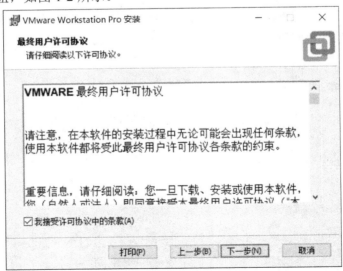

图 1-2　"最终用户许可协议"界面

（3）在"自定义安装"界面中，勾选"将 VMware Workstation 控制台工具添加到系统 PATH"复选框，点击"下一步"按钮，如图 1-3 所示。

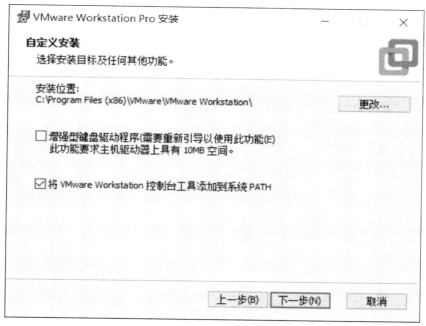

图 1-3　"自定义安装"界面

（4）在"用户体验设置"界面中，取消勾选"启动时检查产品更新"及"加入 VMware 客户体验提升计划"复选框，点击"下一步"按钮，如图 1-4 所示。

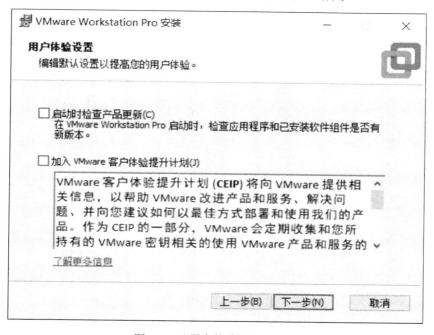

图 1-4　"用户体验设置"界面

(5) 在"快捷方式"界面中，选择快捷方式的创建位置，点击"下一步"按钮，如图 1-5 所示。

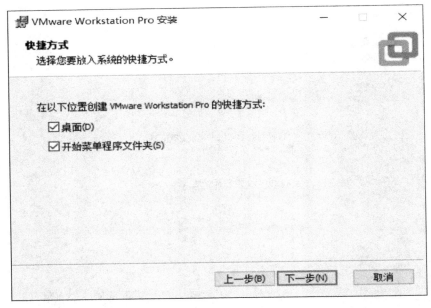

图 1-5　"快捷方式"界面

(6) 在"已准备好安装 VMware Workstation Pro"界面中，点击"安装"按钮，开始安装软件，如图 1-6 所示。

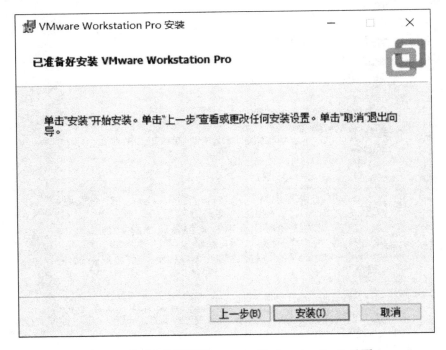

图 1-6　"已准备好安装 VMware Workstation Pro"界面

(7) 在"正在安装 VMware Workstation Pro"界面中可看到软件安装的状态，如图 1-7 所示。

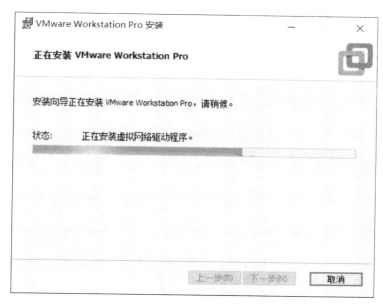

图 1-7　"正在安装 VMware Workstation Pro"界面

(8) 在"VMware Workstation Pro 安装向导已完成"界面(见图 1-8)中，选择是否输入软件许可证密钥。如果需要试用 30 天，则直接点击"完成"按钮；如果已经购买软件许可证，则点击"许可证"按钮。

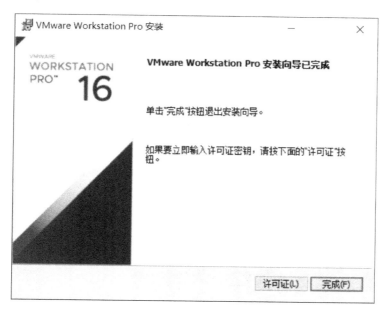

图 1-8　"VMware Workstation Pro 安装向导已完成"界面

(9) 在"输入许可证密钥"界面中，按指定格式输入许可证密钥，点击"输入"按钮，如图 1-9 所示。

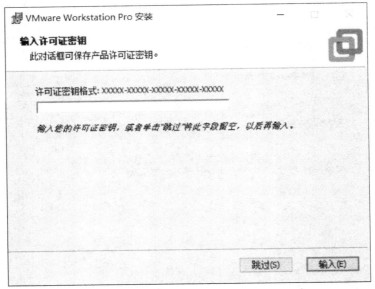

图 1-9　"输入许可证密钥"界面

　　(10) 返回"VMware Workstation Pro 安装向导已完成"界面，直接点击"完成"按钮。
至此，VMware Workstation 16 Pro 安装完成。

　　(11) 双击桌面中的 VMware Workstation Pro 图标，打开 VMware Workstation 窗口的
"主页"界面，表示安装完成，如图 1-10 所示。

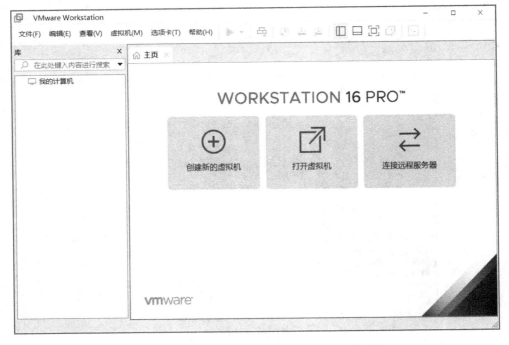

图 1-10　VMware Workstation 窗口的"主页"界面

任务 2　安装和配置 Windows Server 2019

任务描述

某公司的部门经理要求小陈在办公室新购置的服务器中安装一个操作系统。该服务器作为办公室的文件服务器使用，其采用的操作系统是公司提供的企业版 Windows Server 2019。该操作系统进行初始配置的要求如下：

(1) 计算机名称为 server01；

(2) IP 地址为 192.168.10.10；

(3) 子网掩码为 255.255.255.0；

(4) 网关为 192.168.10.254。

知识衔接

一、Windows Server 2019 简介

Windows Server 2019 是由微软(Microsoft)公司在 2018 年 11 月 13 日发布的服务器版操作系统。该系统是基于 Windows Server 2016 开发的，是对 Windows NT Server 的进一步拓展应用和延伸，是迄今为止 Windows 服务器体系中的重量级产品。Windows Server 2019 与 Windows 10 同宗同源，其提供了图形用户界面，具有大量与服务器相关的特性。Windows Server 2019 主要用于虚拟专用服务器(virtual private server，VPS)或服务器，可用于架设网站或者提供各类网络服务。它具有四大重要特性：混合云(hybrid clouds)、安全(security)、应用程序平台(application platform)和超融合基础架构(hyper converged infrastructure，HCI)。该版操作系统将会作为下一个长期服务频道(long-term servicing channel，LTSC)为企业提供服务，新版本也将继续提高安全性并提供比以往版本更强大的性能。

Windows Server 2019 拥有全新的图形用户界面、强大的管理工具、改进的 Power Shell 支持，以及在网络、存储和虚拟化方面的大量特性，且底层特意采用云设计，提供了创建私有云和公共云的基础设施。Windows Server 2019 规划了一套完备的虚拟化平台，不仅可以应对多工作负载、多应用程序、高强度，还可以简单、快捷地进行平台管理。另外，它在保障数据和信息的高安全性、可靠性、省电、整合方面也进行了诸多改进。

(一) Windows Server 2019 的特点

1. 超越虚拟化

Windows Server 2019 完全超越了虚拟化的概念，提供了一系列新增和改进的技术，极大地发挥了云计算的潜能，其中最大的亮点就是私有云的创建。在 Windows Server 2019

的开发过程中，对 Hyper-V 的功能与特性进行了大幅改进，从而使其能为企业提供动态的多租户基础架构，企业可在灵活的 IT 环境下部署私有云，并能动态响应不断变化的业务需求。

2. 功能强大，管理简单

Windows Server 2019 可帮助 IT 专业人员在对云进行优化的同时，提供高度可用、易于管理的多服务器平台，从而更快捷、更高效地满足业务需求，且可以通过基于软件的策略控制技术更好地管理系统，从而获得各类收益。

3. 跨越云端的应用体验

Windows Server 2019 是一套全面、可扩展且适应性强的 Web 应用程序平台，能为用户提供足够的灵活性，供用户在内部、云端、混合式环境下构建应用程序，并能使用一致的开放式工具。

4. 现代化的工作方式

Windows Server 2019 在设计上可以满足现代化工作风格的需求，帮助管理员使用智能且高效的方法提升企业环境下的用户生产力，尤其是涉及集中化桌面的场景。

(二) Windows Server 2019 的版本

根据企业规模以及虚拟化和数据中心的要求，微软公司将 Windows Server 2019 分为 3 个版本，即 Windows Server 2019 Datacenter(数据中心版)、Windows Server 2019 Essentials(精华版)和 Windows Server 2019 Standard(标准版)。

(1) Windows Server 2019 Datacenter 用于特大型企业，专为高度虚拟化的基础架构设计，包括私有云和混合云环境。它提供 Windows Server 2019 可用的所有角色和功能，它为在相同硬件上运行的虚拟机提供了无限的基于虚拟机的许可证，它还提供受防护的虚拟机的改进、软件定义网络(software defined network，SDN)的安全性保障、Windows Defender 高级威胁的防护等功能。

(2) Windows Server 2019 Essentials 用于小型企业(最多包括 50 台设备)，它支持两个处理器内核和高达 64 GB 的随机存取存储器(random access memory，RAM)，但不支持 Windows Server 2019 的许多功能，如虚拟化等。

(3) Windows Server 2019 Standard 用于一般企业，它提供了 Windows Server 2019 可用的许多角色和功能。它最多包括两个虚拟机的许可证并支持安装 Nano 服务器。

(三) Windows Server 2019 的特性

Windows Server 2019 的四大特性如下所述。

1. 混合云

Windows Server 2019 和 Windows Admin Center 让用户可以更加容易地将现有的本地环境连接到 Microsoft Azure。使用 Windows Server 2019 的用户可以更加容易地使用 Azure 云服务(如 Azure Backup 和 Azure Site Recovery 等)，且随着时间的推移，微软公司将支持更多的服务。

2. 安全性

保证安全性仍然是微软公司的首要任务。从 Windows Server 2016 开始，微软公司就在推进新的安全功能，而 Windows Server 2019 的安全性就建立在其强大的基础之上，并与 Windows 10 共享了一些安全功能，如 Defender ATP for Server 和 Defender Exploit Guard 等。

3. 使用容器应用平台

随着开发人员和运营团队逐渐意识到在新模型中运营业务的好处，容器正变得越来越流行。除了在 Windows Server 2016 中所做的工作之外，微软公司将一些新技术都添加到了 Windows Server 2019 中，这些技术包括 Linux Containers on Windows、Windows Subsystem for Linux 和对体量更小的 Container 的映像支持。

4. 超融合基础架构

如果考虑改进物理或主机服务器基础架构，就应该考虑使用超融合基础架构。这种新的部署模型允许将计算、存储和网络整合到相同的节点中，从而降低基础架构的搭建成本，同时获得更好的性能、可伸缩性和可靠性。

(四) Windows Server 2019 的最低安装要求

如果计算机未达到运行 Windows Server 2019 的最低硬件要求，则将无法正确安装产品。实际要求因系统配置和所安装应用程序及它们的功能而异。除非另有指定，否则这些最低硬件要求适用于所有安装选项(服务器核心和具有桌面体验的服务器)以及标准版和数据中心版。

1. CPU

CPU 的性能不仅取决于处理器的时钟频率，还取决于处理器的内核数以及处理器的缓存大小。以下是 Windows Server 2019 对 CPU 的最低要求。

(1) 具有 1.4 GHz 64 位处理器；

(2) 与 x64 指令集兼容；

(3) 支持禁止执行(no eXecute，NX)和数据执行保护(data execution prevention，DEP)；

(4) 支持汇编语言 CMPXCHG16b、LAHF/SAHF 和 PrefetchW；

(5) 支持二级地址转换。

2. RAM

Windows Server 2019 对 RAM 的最低要求是 512 MB(对于带桌面体验的服务器，要求为 2 GB)。当使用支持的最低硬件参数(1 个处理器核心、512 MB RAM)创建一台虚拟机，尝试在该虚拟机上安装 Windows Server 2019 时，会发现安装失败。为了解决这个问题，需要执行下列操作之一。

(1) 向要安装 Windows Server 2019 的虚拟机分配至少 800 MB 的 RAM。在完成安装后，可以根据实际服务器配置更改 RAM 分配，最少分配量为 512 MB。如果使用其他语言或更新、修改安装程序的启动映像，则可能需要分配至少 800 MB 的 RAM，否则无法完成安装。

(2) 使用"Shift + F10"组合键中断 Windows Server 2019 在虚拟机上的引导进程。在打开的"命令提示符"窗口中，使用 diskpart.exe 创建并格式化一个安装分区，运行"wpeutil

create pagefile/path=C:\pf.sys"(假设创建的安装分区为 CA)命令,并关闭"命令提示符"窗口继续安装。

3. 存储控制器和磁盘空间窗口

运行 Windows Server 2019 的计算机必须包括符合高速外设部件互连(peripheral component interconnect express,PCI Express)体系结构规范的存储适配器。系统分区对磁盘空间的最低要求是 32 GB。

请注意,32 GB 应视为确保成功安装的磁盘空间的最低值。如果满足此最低值,则能够使用服务器核心模式安装包含 Web 服务、互联网信息服务(Internet information services,IIS)的 Windows Server 2019。服务器核心模式下的服务器比带有 GUI 模式的服务器中的相同服务器大约小 4 GB。如果通过网络安装系统,则内存超过 16 GB 的计算机还需要为页面文件、休眠文件和转储文件分配额外的磁盘空间。

4. 网络适配器

与 Windows Server 2019 一起使用的网络适配器的最低要求如下:

(1) 以太网适配器的吞吐量至少为 1 GB/s;

(2) 符合 PCI Express 体系结构规范。

二、Windows Server 2019 的安装方式

Windows Server 2019 有多种安装方式,分别适用于不同的环境,用户可以根据实际需求选择安装方式。常见的安装方式包括 DVD 光盘安装、升级安装、远程安装及 Server Core 安装。本任务使用 VMware 虚拟机安装 Windows Server 2019。

任务实施

在本任务中,宿主机使用 Windows 10,通过 VMware Workstation 建立 Windows Server 2019 的虚拟机。

(1) 双击桌面上的"VMware Workstation Pro"图标,如图 1-11 所示,打开软件。

(2) 启动后会打开"VMware Workstation"窗口,如图 1-12 所示。

图 1-11 "VMware Workstation Pro"图标

图 1-12　"VMware Workstation"窗口

（3）选择"创建新的虚拟机"选项，弹出"新建虚拟机向导"对话框，如图 1-13 所示。

（4）点击"典型(推荐)"选项按钮，点击"下一步"按钮，进入"安装客户机操作系统"界面，点击"稍后安装操作系统"选项按钮，如图 1-14 所示。

图 1-13　"新建虚拟机向导"对话框

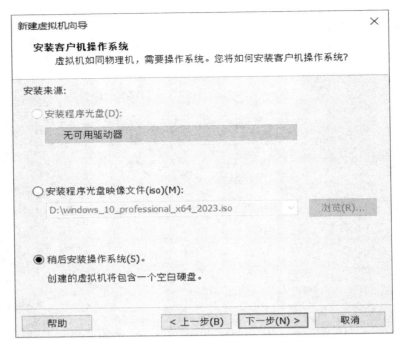

图 1-14　"安装客户机操作系统"界面

（5）点击"下一步"按钮，进入"选择客户机操作系统"界面，点击"Microsoft Windows"选项按钮，在版本选择中，没有"Windows Server 2019"，但因为 2019 版本和 2016 版本的核心相同，所以选择 Windows Server 2016，如图 1-15 所示。

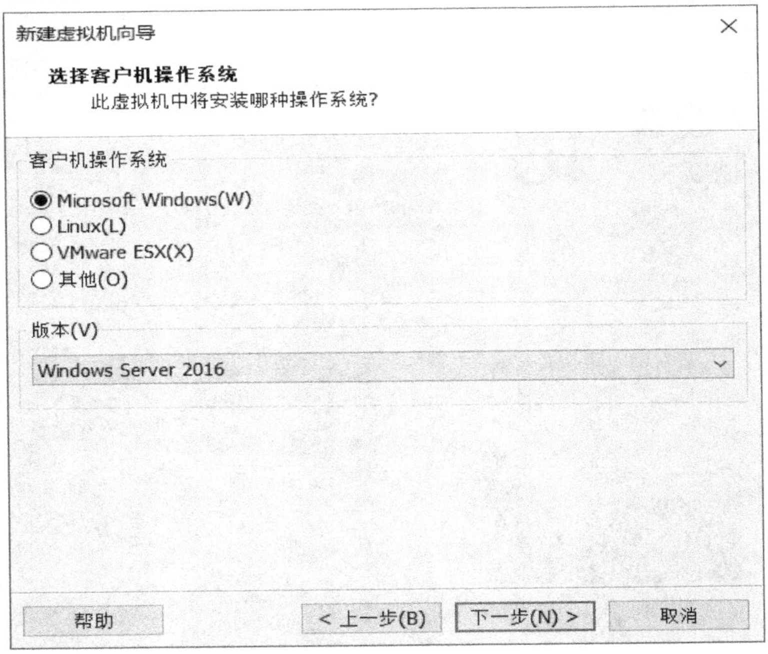

图 1-15　"选择客户机操作系统"界面

（6）点击"下一步"按钮，进入"命名虚拟机"界面，输入虚拟机名称，并设置安装位置，如图 1-16 所示。

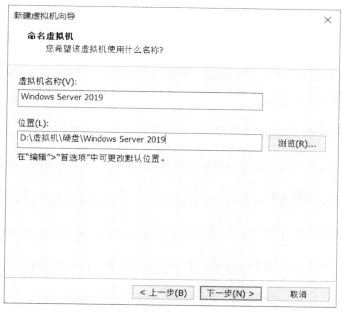

图 1-16 "命名虚拟机"界面

（7）点击"下一步"按钮，进入"指定磁盘容量"界面，设置最大磁盘大小，点击"将虚拟磁盘拆分成多个文件"选项按钮，如图 1-17 所示。

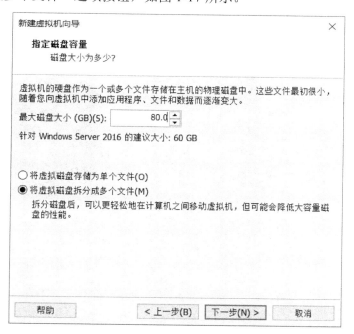

图 1-17 "指定磁盘容量"界面

（8）点击"下一步"按钮，进入"已准备好创建虚拟机"界面，如图 1-18 所示。

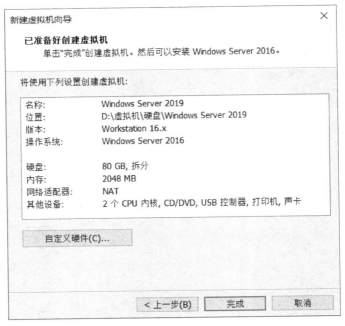

图 1-18 "已准备好创建虚拟机"界面

(9) 点击"完成"按钮,返回"Windows Server 2019-VMware Workstation"窗口,如图 1-19 所示。

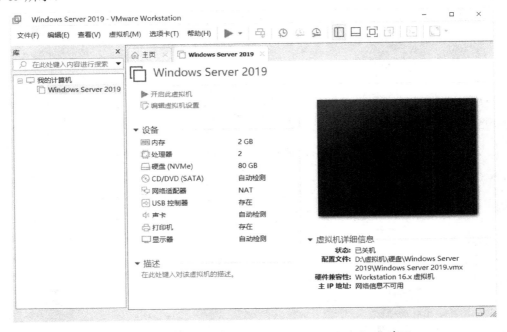

图 1-19 "Windows Server 2019-VMware Workstation"窗口

(10) 点击"编辑虚拟机设置"链接,弹出"虚拟机设置"对话框,选择"硬件"选项卡下的"内存"选项,设置内存容量,如图 1-20 所示。

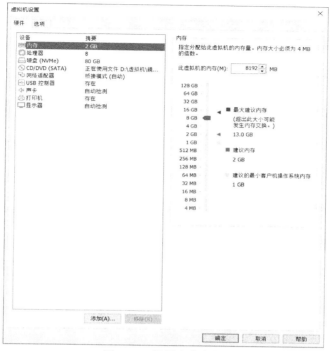

图 1-20　设置内存容量

(11) 选择"硬件"选项卡下的"处理器"选项，设置处理器的相关参数，如图 1-21 所示。

图 1-21　设置处理器的相关参数

(12) 选择"硬件"选项卡下的"硬盘"选项，设置硬盘的相关参数，如图 1-22 所示。

图 1-22　设置硬盘的相关参数

(13) 选择"硬件"选项卡下的"CD/DVD(SATA)"选项，设置 CD/DVD(SATA)的相关参数，点击"使用 1SO 映像文件"选项按钮。点击"浏览"按钮，选择下载的镜像文件目录，如图 1-23 所示。

图 1-23　设置 CD/DVD(SATA)的相关参数

(14) 选择"硬件"选项卡下的"网络适配器"选项,设置网络适配器的相关参数,如图 1-24 所示。

图 1-24 设置网络适配器的相关参数

(15) 选择"硬件"选项卡下的"USB 控制器"选项,设置 USB 控制器的相关参数,如图 1-25 所示。

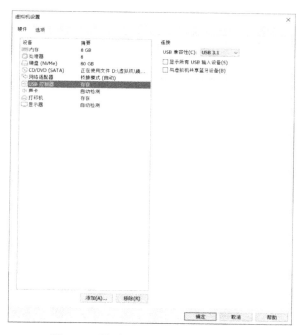

图 1-25 设置 USB 控制器的相关参数

(16) 选择"硬件"选项卡下的"声卡"选项，设置声卡的相关参数，如图 1-26 所示。

图 1-26　设置声卡的相关参数

(17) 选择"硬件"选项卡下的"打印机"选项，设置打印机的相关参数，如图 1-27 所示。

图 1-27　设置打印机的相关参数

(18) 选择"硬件"选项卡下的"显示器"选项，设置显示器的相关参数，如图 1-28 所示。

图 1-28　设置显示器的相关参数

(19) 点击"确定"按钮，返回"Windows Server 2019-VMware Workstation"窗口，进入操作系统安装状态，如图 1-29 所示。

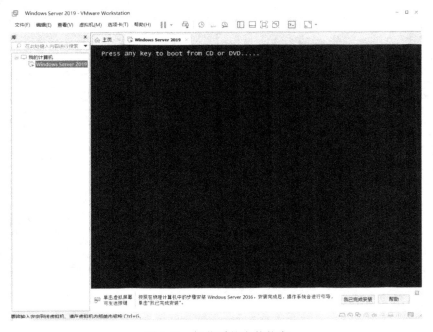

图 1-29　操作系统安装状态

(20) 按任意键进行系统安装，打开"Windows 安装程序"窗口，如图 1-30 所示。

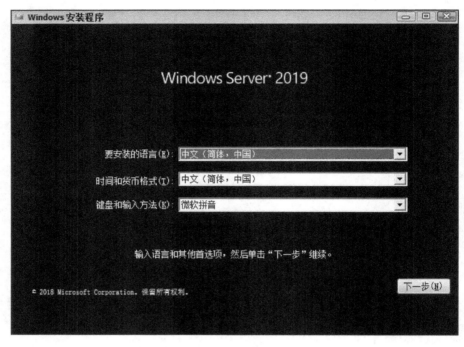

图 1-30　"Windows 安装程序"窗口

(21) 点击"下一步"按钮，进入"现在安装"界面，如图 1-31 所示。

图 1-31　"现在安装"界面

(22) 点击"现在安装"按钮，弹出"Windows 安装程序"对话框，如图 1-32 所示。

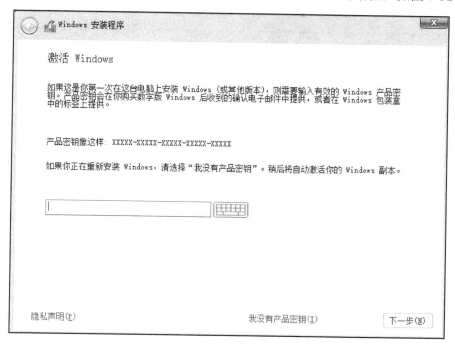

图 1-32　"Windows 安装程序"对话框

(23) 输入产品密钥，点击"下一步"按钮，进入"选择要安装的操作系统"界面，如图 1-33 所示。

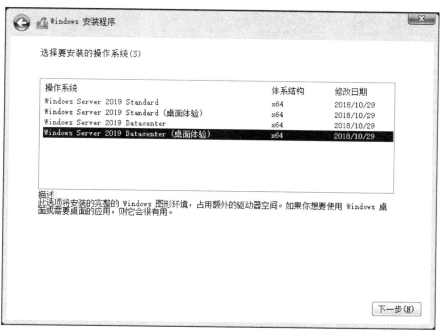

图 1-33　"选择要安装的操作系统"界面

(24) 选择"Windows Server 2019 Datacenter(桌面体验)"选项，点击"下一步"按钮，进入"适用的声明和许可条款"界面，如图 1-34 所示。

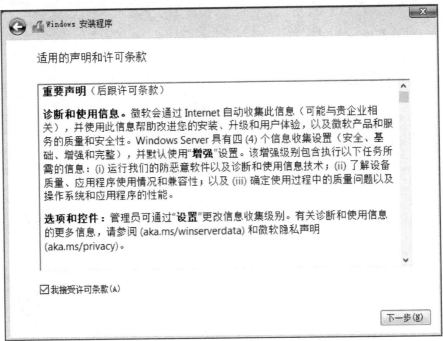

图 1-34　"适用的声明和许可条款"界面

(25) 勾选"我接受许可条款"复选框，点击"下一步"按钮，进入"你想执行哪种类型的安装?"界面，如图 1-35 所示。

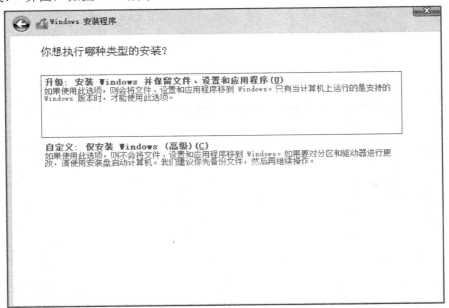

图 1-35　"你想执行哪种类型的安装?"界面

(26) 选择"自定义：仅安装 Windows(高级)"选项，进入"你想将 Windows 安装在哪里?"界面，如图 1-36 所示。

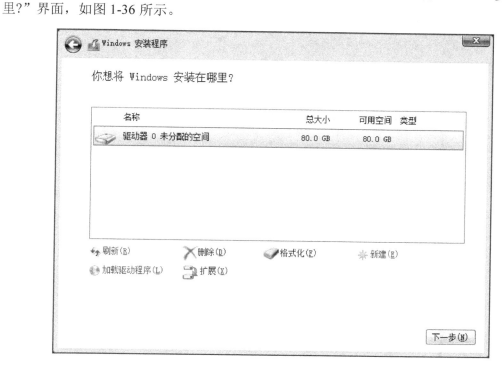

图 1-36　"你想将 Windows 安装在哪里?"界面

(27) 点击"新建"按钮，设置磁盘(分区 2)容量为 60 000 MB(C:\)，如图 1-37 所示。

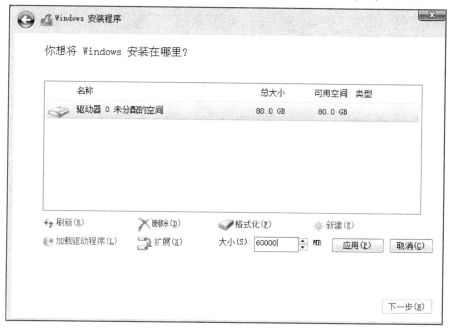

图 1-37　设置磁盘(分区 2)的大小

(28) 点击"新建"按钮，设置磁盘(分区 3)容量为 21 304 MB(D:\)，如图 1-38 所示。

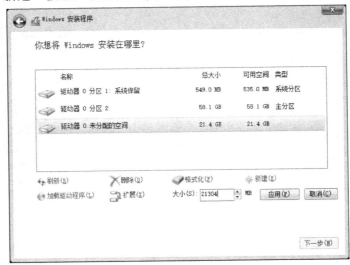

图 1-38　设置磁盘(分区 3)的大小

(29) 点击"应用"按钮，完成磁盘分区，进入分区完成界面，如图 1-39 所示。

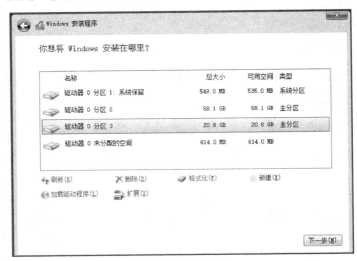

图 1-39　分区完成界面

(30) 选择相应的分区，点击"格式化"按钮，弹出格式化分区提示对话框，如图 1-40 所示。

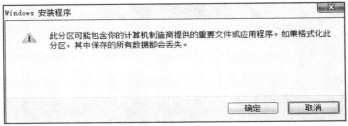

图 1-40　格式化分区提示对话框

(31) 点击"确定"按钮，进入"正在安装 Windows"界面，如图 1-41 所示。

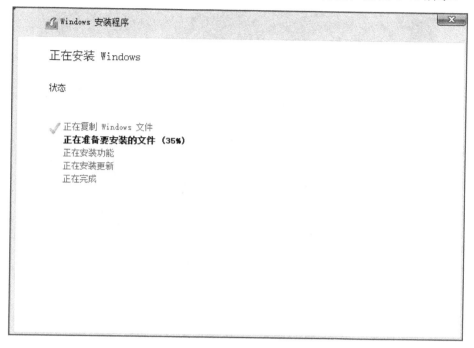

图 1-41 "正在安装 Windows"界面

(32) 系统安装完成后，会自动进行重启，并进入"自定义设置"界面，如图 1-42 所示。

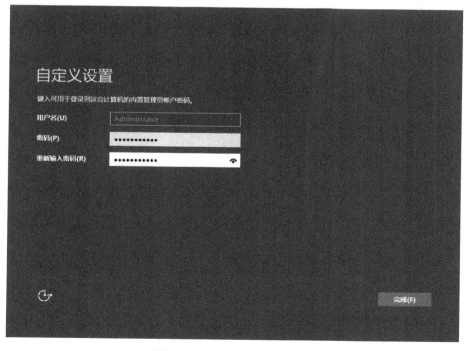

图 1-42 "自定义设置"界面

(33) 设置管理员密码，点击"完成"按钮，进入登录界面，如图 1-43 所示。

图 1-43　登录界面

(34) 输入管理员密码后进入 Windows Server 2019 操作系统桌面，如图 1-44 所示。

图 1-44　Windows Server 2019 操作系统桌面

(35) 进入 Windows Server 2019 操作系统桌面后，在"开始"菜单中找到"Windows 系统"下的"此电脑"命令，单击鼠标右键，在弹出的快捷菜单中选择"属性"命令，打开"系统"窗口，如图 1-45 所示。

图 1-45　"系统"窗口

(36) 在"计算机名称、域和工作组设置"栏下，点击"更改设置"链接，在打开的"系统属性"对话框中点击"更改"按钮，然后在打开的"计算机名/域更改"对话框的"计算机名"文本框中输入计算机的名称"server01"，如图 1-46 所示，接着依次点击"确定"和"关闭"按钮，最后选择"立即重启"选项，让系统重新启动以完成计算机名称的修改。

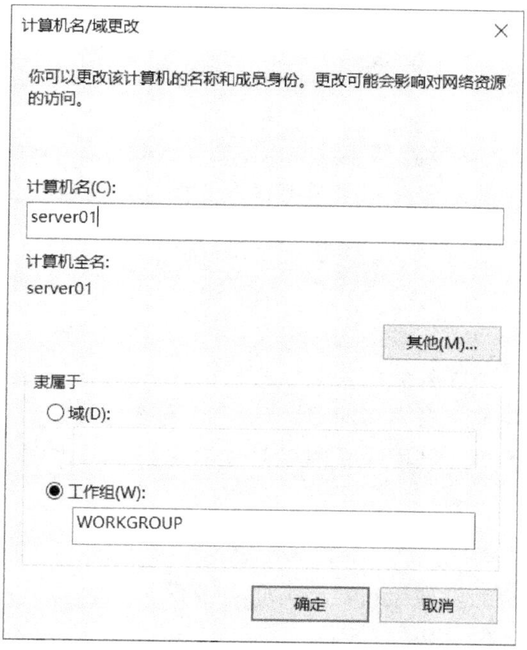

图 1-46　更改计算机名称

(37) 重新启动并登录系统后，从"开始"菜单中选择"Windows 系统"下的"控制面板"命令，进入"网络和 Internet"窗口，然后进入"网络和共享中心"窗口，点击"Ethernet0"链接，打开"Ethernet0 状态"对话框，如图 1-47 所示。

(38) 在打开的"Ethernet0"对话框中，点击"属性"按钮，选择"Internet 协议版本4(TCP/IPv4)"选项，此时可以在打开的"Internet 协议版本 4(TCP/IPv4)属性"对话框中配置 Server01 服务器的 IP 地址、子网掩码和默认网关，如图 1-48 所示。

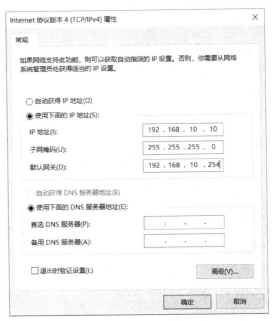

图 1-47　"Ethernet0 状态"对话框　　　图 1-48　"Internet 协议版本 4(TCP/IPv4)属性"
　　　　　　　　　　　　　　　　　　　　　　　对话框

(39) 配置完毕后，点击"确定"按钮，完成 Windows Server 2019 的设置。另外，系统还会打开"服务器管理器"窗口，用户可以在其中配置服务器的功能和角色。

任务拓展

在使用虚拟机完成各种实验时，初学者免不了因误操作导致系统崩溃、无法启动，或者在做群集的时候需要多个服务器进行测试，如搭建 FTP 服务器、DHCP 服务器、DNS 服务器、Web 服务器等。搭建服务器费时费力，一旦系统崩溃、无法启动，就需要重新安装操作系统或部署多个服务器，利用系统克隆功能则可以很好地解决上述这些问题。

一、系统克隆

在虚拟机安装好原始的操作系统后对其进行克隆，可以方便日后做实验，也可以避免重新安装操作系统，既方便又快捷。

(1) 进入 VMware 虚拟机的主界面，关闭虚拟机中的操作系统，选择要克隆的操作系统并单击鼠标右键，在弹出的快捷菜单中选择"管理"→"克隆"命令，如图 1-49 所示。

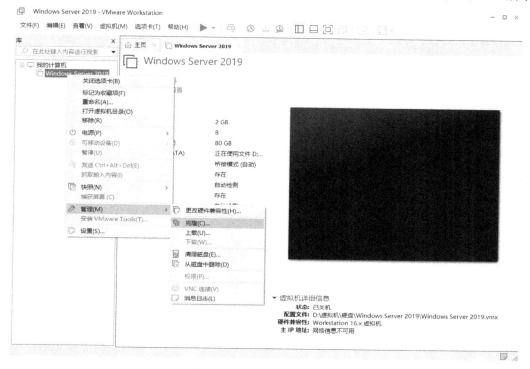

图 1-49 选择"克隆"命令

(2) 弹出"克隆虚拟机向导"对话框，如图 1-50 所示，点击"下一步"按钮，进入"克隆源"界面，如图 1-51 所示，在此界面可以选择"虚拟机中的当前状态"或"现有快照(仅限关闭的虚拟机)"选项按钮。

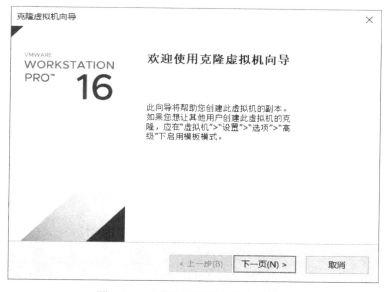

图 1-50 "克隆虚拟机向导"对话框

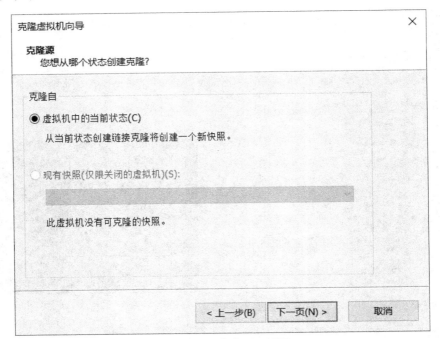

图 1-51　"克隆源"界面

(3) 点击"下一页"按钮,进入"克隆类型"界面,点击"创建完整克隆"选项按钮,如图 1-52 所示。

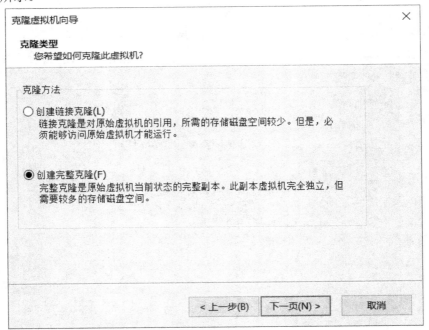

图 1-52　"克隆类型"界面

(4) 点击"下一页"按钮,进入"新虚拟机名称"界面,输入虚拟机名称,设置虚拟机的安装位置,如图 1-53 所示。

（5）点击"完成"按钮，进入"正在克隆虚拟机"界面，如图 1-54 所示。

图 1-53　"新虚拟机名称"界面

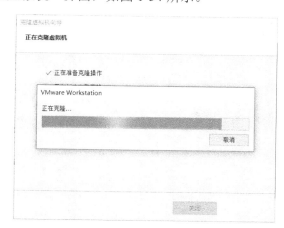

图 1-54　"正在克隆"界面

（6）克隆完成后，点击"关闭"按钮，返回 VMware 虚拟机主界面，如图 1-55 所示。

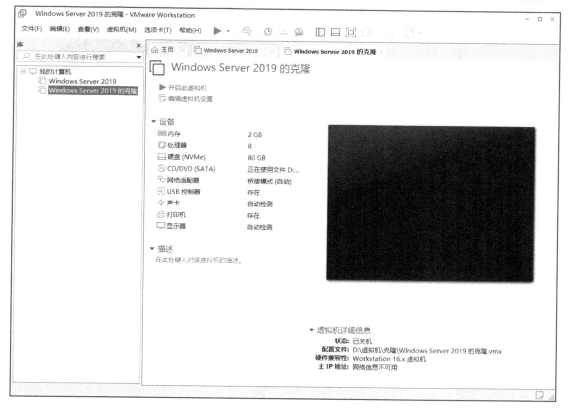

图 1-55　VMware 虚拟机主界面

二、快照管理

VMware 快照是 VMware Workstation 的一个特色功能。当用户创建一个虚拟机快照时，它会创建一个特定的文件 delta。delta 文件是在基础虚拟机磁盘格式(virtual machine disk，VMDK)上的变更位图，因此，它不能增长到比 VMDK 还大。VMware 为虚拟机创建一个快照的同时就会创建一个 delta 文件，当快照被删除或在快照管理中被恢复时，该文件将被自动删除。快照可以将当前的运行状态保存下来，当系统出现问题的时候，可以从快照中进行恢复。

(1) 进入 VMware 虚拟机主界面，启动虚拟机中的操作系统，选择用户要快照保存的操作系统并单击鼠标右键，在弹出的快捷菜单中选择"快照"→"拍摄快照"命令，如图 1-56 所示。

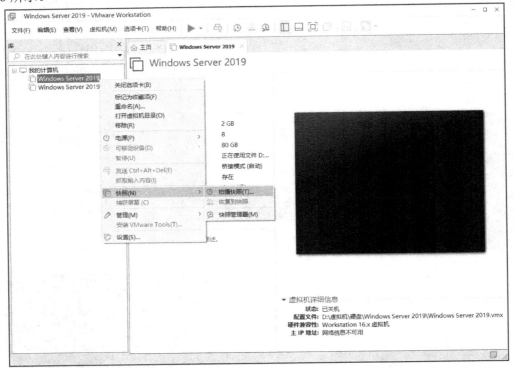

图 1-56　选择"拍摄快照"命令

(2) 在弹出的对话框中输入系统快照的名称，如图 1-57 所示，点击"拍摄快照"按钮，返回 VMware 虚拟机主界面，系统快照设置完成，如图 1-58 所示。

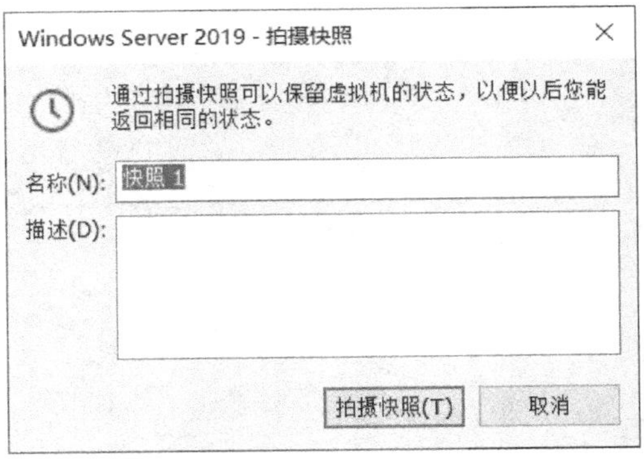

图 1-57　输入系统快照的名称

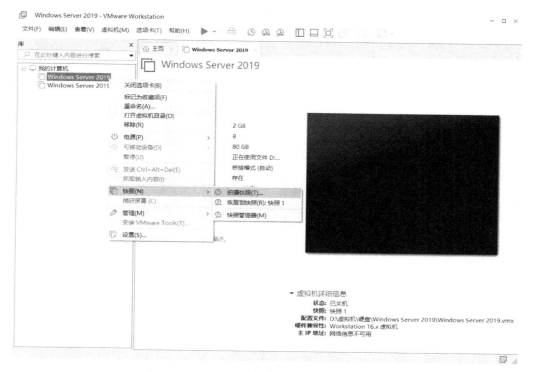

图 1-58　系统快照设置完成

小　　结

Windows Server 2019 能够满足企业日新月异的需求，提供高安全性、高可靠性和高可用性的服务。Windows Server 2019 具有增强的基础结构，在虚拟化工作负载、复杂应用程序和网络安全保护等方面都能提供可靠的平台，在性能和管理等方面有着明显的整体优势。

习　　题

一、单项选择题

1. 安装 Windows Server 2019 桌面体验服务器时，内存容量最小为(　　　)。

A. 1 GB　　　　　　B. 2 GB　　　　　　C. 4 GB　　　　　　D. 8 GB

2. 安装 Windows Server 2019 桌面体验服务器时，硬盘空间最小为(　　　)。

A. 8 GB　　　　　　B. 16 GB　　　　　　C. 32 GB　　　　　　D. 64 GB

3. 在下列选项中，不属于网络操作系统的是(　　　)。

A. UNIX　　　　　　B. Windows 7　　　　C. DOS　　　　　　D. Windows Server 2019

4. 在下列选项中，(　　　)不是 VMware 的网络连接方式。

A. Bridge　　　　　　B. NAT　　　　　　C. Host-only　　　　　D. Route

5. 在下列选项中，( )不是 Windows Server 2019 的安装方式。

A. DVD 光盘　　　　B. 远程　　　　　　C. 升级　　　　　　　D. 无线安装

6. 在 Windows Server 2019 虚拟机中可以使用( )组合键登录系统。

A. Ctrl + Alt + Delete　　　　　　　B. Ctrl + Alt + Insert

C. Ctrl + Space　　　　　　　　　　D. Alt + Tab

7. Windows Server 2019 安装完成后，用户第一次登录使用的账户是( )。

A. admin　　　　B. guest　　　　C. root　　　　D. Administrator

8. Windows Server 2019 的特点不包括( )。

A. 超越虚拟化　　　　　　　　　　B. 功能强大，管理复杂

C. 跨越云端的应用体验　　　　　　D. 现代化的工作方式

9. 关于 Windows Server 2019 包括的版本，不正确的是( )。

A. Windows Server 2019 Datacenter(数据中心版)

B. Windows Server 2019 Essentials(精华版)

C. Windows Server 2019 Standard(标准版)

D. 以上都不是

二、简答题

1. 简述 Windows Server 2019 各个版本的特点。

2. 网络操作系统的分类有哪些？

3. 简述目前主流的虚拟软件。

项目 2　用户账户和组的创建与管理

项目背景

　　某公司在武汉和广州有两个分公司，部门经理考虑到不同部门使用公司资源的权限不同，为了简化网络管理，要求武汉分公司的网络管理员小王在该公司域服务器上设置组织单位来显示公司的架构，在不同的组织单位内部设置自己员工的域账户，以便网络管理员对用户账户和公司计算机进行管理。

知识目标

- 理解用户账户、域用户、组和组织单位的基本概念与功能。
- 了解各类账户名称的规范。
- 了解作用域的概念。
- 了解 Active Directory 上的默认组。
- 熟悉各类账户的属性。

能力目标

- 能创建用户账户、域用户、组和组织单位的方法。
- 掌握启动及禁用各类账户的方法。
- 掌握域用户的密码重置、移动的方法。

素养目标

- 培养动手能力、解决实际工作问题的能力，培养爱岗敬业精神。
- 树立团队互助、合作进取的意识。

任务 1　新建本地用户和组

任务描述

　　某公司的员工需要在服务器上通过本地用户和组来添加用户和组。该操作禁止在服务器上安装域服务，如果安装了域服务，则不能进行本地用户和组的创建。

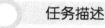

知识衔接

Windows Server 2019 要求所有用户都要登录才能访问本地和网络资源。Windows 通过实施交互式登录过程(提供用户身份验证)来保护资源。

一、默认本地用户和组

Windows Server 2019 操作系统安装完成以后，有四个默认的本地用户账户。管理员可以根据需要进行本地账户和组的创建。默认的本地账户和创建的本地用户账户在"计算机管理"窗口中显示，如图 2-1 所示的为默认的本地用户账户。表 2-1 描述了默认本地用户账户 Administrator 和 Guest 的特点。

图 2-1　默认的本地用户账户

表 2-1　默认本地用户账户 Administrator 和 Guest 的特点

用户账户	特　　点
Administrator	在默认情况下，Administrator 处于禁用状态，但管理员可以启用它。当它处于启动状态时，具有对计算机的完全控制权限，并可以根据需要给用户分配用户权限和访问控制权限。该账户在需要管理凭据的任务中使用，强烈建议将此账户设置为使用强密码。 　　Administrator 是计算机上 Administrators 组的成员，管理员永远不可以从 Administrators 组中删除它，但可以重命名或禁用该账户。 　　即使禁用了 Administrator，管理员仍然可以在安全模式下使用该账户访问计算机
Guest	Guest 由在这台计算机上没有实际账户的用户使用。如果某个用户的账户已被禁用，但还未被删除，那么该用户也可以使用 Guest。Guest 不需要设置密码。在默认情况下，Guest 是禁用的，但也可以启用它。 　　设置 Guest 的权限可以与任何用户账户一样。在默认情况下，Guest 是默认的 Guests 组中的成员，该组允许用户登录计算机。其他权利及任何权限都必须由 Administrators 组的成员授予 Guests 组。在默认情况下，Guest 为禁用状态，但管理员可以启用它

默认的本地组是在安装操作系统时自动创建的，如图 2-2 所示。如果一个用户属于某个本地组，则该用户就具有在本地计算机上执行某种任务的权利和能力。管理员可以向本

地组添加本地用户账户、域用户账户、计算机账户以及组账户。

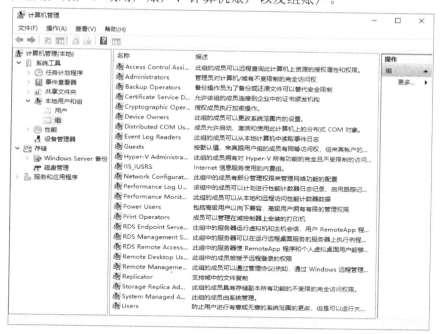

图 2-2　默认的本地组

表 2-2 提供了部分默认组的描述以及每个组的默认用户权限。这些用户权限是在本地安全策略中分配的。

表 2-2　部分默认组的描述以及每个组的默认用户权限

组　名	描　述	默认用户权限
Administrators	此组的成员具有对计算机的完全控制权限，并且他们可以根据需要向用户分配用户权限和访问控制权限。Administrator 是此组的默认成员，当计算机加入域时，Domain Admins 组会自动添加到此组中。因为此组可以完全控制计算机，所以管理员向其中添加用户时需要特别谨慎	通过网络访问此计算机；调整进程的内存配额；允许本地登录；允许通过远程桌面服务登录；备份文件和目录；跳过遍历检查；更改系统时间；更改时区；创建页面文件；创建全局对象；创建符号链接；调试程序；从远程系统强制关机；通过身份验证后模拟客户端；提高日程安排的优先级；装载和卸载设备驱动程序；作为批处理作业登录；管理和审核安全日志

续表一

组　名	描　述	默认用户权限
Guest	此组的成员拥有一个在登录时创建的临时配置文件，在注销时，此配置文件同时被删除。来宾账户(默认情况下已禁用)也是该组的默认成员	没有默认的用户权限
Backup operators	此组的成员可以备份和还原计算机上的文件，而不管这些文件的权限如何。这是因为执行备份任务的权限要高于所有文件的权限。此组的成员无法更改安全设置	通过网络访问此计算机；允许本地登录；备份文件和目录；跳过遍历检查；作为批处理作业登录；还原文件和目录；关闭系统
Cryptographic Operators	已授权此组的成员执行加密操作	没有默认的用户权限
Distributed COM Users	此组的成员可以在计算机上启动、激活和使用 DCOM 对象	没有默认的用户权限
IIS_IUSRS	Internet 信息服务(IIS)使用的内置组	没有默认的用户权限
Network Configuration Operators	此组的成员可以更改 TCP/IP 设置，并且可以更新和发布 TCP/IP 地址，此组中没有默认成员	没有默认的用户权限
Power Users	在默认情况下，该组成员的权限高于普通用户，低于管理员用户。在早期版本的 Windows 中，Power Users 组专门为用户提供特定的管理员权限和执行常规的系统任务。在 Windows Server 2019 版本中，标准用户账户具有执行最常见配置任务的能力，如更改时区。对于旧应用程序，管理员可以应用一个安全模板，此模板可以启用 Power Users 组，以假设具有与早期版本的 Windows 相同的权利和权限	没有默认的用户权限
Remote Desktop Users	此组的成员可以远程登录计算机，并允许通过终端服务登录	允许通过终端服务登录
Performance Log Users	此组的成员可以从本地计算机和远程客户端管理性能计数器、日志和警报，而不用成为 Administrators 组的成员	没有默认的用户权限
Performance Monitor Users	此组的成员可以从本地计算机和远程客户端监视性能计数器、而不用成为 Administrators 组或 Performance Log Users 组的成员	没有默认的用户权限

组　名	描　述	默认用户权限
Replicator	此组支持复制功能。Replicator 组的唯一成员是域用户账户，用于登录域控制器的复制服务。不能将实际用户的账户添加到该组中	没有默认的用户权限
Users	此组的成员可以执行一些常见任务，如运行应用程序、使用本地和网络打印机及锁定计算机。此组的成员无法共享目录或创建本地打印机。在默认情况下，Domain Users、Authenticated Users 及 Interactive 组是该组的成员。因此，在域中创建的任何用户账户都将成为该组的成员	通过网络访问此计算机；允许本地登录；跳过遍历检查；更改时区；增加进程工作集；从扩展坞中取出计算机；关闭系统

二、创建本地用户和组

本地用户和组位于"计算机管理"窗口中，用户可以使用该窗口中的管理工具来管理单个本地或远程计算机；可以使用本地用户和组保护并管理存储在本地计算机上的用户账户和组；可以在特定计算机上(只能是这台计算机)分配本地用户账户或组账户的权限和权利。

本地用户和组可以为用户和组分配权限和权利，从而限制用户和组执行某些操作的能力。权利的作用是授权用户在计算机上执行某些操作，如备份文件和文件夹或关机。权限是与对象(通常文件、文件夹或打印机)相关联的一种规则，它规定哪些用户可以访问该对象以及以何种方式访问。

其他注意事项(也适用于域用户的创建)如下：

(1) 若要创建本地用户和组，必须提供在本地计算机上 Administrator 的凭据，或创建本地用户和组的必须是本地计算机上管理员组的成员。

(2) 用户名不能与被管理的计算机上任何其他用户名或组名相同。用户名最多可以包含 20 个大写字符或小写字符(除 " / \ [ ] : ; | = , + * ? < > @ 外)，并且用户名不能只由句点(.)或空格组成。

(3) 在"密码"和"确认密码"文本框中，可以输入不超过 127 个字符的密码。

(4) 使用强密码和合适的密码策略有利于保护计算机免受攻击。

三、管理本地用户账户

(一) 重设用户密码

当忘记用户密码时，可以使用 Administrator 账户重置密码，过程如图 2-3 和图 2-4 所示。

图 2-3　重置密码入口

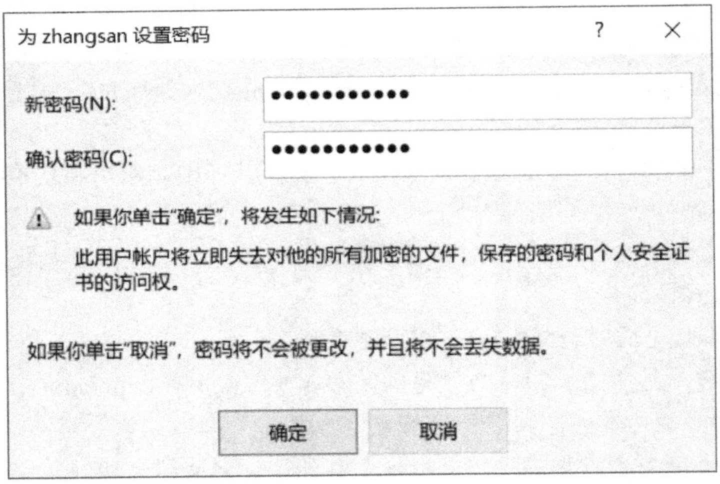

图 2-4　重置密码

(二) 重命名账户

由于账户的所有权限、信息、属性等实际上是绑定在 SID 上而不是在用户名上的，因此对账户重命名并不会影响账户自身的任何用户权限。

如果公司中有员工离职，同时该岗位还需要招聘新员工，则可以不删除实际离职员工的账户，只需要通过重命名的方式直接将账户传递给新员工使用，这样可以保证用户账户数据不受损失。

另外，重命名系统管理员账户 Administrator 和来宾账户 Guest，可以使未授权的人员在输入用户名和密码时增加难度，提高系统安全性，如图 2-5 所示。

图 2-5　用户账户重命名

(三) 删除账户

假如公司有员工离职了，为了防止其继续使用账户登录计算机系统，也为了避免出现太多的垃圾账户，系统管理员可以采取删除账户的方式来回收该账户，但在执行删除操作之前应确认其必要性，因为删除账户的操作是不可逆的，会导致与该账户有关的所有信息丢失。每个账户都有一个除名称之外的唯一的标识符 SID，SID 在新增账户时由系统自动产生，不同账户的 SID 也不相同。由于系统在设置用户的权限、访问控制列表中的资源访问能力等信息时，内部都使用 SID，因此一旦用户账户被删除，这些信息也就跟着消失了。即使重新创建一个名称相同的用户账户，也不能获得原来用户账户的权限。系统内置账户(如 Administrator、Guest 等)是无法删除的。删除用户账户过程如图 2-6 和图 2-7所示。

图 2-6　删除用户账户

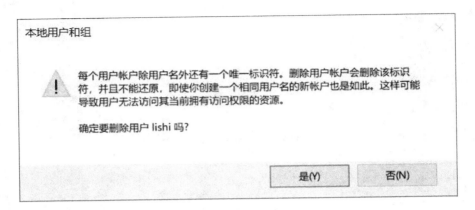

图 2-7　警告对话框

(四) 禁用账户

禁用 lishi 用户，想要取消禁用该用户，将"lishi 属性"对话框中"账户已禁用"复选框取消勾选即可，如图 2-8 所示。

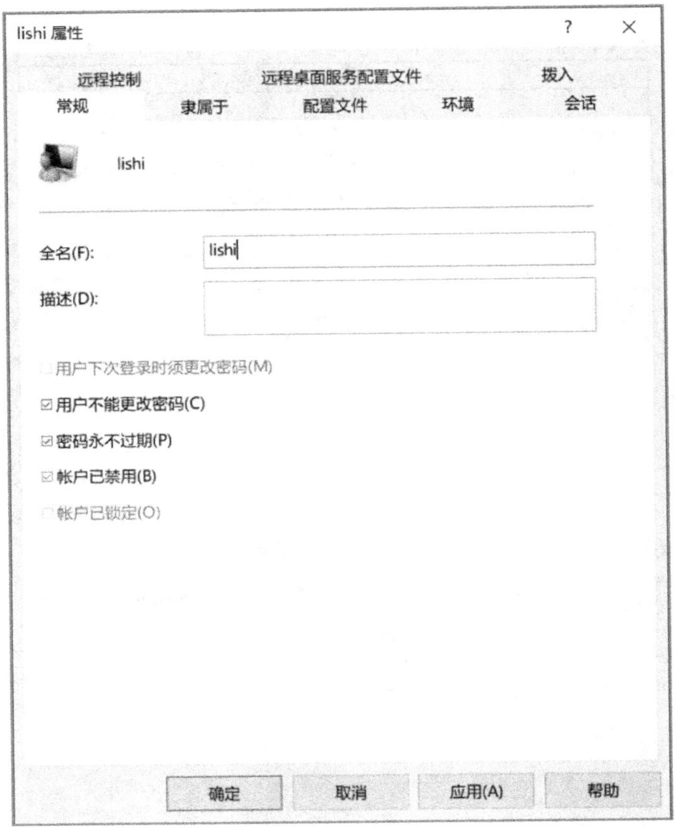

图 2-8　禁用 lishi 账户

任务实施

创建本地用户 zhangsan、lishi 和本地组 sales，并将 zhangsan 和 lishi 用户加入 sales 组中。

(1) 选择"服务器管理器"→"工具"→"计算机管理"选项，打开"计算机管理"窗口，如图 2-9 所示。

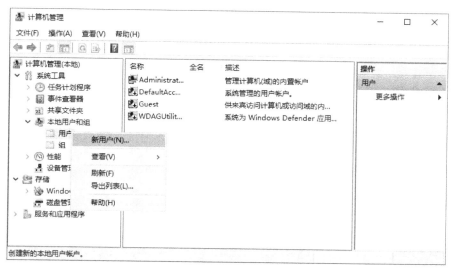

图 2-9　"计算机管理"窗口

(2) 右击"用户"选项，在弹出的快捷菜单中选择"新用户"命令，打开"新用户"对话框，输入用户名和密码，如图 2-10 所示。

图 2-10　"新用户"对话框

(3) 根据上述操作，创建 lishi。

(4) 在如图 2-11 所示的"计算机管理"窗口中，右击"组"选项，在弹出的快捷菜单中选择"新建组"命令，打开"新建组"对话框，如图 2-12 所示，按照图中的步骤进行操作，并同时将所有属于该组的用户添加进去。

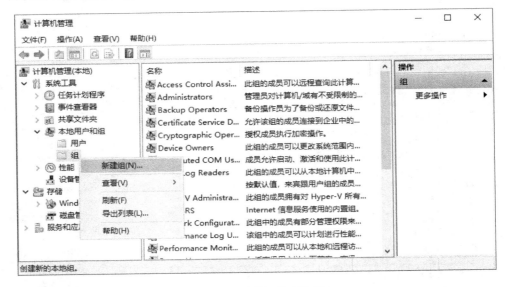

图 2-11　"计算机管理"窗口

图 2-12　"新建组"对话框

任务 2　新建域用户、组和组织单位

任务描述

在域服务器中新建域用户和组，将域用户加入不同的组中；新建组织单位，在组织单位内部新建下一级的组织单位，并在某个组织单位内部新建域用户和组。

知识衔接

一、域用户和组

Active Directory 域用户账户代表物理实体，如人员。管理员可以将用户账户用作某些应用程序的专用服务账户。用户账户也被称为安全主体，安全主体是指自动为其分配安全标识符(SID)的目录对象，这些对象可用于访问域资源。用户账户主要的作用如下：

(1) 验证用户的身份。用户可以使用能够通过域身份验证的身份登录计算机或域。每个登录到网络的用户都应该有唯一的账户和密码。为了最大限度地保证安全，要避免多个用户共享同一个账户。

(2) 授权或拒绝对域资源的访问。在验证用户身份之后，为该用户授予访问域资源的权限或拒绝该用户对域资源的访问。

(一) 默认域用户和组

1. 域用户

Active Directory 用户和"计算机管理"窗口中的"用户"容器显示了两种不同的内置用户账户：Administrator 和 Guest。这些内置用户账户是在创建域时自动创建的。

每个内置用户账户都有不同的权限组合。Administrator 账户在域内具有最大的权限，而 Guest 账户则具有有限的权限。

如果网络管理员没有修改或禁用内置用户账户的权限，恶意用户(或服务)就会使用这些权限通过 Administrator 账户或 Guest 账户非法登录域。保护这些账户的一种较好的安全操作是重命名或禁用它们。由于重命名的用户账户会保留其 SID，因此也会保留其他所有属性，如说明、密码、组成员身份、用户配置文件、账户信息以及任何已分配的权限和用户权利。

若要拥有用户身份验证和授权的安全优势，则可通过"Active Directory 用户和计算机"窗口为所有加入网络的用户创建单独的用户账户，然后将各个用户账户(包括 Administrator 账户和 Guest 账户)添加到组以控制分配给该账户的权限。加入该组的用户可以识别网络，拥有权限访问资源。

　　通过设置强密码和实施账户锁定策略，可以帮助减少域抵御攻击。强密码会减少智能密码猜测和字典攻击的危险；账户锁定策略会减少攻击者通过重复登录企图危及用户所在域安全的可能性；账户锁定策略将确定用户账户在禁用之前尝试登录的失败次数。

　　每个 Active Directory 用户账户都有许多账户选项，这些选项将确定如何对使用该特定用户账户登录网络的人员进行身份验证。管理员可以使用表 2-3 中的选项为用户账户设置密码和安全特定信息(同样适用于新建域用户账户)。

表 2-3　用户账户设置密码和安全特定信息

用户选项	描　述
用户下次登录时须更改密码	强制用户在下次登录网络时更改自己的密码，在确保该用户是知道密码的唯一人选时启用此选项
用户不能更改密码	防止用户更改自己的密码，要对用户账户(如 Guest 账户或临时账户)保持控制时启用此选项
密码永不过期	防止用户的密码过期，建议服务账户启用此选项并使用强密码
用可还原的加密来存储密码	允许用户从 Apple 计算机登录 Windows 网络，如果用户不从 Apple 计算机登录，则不要启用此选项
账户已禁用	防止用户使用选定的账户进行登录，很多管理员使用已禁用的账户作为公用用户账户的模板
交互式登录必须使用智能卡	要求用户拥有智能卡才能以交互式登录网络，用户还必须具有连接到计算机的智能卡读卡器以及智能卡的有效个人标识号(PIN)。当启用此选项时，系统会自动将用户账户的密码设置为随机而复杂的值，并启用"密码永不过期"账户选项

2. 域中组

　　组是指用户与计算机账户、联系人以及其他可以作为单个单位管理的组的集合，属于特定组的用户和计算机被称为组成员。

　　Active Directory 域服务中的组都是驻留在域和组织单位容器对象中的目录对象。ADDS 在安装时会提供一组默认组。

　　AD DS 中的组可以执行以下操作。

　　(1) 通过将共享资源的权限分配给组，而不是单个用户来简化管理。将权限分配给组时，也会将对资源的相同访问权限分配给该组的所有成员。

　　(2) 通过组策略将用户权限一次性分配给组来进行委派管理，然后可以向组中添加成员与组具有相同的权利。

　　(3) 创建电子邮件分发列表。

　　组的特征体现在它的作用域和类型上，组作用域确定了组在域树或林内的应用程度。

　　此外，还存在无法修改或查看其成员身份的组，这些组被称为特殊身份组。根据不同环境，它们代表了不同时间内的不同用户。例如，Everyone 组代表所有当前网络用户的特殊身份组，包括来自其他域的来宾和用户。图 2-13 所示为系统安装后默认的域用户和组。

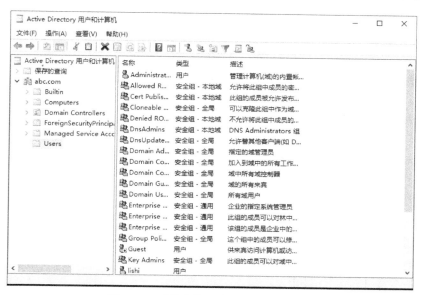

图 2-13　系统安装后默认的域用户和组

组的特征体现在用来标识组在域树或林中的应用程度的作用域。有三个组作用域：本地域组、全局组和通用组。

1) 本地域组

本地域组的成员可以包括域中的其他组和用户账户，管理员仅能在域内为这些组的成员分配权限。具有本地域作用域的组可帮助用户定义和管理单一域内的资源访问权限。这些组的成员可以包括下列组。

(1) 具有全局作用域的组；

(2) 具有通用作用域的组；

(3) 账户；

(4) 具有本地域作用域的其他组；

(5) 上述任意组的组合。

2) 全局组

全局组的成员只包括组定义所在域的其他组和用户账户，管理员可以在林中的任何域为这些组成员分配权限。使用具有全局作用域的组来管理需要进行日常维护的目录对象，如用户和计算机账户。由于具有全局作用域的组在自己的域外不会被复制，因此用户可以经常更改具有全局作用域的组中的账户，而不会对全局编录产生重复流量。当用户对复制到全局编录的域目录对象指定权限时，强烈建议使用全局组或通用组，而不要使用本地域组。

3) 通用组

通用组的成员可以包括域树或林中的任何域的其他组和用户账户，管理员可以在域树或林中的任何域为这些组成员分配权限。可以使用具有通用作用域的组来合并跨域的组。因此，管理员可向具有全局作用域的组中添加账户，并在具有通用作用域的组内嵌套这些组。使用此作用域时，对具有全局作用域的组成员身份的任何更改都不会影响具有通用作用域的组。不要经常更改具有通用作用域的组的成员身份，对这类组的成员身份的任何更改都会导致该组的全部成员身份被复制到林中的各个全局编录中。

ADDS 中有两种组类型：安全组和通信组。管理员可以使用通信组来创建电子邮件分发列表，而使用安全组来分配共享资源的权限。

共享权限与用户权限不同。权限用于确定可以访问共享资源的对象，并确定访问级别，如"完全控制"。管理员可以使用安全组来管理共享资源的访问和权限的设置。系统将自动分配某些域对象上设置的权限，以允许针对默认安全组(如 Account Operators 组或 Domain Admins 组)的各种访问级别。与通信组类似，安全组也可以用作电子邮件实体。将电子邮件发送到组时，也会将该邮件发送到该组的所有成员。

(二) 创建域用户和组

如果要管理域用户，需要在 Active Directory 域服务中创建用户账户。若要执行此过程，则创建的用户账户必须是 Active Directory 域服务中 Account Operators 组、Domain Admins 组或 Enterprise Admins 组的成员，或者必须被委派了适当的权限。从安全角度来考虑，可以使用"运行身份"来执行此过程。

如果未分配密码，则用户首次登录时(使用空白密码)系统会弹出一条登录消息，显示"您必须在第一次登录时更改密码"。用户更改密码后，则可以登录系统。如果服务的用户账户的密码已更改，则必须重置使用该用户账户验证的服务。

如果要添加组，则可以单击要添加组的文件夹，然后点击工具栏上的"新建组"图标。完成此过程，最低需要使用 Account Operators 组、Domain Admins 组、Enterprise Admins 组或类似组中的成员身份。

二、组织单位

(一) 组织单位概述

域中包含的一种特别有用的目录对象类型是组织单位(OU)。OU 是一个 Active Directory 容器，用于放置用户、组、计算机和其他 OU。OU 不能包含来自其他域中的对象。

OU 是可以向其分配组策略设置或委派管理权力的最小作用域或单位。管理员使用 OU 可以在域中创建表示组织的层次结构、逻辑结构的容器，然后可以根据组织模型管理账户及配置和使用资源。

OU 可以包含其他 OU。管理员可以根据需要将 OU 的层次结构扩展为模拟域中组织的层次结构。使用 OU 有助于最大限度地减少网络所需的域数目。

管理员可以使用 OU 创建能够缩放到任意大小的管理模型，可以具有对域中的所有 OU 或单个 OU 的管理权利。一个 OU 的管理员不一定对域中的任何其他 OU 具有管理权利。

(二) 操作组织单位所需的权限

若要新建、移动或删除 OU，最低需要使用 Account Operators 组、Domain Admins 组、Enterprise Admins 组或类似组中的成员身份。

如果选定的 OU 包含其他对象，则"Active Directory 用户和计算机"窗口会提示用户继续或取消移动或删除操作。如果选择继续，则 OU 中的所有对象都会被移动或删除。

(三) 删除组织单位的权限不足

(1) 在删除创建的组织单位时，可能会报错，如图 2-14 所示。下面我们来解决该问题。

操作：选择"查看"→"高级功能"命令，然后在弹出的对话框中选中要删除的组织单位，单击鼠标右键，在弹出的快捷菜单中选择"属性"命令，在打开的"广州分公司属性"对话框中选择"对象"选项卡，将"防止对象被意外删除"复选框前面的对钩取消，如图 2-15 所示，点击"确定"按钮后，重新删除组织单位，即可删除。

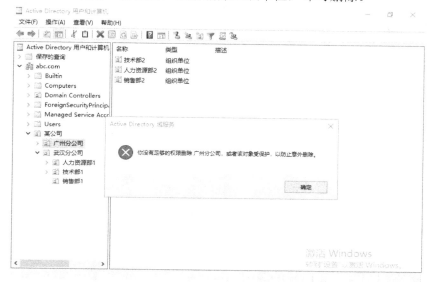

图 2-14　删除组织单位的权限不足

图 2-15　去掉组织单位的防删除属性

(2) 重置域用户账户密码，如图 2-16 所示。要完成该操作，最低需要使用 Account Operators 组、Domain Admins 组、Enterprise Admins 组或类似组中的成员身份。

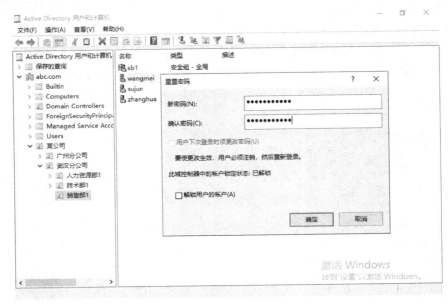

图 2-16　重置域用户账户密码

(3) 出于安全考虑，若要防止特定用户登录，可以禁用而不用删除用户账户。按如图 2-17 所示的操作步骤可禁用用户账户。按如图 2-18 所示的步骤可启用用户账户。要完成此过程，最低需要使用 Account Operators 组、Domain Admins 组、Enterprise Admins 组或类似组中的成员身份。

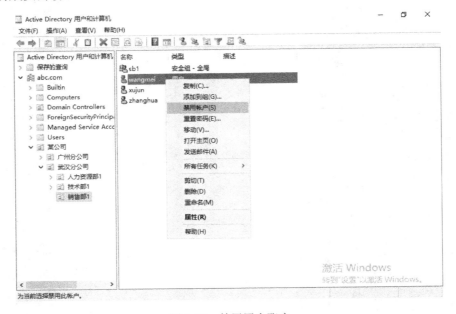

图 2-17　禁用用户账户

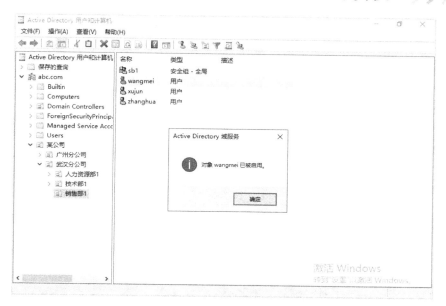

图 2-18　启用用户账户

（4）按如图 2-19 所示的步骤可移动用户账户。要完成此过程，最低需要使用 Account Operators 组、Domain Admins 组、Enterprise Admins 组或类似组中的成员身份。例如，徐军从上海销售部调职到苏州人力资源部，要对其账户 xujun 进行移动。

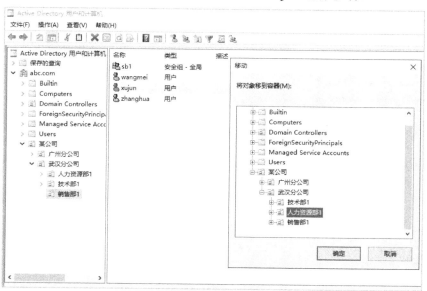

图 2-19　移动用户账户

任务实施

本任务需要创建公司的组织架构，在组织架构中创建相关的用户和组。公司的组织架构如表 2-4 所示。

表 2-4 公司的组织架构

一级 OU	二级 OU	三级 OU	域用户	组
某公司	武汉分公司	销售部 1	wangmei	sb1
			zhanghua	
			xujun	
		技术部 1	wuxin	tb1
		人力资源部 1	xumei	hrb1
	广州分公司	销售部 2	zhoumei	sb2
		技术部 2	zhanglan	tb2
		人力资源部 2	chengqing	hrb2

(1) 选择"服务器管理器"→"工具"→"Active Directory 管理中心"选项，打开"Active Directory 管理中心"窗口，如图 2-20 所示。

图 2-20 "Active Directory 管理中心"窗口

(2) 在"abc 本地"选项上单击鼠标右键，在弹出的快捷菜单中选择"新建"→"组织单位"命令，打开"创建组织单位：某公司"窗口，如图 2-21 所示。

图 2-21 "创建组织单位：某公司"窗口

（3）在"某公司"选项上单击鼠标右键，在弹出的快捷菜单中选择"新建"→"组织单位"命令，如图 2-22 所示。在打开的"创建组织单位：某公司"窗口中新建"武汉分公司"和"广州分公司"的 OU，如图 2-23 所示。

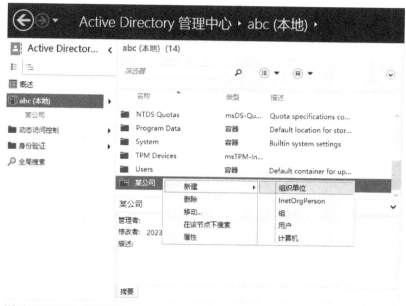

图 2-22　选择"新建"→"组织单位"命令

图 2-23　新建"武汉分公司"和"广州分公司"的 OU

（4）按图 2-24 所示的步骤，在"武汉分公司"和"广州分公司"的 OU 内部分别创建销售部 1、技术部 1、人力资源部 1 和销售部 2、技术部 2、人力资源部 2 的 OU，结果如

图 2-25 所示。

图 2-24　创建不同部门的 OU

图 2-25　公司的组织架构

（5）选中"武汉分公司"→"销售部 1"选项，并单击鼠标右键，在弹出的快捷菜单中选择"新建"→"用户"命令，打开"新建对象-用户"对话框，如图 2-26 所示。

图 2-26　"新建对象-用户"对话框

（6）在"新建对象"→"用户"窗口下设置用户密码及选项，如图 2-27 所示。

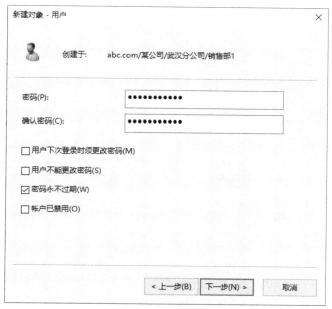

图 2-27　设置用户密码及选项

注意：在"用户登录名"文本框中请输入英文字符的用户名，最好不要使用汉字。公司管理员在设置密码时，一般需要勾选"用户下次登录时须更改密码"复选框，此处为了使用方便，勾选"密码永不过期"复选框。

（7）重复第(5)步的操作，设置其他所有的域用户账户。

（8）选中"武汉分公司"→"销售部 1"选项，并单击鼠标右键，在弹出的快捷菜单中选择"新建"→"组"命令，打开"新建对象-组"对话框，如图 2-28 和图 2-29 所示。

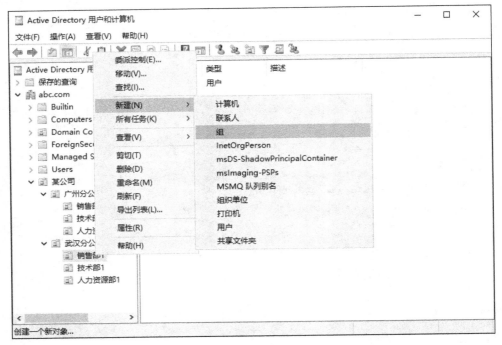

图 2-28　新建组的过程

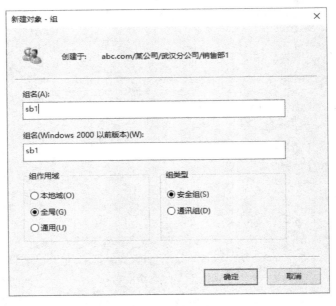

图 2-29　"新建对象-组"对话框

在图 2-29 中，选择组的作用域和组的类型，方法参见 2.2.1 节中的介绍。

（9）将域用户加入组有两种方式：一种是通过"添加到组"命令直接把用户添加到组，如图 2-30 所示；另一种是通过"属性"命令将用户添加到组，如图 2-31 所示。

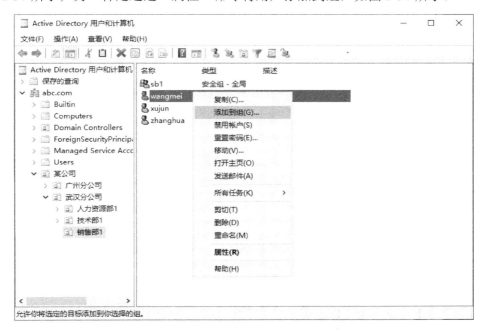

图 2-30　通过"添加到组"命令直接把用户添加到组

图 2-31　通过"属性"命令将用户添加到组

（10）重复上述操作，创建好所有的域用户和组，并将相应的用户添加到对应的组中。

小　　结

在公司的域服务器上通过设置不同级别的 OU，可以使公司的组织架构一目了然。在不同的 OU 中根据实际需求，可建立相应的用户账户和组，并将相关的用户加入相应的组。本章所建立的组用于后期进行文件权限的设置和管理，建立的组织单位用于后期进行组策略管理，域用户可以在公司内部任何一台客户机上进行登录，使用域中的资源。

习　　题

一、单项选择题

1. 公司的计算机处在单域的环境中，公司有两个部门，分别是销售部和市场部，每个部门在活动目录中有一个相应的 OU(组织单位)，分别是 SALES 和 MARKET。有一个用户 TOM 要从市场部转到销售部工作。TOM 的账户原来存放在组织单位 MARKET 里，如果想将 TOM 的账户存放到组织单位 SALES 里，域的管理员应该通过(　　)来实现。

A. 先将组织单位 MARKET 里将 TOM 的账户删除，然后再在组织单位 SALES 里新建

B. 将 TOM 使用的计算机重新加入域

C. 复制 TOM 的账户到组织单位里，然后将 MARKET 里 TOM 的账户删除

D. 直接将 TOM 的账户移动到组织单位 SALES 里

2. Windows Server 2019 计算机的管理员有禁用账户的权限。当一个用户在一段时间内不使用账户时(可能是休假等原因)，管理员可以禁用该用户账户。下列关于禁用用户账户的叙述正确的是(　　)。

A. Administrator 账户不可以被禁用

B. Administrator 账户可以禁用自己，故在禁用自己之前应先至少创建一个 Administrators 组的账户

C. 禁用的账户过一段时间会自动启用

D. 以上都不对

3. 关于域组的概念，下列描述正确的是(　　)。

A. 全局组只能将同一域内的用户加入全局组

B. 通用组可以包含本地域组

C. 本地域组的用户可以访问所有域的资源

D. 本地域组可以包含其他域的本地域组

4. 在系统默认的情况下，下列(　　)组的成员可以创建本地用户账户。

A. Users　　　　　　　　　　　　　B. Backup Operators

C. Guests　　　　　　　　　　　　　D. Power Users

5. 某公司的计算机处在单域环境中，域的模式为混合模式，管理员在创建用户组的时候，不能创建(　　)。

　　A. 通用组　　　　B. 本地域组　　　　C. 安全组　　　　D. 全局组

　　6. 公司最近安装了 Exchange Server 2019，网络管理员小张为每个用户账户创建了邮箱，为了方便管理，他希望创建组来专门发送电子邮件，那么他应该创建(　　)。

　　A. 全局组　　　　B. 通信组　　　　C. 安全组　　　　D. 通用组

　　7. 在 Windows 操作系统中，类似于"S-1-5-21-5789120546-2054893054-5105896483-500"的值代表的是(　　)。

　　A. UPN　　　　B. SID　　　　C. DN　　　　D. GUID

　　8. 下面不是 Windows Server 2019 的系统进程的是(　　)。

　　A. services.exe　　B. svchost.exe　　C. csrss.exe　　　D. iexplorer.exe

二、判断题

　　1. Windows Server 2019 支持两种用户账户：本地账户和域账户(　　)。

　　2. Windows Server 2019 的 Guest 账户，默认是启用的(　　)。

　　3. Windows Server 2019 每个用户账户的安全标识符 SID 是唯一的(　　)。

　　4. 在"运行"窗口中输入 gpedit.msc 命令，可以打开"本地组策略编辑器"窗口(　　)。

　　5. winlogon.exe 进程用于管理用户登录窗口(　　)。

三、简答题

　　1. 组和组织单位有何区别？

　　2. 组的特征体现在用来标识组在域树或林中的应用程度的作用域，三个组作用域分别是什么？简述三个作用域各自的作用。

　　3. 若要新建、移动或删除 OU，需要什么用户权限？简述 OU 的作用。

项目 3　活动目录的配置与管理

 项目背景

　　小赵是某公司的网络管理员，刚开始管理公司的 20 台计算机，用的是工作组管理模式，其网络配置很轻松，几乎不用管理。哪台计算机有问题，就去哪台计算机上解决，工作强度也不是很大。但由于公司近年快速发展，规模不断扩大，员工增加至几百人，网络中计算机增到 500 台。小赵仍然采用同样的管理方式，每天都很忙碌，从早到晚一直在解决网络中用户的计算机故障问题，经常晚上加班，但问题总是解决不了。这是因为传统工作组的管理模式采用的是分散管理的方式，只适用于小规模的网络管理，当网络中有上百台计算机时，就需要一种更加高效的网络管理方式。Windows Server 2019 提供的域管理模式不仅可以很好地实现集中管理计算机和用户账户，还可以解决其他网络资源的问题。小赵可以通过域管理模式很方便地实现对内网中的所有计算机、用户账号、共享资源、安全策略的集中管理，从而实现更加高效的网络管理。

　　通过查询资料，小赵得知搭建域控制器的基本步骤如下：

(1) 添加域服务器角色。

(2) 将该服务器提升为域控制器。

(3) 将客户端加入该域，并使用域中的资源。

 知识目标

- 了解域在网络中的作用。
- 掌握 active directory(活动目录)域的基本概念。
- 理解域和工作组的区别，熟悉活动目录的相关概念。

 能力目标

- 掌握活动目录的安装方法。
- 掌握将客户端加入活动目录的操作方法。
- 掌握创建子域的方法。

 素养目标

- 培养工匠精神，要求做事严谨、精益求精、着眼细节、爱岗敬业。
- 树立团队互助、进取合作的意识。

任务 1   安装并验证域服务

任务描述

网络管理员小赵需要在 Windows Server 2019 服务器上通过添加角色和功能向导进行域服务器角色的安装，在安装过程中可以创建公司的主域名 abc.com，并设置该服务器的 IP 地址为 192.168.10.10，主机名为 server01。

知识衔接

活动目录(active directory，AD)是面向 Windows Server 网络操作系统的非常重要的目录服务，目录服务有两方面的内容，即目录、与目录相关的服务。活动目录服务是 Windows Server 2019 的核心组件之一，为用户管理网络环境各个组成要素的标识和关系提供了一种有力的手段。

一、活动目录

活动目录存储了有关网络对象的信息，包括用户账户、组、计算机、打印机和共享资源等信息。活动目录是一种服务，而目录数据库所存储的信息都是经过事先整理的有组织、结构化的数据信息，使用户可以非常方便、快速地找到所需的数据，也可以非常方便地对活动目录中的数据进行添加、删除、修改、查询等操作。活动目录具有以下特点。

(一) 集中管理

图书目录存放了图书馆的图书信息，以便对其进行管理，类似图书馆的图书目录，活动目录集中组织和管理网络中的资源信息，用户只需通过活动目录，即可方便地管理各种网络资源。

(二) 便捷的网络资源访问

活动目录允许用户在第一次登录网络时就可以访问网络中的所有该用户有权限访问的资源，而且用户在访问网络资源时无须知道资源所在的物理位置，就可以快速找到资源。

(三) 可扩展性

活动目录具有强大的可扩展性，可以随着公司或组织规模的增长而扩展，从一个网络对象较少的小型网络环境发展成大型网络环境。

二、活动目录的逻辑结构

域是活动目录的核心逻辑单元，是共享同一活动目录的一组计算机的集合，从安全管理的角度来说，域是安全的边界。

域树是由一组具有连续命名空间的域所组成的，域通过自动建立的信任关系连接在一起。

域林是由一棵或多棵域树组成的，每棵域树独享连续的命名空间，不同域树之间没有命名空间的连续性，域林中第一个创建的域被称为域林根域。

对象是通过属性来描述其特征的，也就是对象本身是一些属性的集合。例如，用户是对象，需要为用户建立一个账号，并在此对象内输入相应的姓名、密码和描述信息等。其中的用户账号就是对象，而姓名、密码和描述信息等就是该对象的属性。

组织单位(OU)是组织也是管理一个域内对象的容器，包容用户账户、用户组、计算机、打印机和其他的组织单位层次结构。

站点由一个或多个 IP 子网组成，这些子网通过高速网络设备连接在一起。站点往往由企业的物理位置分布情况来决定，可以依据站点结构配置活动目录的访问和复制拓扑关系，使网络更有效地连接，并使复制策略更合理、用户登录更快捷。活动目录中的站点与域是两个完全独立的概念，一个站点中可以有多个域，多个站点也可以位于同一个域中。

活动目录站点和服务通过使用站点提高大多数配置目录服务的效率，使用活动目录站点和服务来发布站点，并提供有关网络物理结构的信息，从而确定如何复制目录信息和处理服务的请求。计算机站点是根据其子网和一组已连接子网的位置指定的，子网用来为网络分组，类似于生活中使用邮政编码来划分地址。划分子网可方便地发送有关网络与目录连接的物理信息，且同一子网中计算机的连接情况通常优于不同网络中计算机的连接情况。

活动目录域服务中的域和林功能，提供了一种可以在网络环境中启用全域或全林活动目录功能的方法。不同的网络环境，则有不同级别的域功能和林功能。

三、活动目录的物理结构

活动目录的物理结构的作用是侧重于网络的配置和优化，物理结构的三个重要概念是域控制器、只读域控制器和全局编录服务器。

(一) 域控制器

域控制器是指安装了活动目录的 Windows Server 2019 服务器，它保存了活动目录信息的副本。域控制器管理目录信息的变化，并把这些变化复制到同一个域中的其他域控制器上，使各个域控制器上的目录信息同步。域控制器负责用户的登录以及其他与域有关的操作，如身份鉴定、目录信息查找等。一个域可以有多个域控制器。域控制器没有主次之分，采用主机复制模式，每一个域控制器都有一个可写入的目录副本，这为目录信息容错带来了无尽的好处。尽管在某个时刻，不同的域控制器中的目录信息可能有所不同，但一旦活动目录中的所有域控制器执行同步操作，所有的变化就会同步一致。

(二) 只读域控制器

只读域控制器的 AD DS 数据库只可以被读取，不可以被修改，也就是说，用户或应用程序无法直接修改只读域控制器的 AD DS 数据库。只读域控制器的 AD DS 数据库的内容只能够从其他可读写的域控制器中复制。只读域控制器主要设计给远程分公司的网络使用，因为一般来说，远程分公司的网络规模比较小、用户人数比较少，相关的安全措施或许并不如总公司完备，也可能缺乏 IT 人员，因此采用只读域控制器可避免因其 AD DS 数据库被破坏而影响整个 AD DS 环境。

(三) 全局编录服务器

尽管活动目录支持多主机复制模式，但由于复制会引起通信流量以及网络潜在的冲突，变化的传播并不一定能够顺利进行，因此有必要在域控制器中指定全局编录服务器及操作主机。全局编录是一个信息仓库，包含活动目录中所有对象的部分属性查询过程中访问最频繁的属性。利用这些信息，可以定位任何一个对象实际所在的位置。全局编录服务器是一个域控制器，它保存了全局编录的一个副本，并执行对全局编录的查询操作。全局编录服务器可以提高活动目录中大范围内检索对象的效率。例如，在域林中查询所有的打印机操作时，如果没有全局编录服务器，那么必须调动域林中每一个域的查询过程。如果域中只有一个域控制器，那么它就是全局编录服务器；如果域林中有多个域控制器，那么管理员必须把其中一个域控制器配置为全局编录服务器。

四、工作组模式与域模式

企业网络中，计算机管理模式有两种，即工作组模式与域模式，它们的区别与联系如下所述。

(一) 工作组模式

工作组(workgroup)是最常见、最简单、最普通的资源管理模式，就是将不同的计算机按功能分别列入不同的组中，以方便管理。工作组中的每台计算机的地位都是平等的。

将计算机加入工作组的方法很简单，以 Windows 10 为例，在桌面上选择"此电脑"图标并单击鼠标右键，在弹出的快捷菜单中选择"属性"命令，在"计算机名、域和工作组设置"选项组中，点击"更改设置"链接，随后弹出"系统属性"对话框，在"系统属性"对话框中点击"更改"按钮，随后弹出"计算机名/域更改"对话框，点击"工作组"单选按钮，输入要加入的工作组名称(默认为"WORKGROUP")，如图 3-1 所示，点击"确定"按钮，按要求重新启动计算机后，计算机即被加入工作组。

图 3-1　将计算机加入工作组

（二）域模式

域是安全边界的界定，用于划分一个相互信任的区域。在域模式下，至少有一台服务器负责接入网络的每一台计算机和每一个用户的验证工作，这台服务器被称为域控制器。域控制器上存储了有关网络对象的信息，这些对象包括用户、用户组、计算机、域、组织单位、文件、打印机、应用程序、服务器及安全策略等，这些信息由域控制器统一集中管理。当计算机接入网络时，域控制器首先要验证这台计算机是否属于这个域、用户使用的登录账号是否存在及密码是否匹配。如果以上信息有一项不正确，则域控制器会拒绝这个用户从这台计算机登录。如果不能登录，则用户不能访问服务器上有权限保护的资源，这样就在一定程度上保护了网络中的资源。如果用户能够成功登录域，则域控制器会将配置好的权限授予用户，用户可以在合法权限范围内访问域内的资源。

在工作组模式下，计算机处于独立状态，登录用户账号和管理计算机均须在每台计算机上进行，当计算机超过 20 台时，对其的管理将变得困难，并且需要为用户创建更多的访问网络资源的账号，用户要记住多个访问不同资源的账号。

而在域模式下，用户只需记住一个域账号，即可登录并访问域中的资源。此外，管理员通过组策略可以轻松配置用户的桌面工作环境和加强计算机的安全设置，域模式下所有的域账号信息都保存在域控制器的活动目录数据库中。

活动目录协助中大型组织为用户提供可靠的工作环境和最高层的可靠性和效能，并提供安全的环境让 IT 人员可以更容易工作。使用活动目录是因为有许多应用程序和服务使用不同的用户名和密码，并且还要由每个应用程序来单独管理。例如，在 Windows 中，网络、邮箱、远程访问、业务系统等都有自己的用户名和密码。使用活动目录之后，系统管理员可以将用户加入活动目录域，使用同一目录进行单点登录。一旦用户登录 Windows，其域的用户名和密码就是钥匙，可自动解锁所有已启用的应用程序或服务，包括 Windows 融合式验证的第三方应用程序。

通过建立用户账号、邮箱和应用程序之间的链接，活动目录简化了新增、修改和删除用户账号的工作。当员工离职或信息发生改变时，在活动目录中做一次变更即可变更所有应用程序和服务的相关信息；当用户在活动目录中变更其密码时，不必记住其他应用程序的不同密码；当建立用户群组后，用户发送电子邮件给该组即可将电子邮件传送到该组中所有的用户；系统管理员根据所创建的组名设置不同的权限，允许对资源的安全存取。活动目录统一管理带来的好处还体现在以下几方面。

(1) 提高员工工作效率，增加产能。IT 管理人员不需到每个客户端上进行操作，用户不用中断工作。

(2) 减轻 IT 系统管理的负担。IT 管理人员不需要花费时间到每台计算机上安装软件或更新软件，可以使用组策略进行批量更新。

(3) 改善容量以便将停机概率降到最低，加强安全性管理；对密码策略、软件配置、安全设置进行统一管理，提高系统安全性。

(三) 工作组模式和域模式的对比

工作组模式和域模式的对比，如表 3-1 所示。

表 3-1　工作组模式和域模式的对比

项目	工作组模式	域 模 式
登录	只支持本地存在的用户，进行本地验证	本地账号、域账号均可；域用户在域控制器统一验证；可实现活动目录集成业务的单点登录
密码更改	只能在本地由本地管理员或域账户本身进行修改	域控制器上统一更改，不需到客户端进行操作
权限	只负责本机权限，权限丢失后找回步骤烦琐，有泄露风险	集中修改；以组的方式批量查询，可临时授予权限；统一密码策略，安全性高
文件共享	每个人都要使用同一账号或者在每台机器上创建账号访问	分配到对应组即可，用户只要存在于对应组中，即可使用自身密码进行访问
文件权限	统一权限	细分为只读、修改、删除等权限
桌面环境	单独配置	统一配置
组策略	无	可使用组策略，统一配置管理客户端。当用户在出现问题或需要做配置变更时，管理员可在域上配置，用户不需要中断工作
软件配置	单独安装、管理	统一配置，降低故障率

任务实施

在安装域服务器之前应该先进行规划，明确 IP 地址的分配方案。例如，在此任务中，主域名为 abc.com，IP 地址为 192.168.10.10，主机名为 server01。用于验证的客户机的 IP 地址为 192.168.10.20，主机名为 win10。

一、活动目录安装

先安装 Windows Server 2019 服务器的活动目录，再将其升级为域控制器并建立域，相关操作如下：

(1) 在桌面上选择"此电脑"图标并单击鼠标右键，在弹出的快捷菜单中选择"管理"命令，打开"服务器管理器"窗口，如图 3-2 所示，在窗口右上角选择"管理""添加角色和功能"命令，然后打开"添加角色和功能向导"窗口，如图 3-3 所示。

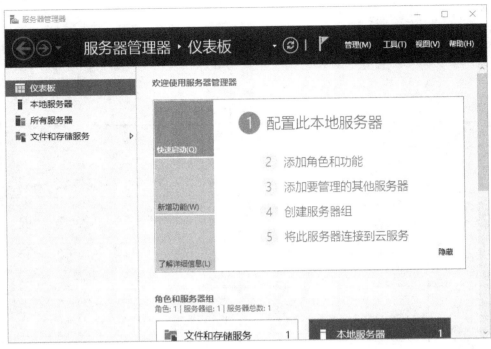

图 3-2 "服务器管理器"窗口

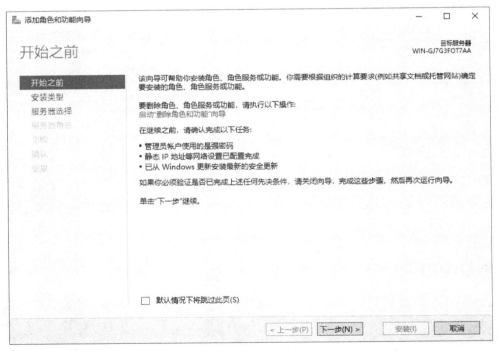

图 3-3 "添加角色和功能向导"窗口

(2) 点击"下一步"按钮，进入"选择安装类型"界面，如图 3-4 所示，点击"基于角色或基于功能的安装"选项按钮，通过添加角色、角色服务或功能来配置单个服务器，单击"下一步"按钮，进入"选择目标服务器"界面，如图 3-5 所示。

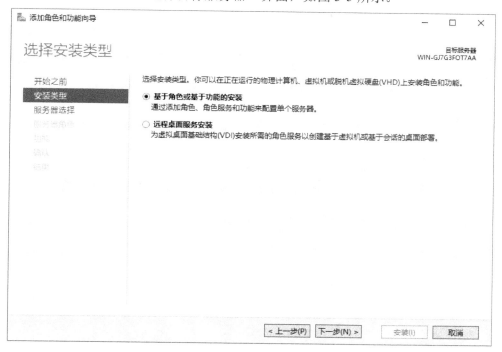

图 3-4　"选择安装类型"界面

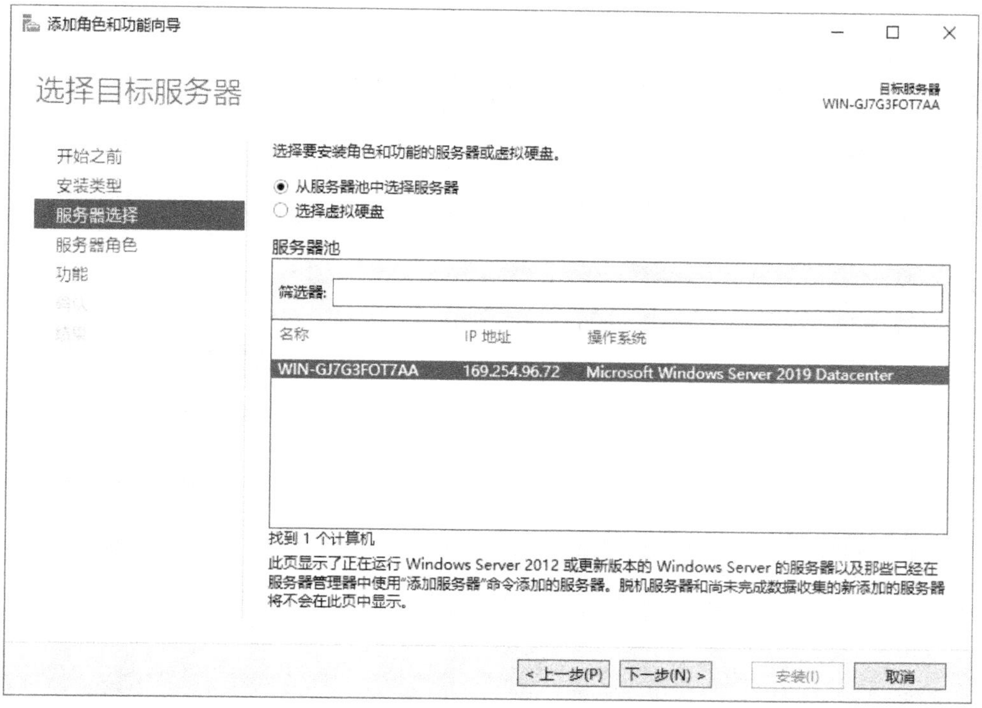

图 3-5　"选择目标服务器"界面

（3）点击"从服务器池中选择服务器"选项按钮，在服务器池中选择相应的服务器，点击"下一步"按钮，进入"选择服务器角色"界面，如图 3-6 所示，选择需要安装在所选服务器上的一个或多个角色，在"服务器角色"列表框中勾选"Active Directory 域服务"复选框。

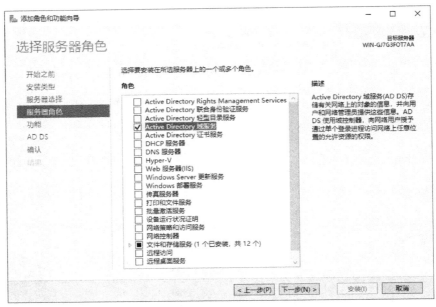

图 3-6　"选择服务器角色"界面

（4）点击"下一步"按钮，进入"选择功能"界面，如图 3-7 所示。继续点击"下一步"按钮进入"Active Directory 域服务"界面，如图 3-8 所示。

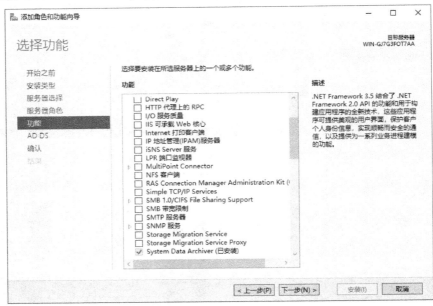

图 3-7　"选择功能"界面

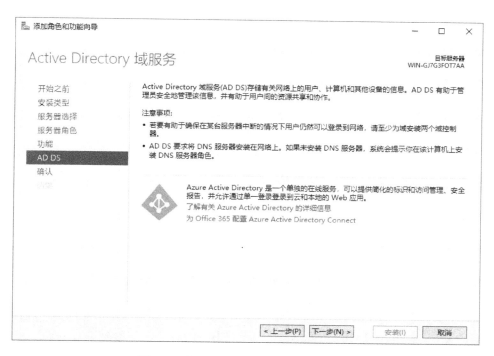

图 3-8 "Active Directory 域服务"界面

（5）点击"下一步"按钮，进入"确认安装所选内容"界面，如图 3-9 所示，点击"安装"按钮，进入"安装进度"界面，如图 3-10 所示。

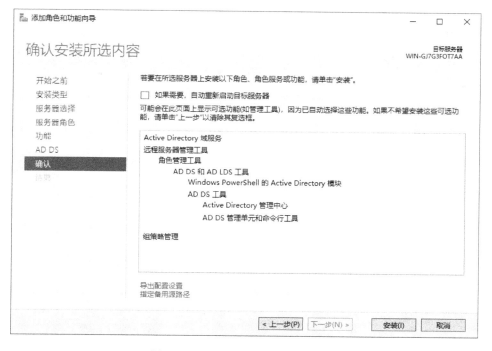

图 3-9 "确认安装所选内容"界面

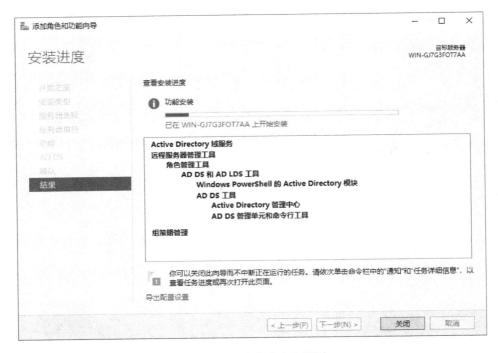

图 3-10 "安装进度"界面

(6) 安装完成后，点击"关闭"按钮，返回"服务器管理器"窗口，进入"服务器管理器 AD DS"界面，如图 3-11 所示。选择该界面右上角的"更多"选项，打开"所有服务器任务详细信息"窗口，如图 3-12 所示。

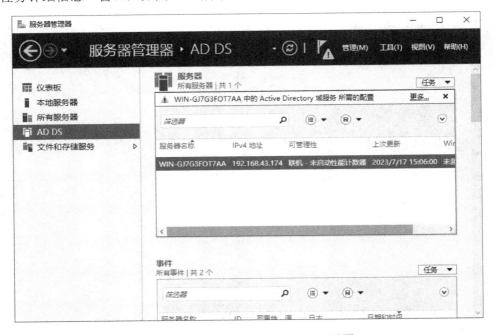

图 3-11 "服务器管理器 AD DS"界面

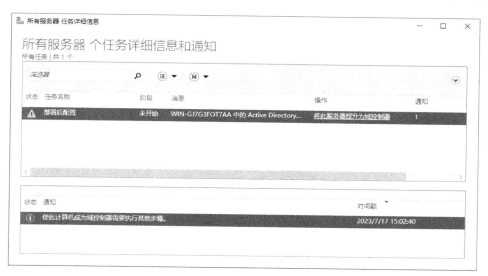

图 3-12　"所有服务器任务详细信息"窗口

(7) 点击"通知"列下的"将此服务器提升为域控制器"链接，打开"Active Directory 域服务配置向导"窗口，如图 3-13 所示，在"部署配置"界面中，点击"添加新林"选项按钮，在"指定此操作的域信息"选项组中，设置"根域名"为 abc.com，点击"下一步"按钮，进入"域控制器选项"界面，如图 3-14 所示。

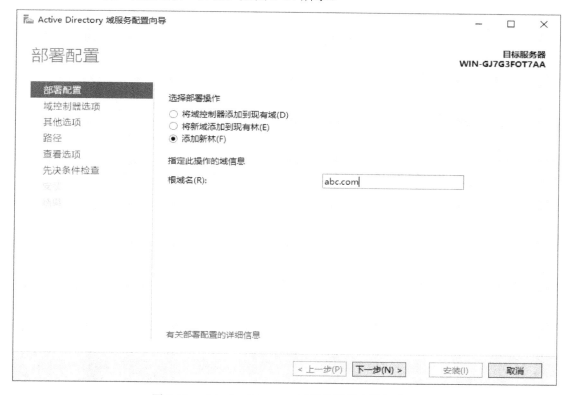

图 3-13　"Active Directory 域服务配置向导"窗口

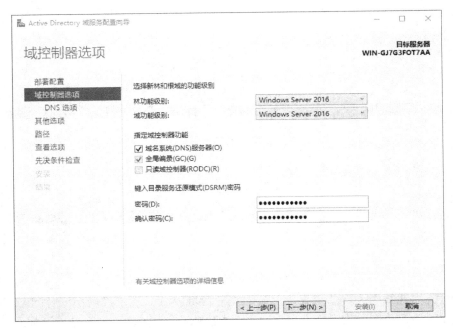

图 3-14　"域控制器选项"界面

(8) 选择新林和根域的功能级别。设置不同的域功能级别主要是为了兼容不同平台的网络用户和子域控制器，在此只能设置为"Windows Server 2016"版本的域控制器。指定域控制器功能并输入目录服务还原模式密码，点击"下一步"按钮，进入"DNS 选项"界面，如图 3-15 所示，点击"下一步"按钮，进入"其他选项"界面，如图 3-16 所示。

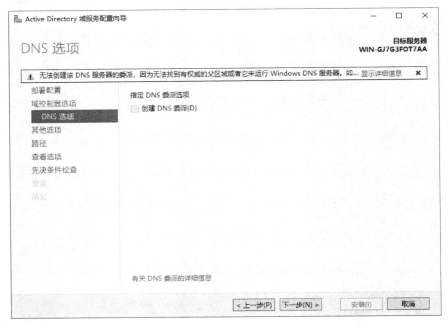

图 3-15　"DNS 选项"界面

图 3-16　"其他选项"界面

（9）在"其他选项"界面中，输入 NetBIOS 域名，点击"下一步"按钮，进入"路径"界面，如图 3-17 所示，指定 AD DS 数据库、日志文件和 SYSVOL 的位置，点击"下一步"按钮，进入"查看选项"界面，如图 3-18 所示。

图 3-17　"路径"界面

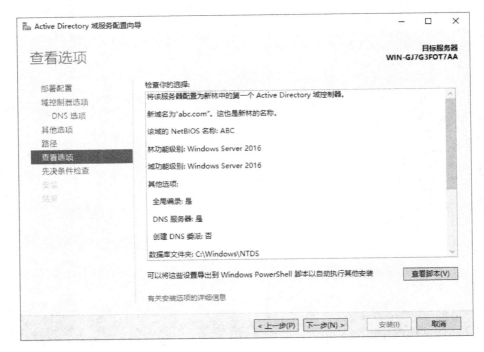

图 3-18 "查看选项"界面

(10) 检查设置的相关信息，点击"下一步"按钮，进入"先决条件检查"界面，如图 3-19 所示，查看相关结果，点击"安装"按钮，完成 Active Directory 域服务配置。

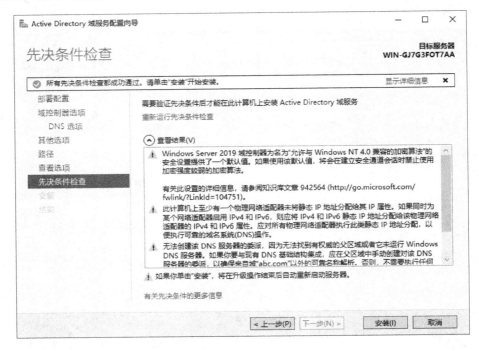

图 3-19 "先决条件检查"界面

二、验证 AD DS 的安装

AD DS 安装完成后，可以在域控制器 server01 上进行以下几个方面的验证。

（1）Windows Server 2019 服务器启动时，可以看登录界面的用户名是否变为 ABC\Administrator，如图 3-20 所示。

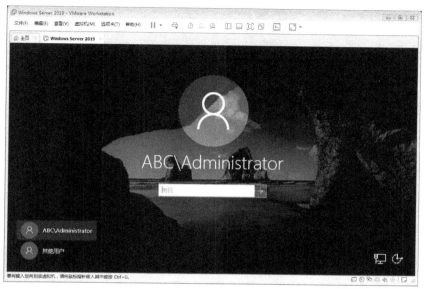

图 3-20　登录界面

（2）进入操作系统桌面，在"开始"菜单中选择"Windows 管理工具"命令，可以查看"Active Directory 管理中心""Active Directory 用户和计算机""Active Directory 域和信任关系""Active Directory 站点和服务"，如图 3-21 所示。

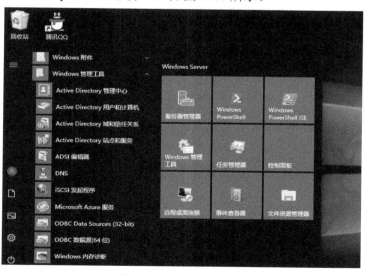

图 3-21　"开始"菜单

（3）在操作系统桌面上选择"此电脑"图标并单击鼠标右键，在弹出的快捷菜单中选择"属性"命令，打开"系统"窗口，在"计算机名、域和工作组设置"选项中，可以看到计算机全名为 server01.abc.oom、域为 abc.oom 如图 3-22 所示。

图 3-22　"系统"窗口

(4) 在操作系统桌面上选择"此电脑"图标并单击鼠标右键，在弹出的快速菜单中选择"管理"命令，打开"服务器管理器"窗口，选择"AD DS"选项，可以查看服务器管理器 AD DS 的相关信息，如图 3-23 所示。

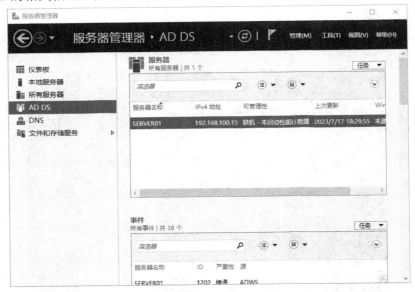

图 3-23　AD DS 的相关信息

三、将客户端加入活动目录

当网络中的第一台域控制器创建完成后，对应服务器将扮演域控制器的角色，而其他主机需要加入活动目录作为域内成员接受域控制器的集中管理。将客户端加入活动目录可以通过在客户端上手动配置或者使用脚本文件来完成。为了便于活动目录对客户端进行统一管理,需要配置客户端处于域模式下。下面以 Windows 10 客户端(192.168.10.20/24)加入域 abc.com(192.168.10.10/24)为例开始实施过程。

(1) 配置 Windows 10 客户端的 IP 地址、子网掩码、网关地址、DNS 服务器的 IP 地址等相关信息,如图 3-24 所示,测试客户端与域控制器的连通性,如图 3-25 所示。

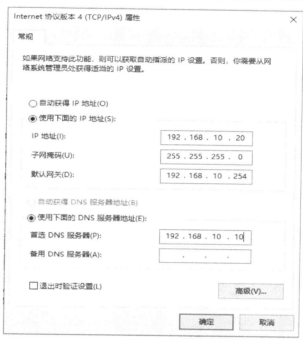

图 3-24 客户端的 IP 地址等相关信息

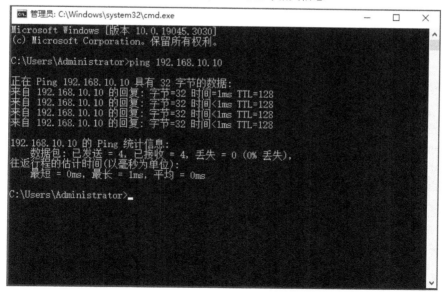

图 3-25 测试客户端与域控制器的连通性

(2) 将客户端(WIN10-user01)加入域 abc.com 中。在客户端桌面上选择"此电脑"图标并单击鼠标右键，在弹出的快捷菜单中选择"属性"命令，点击"重命名这台电脑"链接，弹出"计算机名/域更改"对话框，在"隶属于"选项组中，输入该客户端所要加入的域名(abc.com)，如图 3-26 所示。

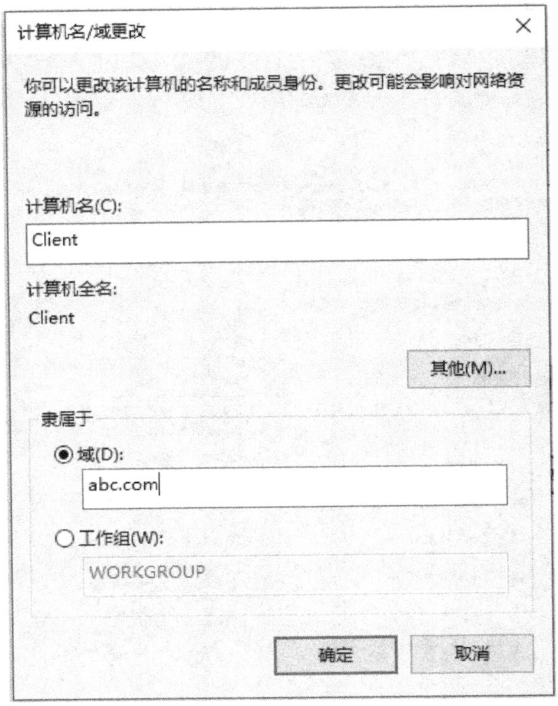

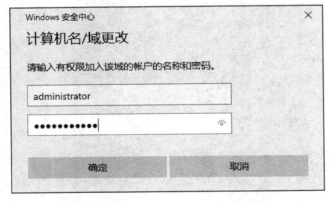

图 3-26　"计算机名/域更改"对话框

(3) 点击"确定"按钮，弹出"Windows 安全中心"对话框，如图 3-27 所示，输入有权限加入该域的用户名称和密码(Windows Server 2019 域的用户和密码)，点击"确定"按钮，弹出"欢迎加入 abc.com 域。"的提示对话框，如图 3-28 所示。

图 3-27　"Windows 安全中心"对话框

图 3-28　显示"欢迎加入 abc.com 域。"的提示对话框

（4）点击"确定"按钮后系统将重新启动,启动完毕后会发现系统登录界面发生了变化,即进入域模式登录界面,如图 3-29 所示。选择"其他用户"选项进行登录,系统登录后,再次打开"系统属性"对话框,可以看到该计算机已经处于域模式,如图 3-30 所示。

图 3-29 域模式登录界面

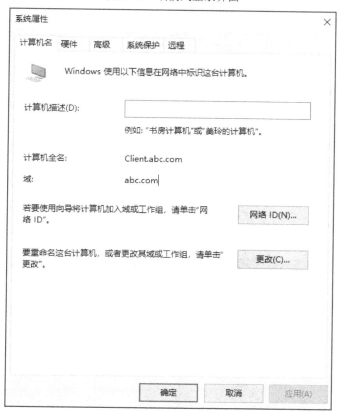

图 3-30 "系统属性"对话框

(5) 在 Windows Server 2019 域控制器上通过 "Active Directory 用户和计算机" 窗口的 Computers 文件夹也能查到客户端(CLIENT)已经加入域 abc.com 中，如图 3-31 所示。

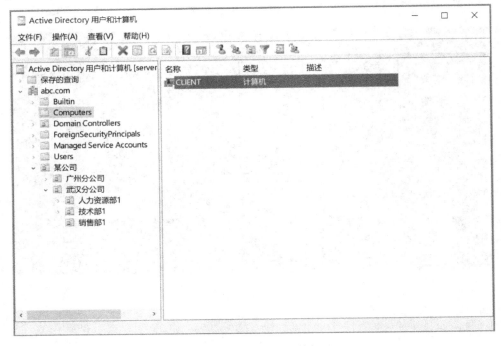

图 3-31　查看域内计算机

任务拓展

在域服务器角色的安装过程中，如果遇到问题，则需要删除域控制器，重新进行安装。将域控制器降为普通服务器有两个入口，下面介绍其中一个入口。

(1) 选择 "管理" → "删除角色和功能" 选项，如图 3-32 所示，打开 "删除角色和功能向导" 窗口，取消勾选 "Active Directory 域服务" 复选框，点击 "下一步" 按钮，在打开的对话框中点击 "删除功能" 按钮，并在打开的对话框中点击 "将此域控制器降级" 链接，如图 3-33 所示，然后根据向导提示进行降级操作即可。

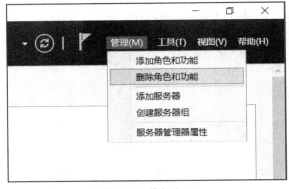

图 3-32　降级入口

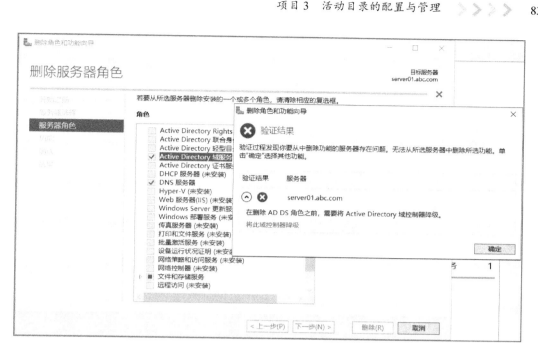

图 3-33 将域控制器降级前的操作

(2) 按如图 3-34～图 3-38 所示的向导提示进行降级操作。

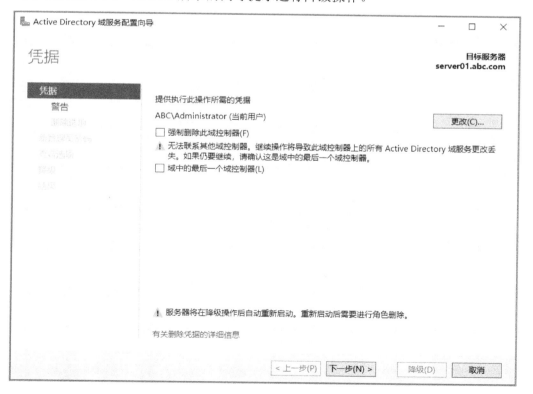

图 3-34 删除操作所需的凭据

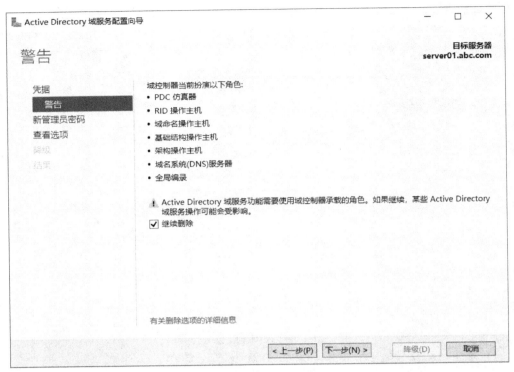

图 3-35 删除域控制器前的警告

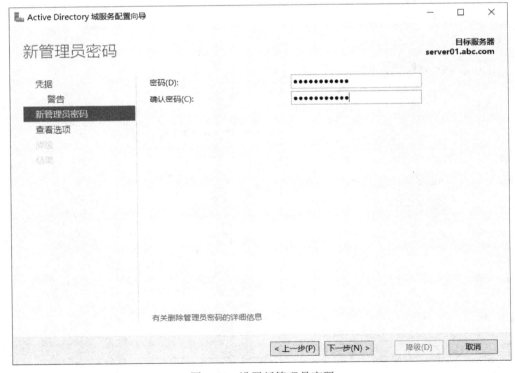

图 3-36 设置新管理员密码

图 3-37 "查看选项"界面

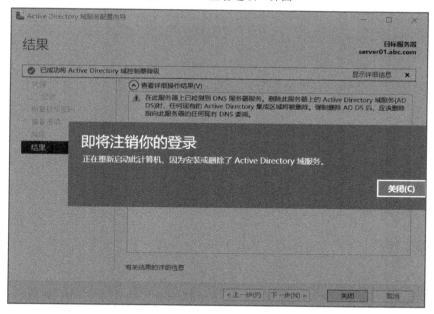

图 3-38 域控制器降级成功后的界面

(3) 重启服务器后，降级操作成功。

注意：如果域控制器可以联系其他域控制器，则不要勾选"强制删除此域控制器"复选框，目前还没有任何合理的方法可解决这种网络问题。强制降级会将 Active Directory 域中已丢弃的元数据保留在林中的其余域控制器上。此外，该控制器上所有未复制的更改(如密码或新用户)都将永久丢失。如果强制降级域控制器，则用户必须立即手动执行原数据的清理操作。

任务 2　安装并验证额外域控制器

任务描述

随着公司业务的增加，一台域控制器已经不能满足需求，同时一台服务器也容易产生单点故障，所以增加一台额外域控制器成了管理员必须要做的事情。

知识衔接

一、额外域控制器

在域环境中，DC 是网络核心，每个域用户登录系统时都要到域控制器的活动目录中进行身份验证，如果单 DC 出问题则整个网络就将崩溃。所以为了避免这种情况，在生产环境中，通常都要在网络中再部署第二台甚至是更多台域控制器，这些域控制器被称为是额外域控制器。

二、额外域控制器的好处

一个域内如果有多台域控制器的话，便可以拥有以下优势：

(1) 改善用户登录的效率，同时有多台域控制器对客户端提供服务可以分担审核用户登录身份的负担，让用户登录的效率更高。

(2) 具有容错功能，如果有域控制器发生故障的话，此时仍然可以由其他正常的域控制器来继续提供服务，因此对用户的服务并不会停止。

(3) 使用域控制器可以起到负载平衡的作用，在网络访问量大时可以实现分流，减轻网络负担，提高网络的利用率。

三、域控制器提供的复制活动目录数据库的方式

安装额外域控制器时，需要将域服务数据库从现有的域控制器复制到新的域控制器中。然而，若数据库的数据量非常庞大，则这个复制操作势必会增加网络负担，尤其是新域控制器位于远程网络内时。系统提供了以下两种复制域服务数据库的方式。

(1) 通过网络复制，这个也是最常用的方式。如果活动目录数据内容较多，建议复制时避开工作时间，以免影响网络效率。

(2) 通过安装介质，先从域控制器内容制作安装介质，再恢复到新建的额外域控制器。

四、安装额外域控制器的注意事项

(1) 操作系统版本必须受当前域功能级别的支持以及拥有域管理员权限。

（2）计算机 TCP/IP 参数配置正确。

（3）确保计算机和第一台域控制器之间互相通信，都关闭防火墙。

（4）确保该计算机能够通过 DNS 解析要加入域的域名。

任务实施

在一个安装了 Windows Server 2019 系统的组成域中可以有多个地位平等的域控制器，它们都有所属域的活动目录的副本。多个域控制器不仅可以分担用户登录时的验证任务，还能防止因单一域控制器的失败而导致的网络瘫痪问题。当在域中的某一个域控制器上添加用户时，域控制器会把活动目录的变化复制到域中其他域控制器上。在域中安装额外的域控制器，也需要把活动目录从原有的域控制器复制到新的服务器上。下面以 server02 服务器为例说明如何通过网络复制的方式安装额外域控制器。

一、准备阶段

（1）在 server02 上安装 Windows Server 2019，计算机名设置为 server02，在升级为额外域控制器后，计算机名会自动更改为 server02.abc.com，其中 abc.com 为域名。

（2）将计算机的 IP 地址修改为 192.168.10.11/24，DNS 服务器地址为 192.168.10.10。

二、安装 Active Directory 域服务

（1）通过"开始"菜单打开"服务器管理器"窗口，点击"添加角色和功能"链接或选择"管理"→"添加角色和功能"选项，打开"添加角色和功能向导"窗口。在"开始之前"界面中，点击"下一步"按钮。

（2）在"选择安装类型"界面中，选中"基于角色或基于功能的安装"选项按钮，点击"下一步"按钮。

（3）在"选择目标服务器"界面中，选中"从服务器池中选择服务器"选项按钮，选择当前服务器，本例为"server02"，点击"下一步"按钮。

（4）在"选择服务器角色"界面中，勾选"Active Directory 域服务"复选框，在弹出的"添加 Active Directory 域服务所需的功能?"对话框中点击"添加功能"按钮。返回"选择服务器角色"界面，点击"下一步"按钮。

（5）在"选择功能"界面中，选择要添加的功能，点击"下一步"按钮。

（6）在"Active Directory 域服务"界面中，点击"下一步"按钮。

（7）在"DNS 服务器"界面中，点击"下一步"按钮。

（8）在"确认安装所选内容"界面中，点击"安装"按钮。

（9）安装完成后，在"安装进度"界面中，点击"将此服务器提升为域控制器"文字链接，如图 3-39 所示。

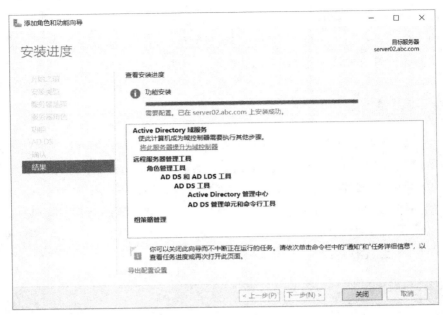

图 3-39　"安装进度"界面

(10) 在 "Active Directory 域服务配置向导" 窗口的 "部署配置" 界面中，选中 "将域控制器添加到现有域" 选项按钮，在 "域" 文本框中输入 "abc.com"，如图 3-40 所示。点击 "更改" 按钮，打开 "Windows 安全中心" 对话框，输入有权限添加域控制器的账户 (abc\administrator)与密码，点击 "确定" 按钮，如图 3-41 所示。关闭 "Windows 安全中心" 对话框，点击 "下一步" 按钮，如图 3-42 所示。

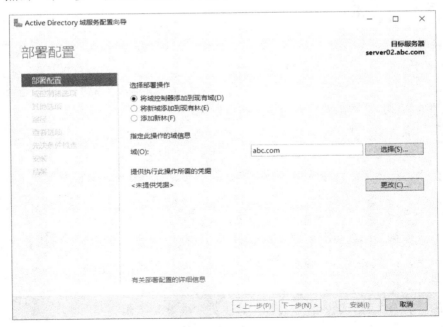

图 3-40　指定域

图 3-41　输入凭据

图 3-42　部署配置

(11) 在"域控制器选项"界面中，采用默认设置，输入两遍目录服务还原模式的密码，点击"下一步"按钮，如图 3-43 所示。

图 3-43　输入目录服务还原模式的密码

（12）在"DNS 选项"界面中，点击"下一步"按钮，如图 3-44 所示。

图 3-44 "DNS 选项"界面

（13）在"其他选项"界面中，将"复制自"设置为 server01.abc.com，点击"下一步"按钮，如图 3-45 所示。

图 3-45 "其他选项"界面

(14) 随后的步骤和创建域林中域控制器的步骤一样，这里不再详述。最后点击"确定"按钮，安装向导从原有的域控制器上开始复制活动目录。安装完成后，需要重新启动计算机。

三、查看域控制器

(1) 在"服务器管理器"窗口中，选择"工具"→"Active Directory 用户和计算机"命令。

(2) 在"Active Directory 用户和计算机"窗口中，依次选择"abc.com"→"Domain Controllers"(域控制器)选项，可以看到服务器"server02"的角色已经成功升级为域控制器，如图 3-46 所示。

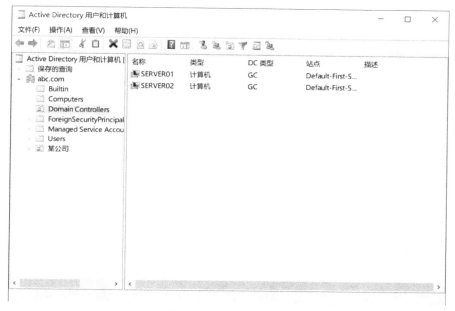

图 3-46　查看域控制器

任务 3　创建子域控制器

任务描述

因公司业务扩展需求，要在广州设立子公司。为了实现子公司资源的统一管理，公司决定在广州子公司部署 gz.abc.com 子域，从而实现父域子域之间的相互通信，因此公司还针对子公司做了以下要求：

(1) 控制器名称为 server03gz。

(2) 域名为 gz.abc.com。

(3) 域的简称为 gz。

(4) 域控制器 IP 为 192.168.10.12。

⬤ 知识衔接

一、父域

计算机网络中的父域是指一个域名系统中的最高层级域名，也称为根域名。它是整个域名系统的起点，所有的域名都是从这里开始分支出来的。父域名是由一个点(.)表示的，因此它也被称为"点域名"。父域名的作用非常重要，它是整个域名系统的基础。所有的域名都必须以父域名作为起点，才能在域名系统中被正确地定位。在域名系统中，父域名是最高级别的域名，没有任何其他域名能够超越它。因此，父域名的稳定性和安全性对整个域名系统的运行都有着至关重要的影响。

二、子域

子域是相对父域来说的，指域名中的每一个段。各子域之间用小数点分隔开。放在域名最后的子域称为最高级子域，或称为一级域，在它前面的子域称为二级域。例如：父域为 abc.com，则子域为 sh.abc.com。

三、创建子域的理由

(1) 独立经营子公司。
(2) 需要独立运营的部门或机构。
(3) 出于安全的考虑。

四、新建子域的优势

(1) 可以采取不同于父域的管理方式。
(2) 有利于自身资源的安全管理。

五、父域与子域的关系

子域会保存很多信息，但每个子域的信息不尽相同，父域可以包含很多子域，而且父域可以包含更多的信息。当子域无法提供其下的终端的需求时，他会向父域发出求助以获得父域的资源共享或者通过父域获取其他子域的帮助。

六、信任关系

信任关系有方向区分，A 信任 B，则 B 可以访问 A 的资源和服务，只有当 A 和 B 之间双向信任时，两者之间才能相互访问；信任关系具有可传递性，A 信任 B，B 信任 C，则 A 信任 C。按照作用范围信任关系分为以下两种：

1. 林中信任

林中信任关系分为父子信任和树根信任。父子信任是指同一个树域中父域和子域之间建立的可传递的信任关系；树根信任是指同一个林域中树根域之间的可传递的信任关系。林中信任是无条件双向信任，在域建立时即存在，且不可删除。

2. 林间信任

林间信任关系分为外部信任和林信任。外部信任是指不同林的域之间建立的不可传递的信任关系；林信任是指多个林的林根域之间建立的可传递的信任关系。因为域林中林根域和林中其他域之间是无条件双向信任，所以林间信任建立后相应的信任关系也会传递到林中的域之间。林间信任需要自己创建。

注意：

(1) 信任关系在域之间建立了一种资源访问的可能性，而非必然性，访问资源的前提是对方已经分配了可供访问的资源。

(2) 建立林间信任关系首先要创建 DNS 正向解析，使得受信域的 FQDN 能够被信任域解析。

任务实施

创建子域之前，需要设置域中父域控制器和子域控制器的 TCP/IP 属性，手动指定其 IP 地址、子网掩码、默认网关和 DNS 服务器的 IP 地址等相关信息，父域域名为 abc.com，子域域名为 gz.abc.com。父域的域控制器主机名为 server01，其本身也是 DNS 服务器，IP 地址为 192.168.10.10/24。子域的域控制器主机名为 server03，其本身也是 DNS 服务器，IP 地址为 192.168.10.12/24。

一、创建子域 DC1

(1) 在计算机 server03 上安装 AD DS，使其成为子域"gz.abc.com"中的域控制器，设置计算机的名称为 server03，如图 3-47 所示。配置计算机的 IP 地址等相关信息，如图 3-48 所示。

图 3-47　设置计算机 server03 的名称

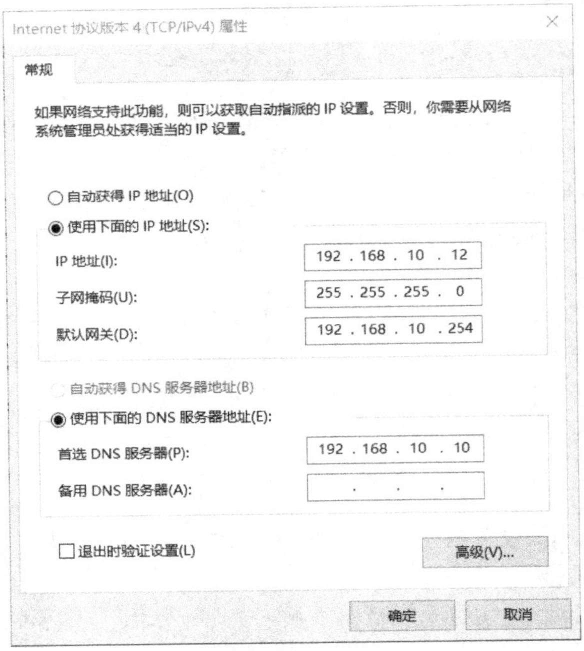

图 3-48　设置计算机的 IP 地址等相关信息

（2）在桌面选择"此电脑"图标并单击鼠标右键，在弹出的快捷菜单中选择"管理"命令，打开"服务器管理器"窗口，在该窗口右上角选择"管理"→"添加角色和功能"命令，打开"添加角色和功能向导"窗口，安装 AD DS。当进入"部署配置"界面时，点击"将新域添加到现有林"选项按钮，弹出"Windows 安全中心"对话框，在其中输入有权限的用户名 administrator 及其密码，如图 3-49 所示。

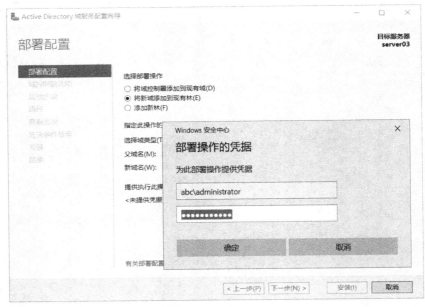

图 3-49　部署操作的凭据

(3) 点击"确定"按钮，返回"部署配置"界面，选择或输入父域名 abc，输入新域名 gz(注意，不是 gz.abc.com)，如图 3-50 所示。

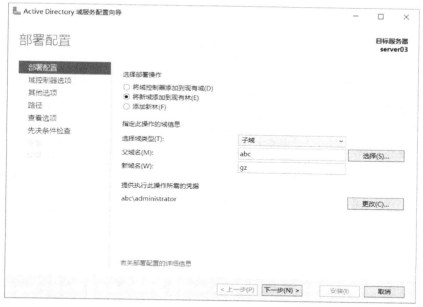

图 3-50   设置域名

(4) 点击"下一步"按钮，进入"域控制器选项"界面，如图 3-51 所示，在"指定域控制器功能和站点信息"选项组中，默认勾选"域名系统(DNS)服务器"复选框，在"键入目录服务还原模式(DSRM)密码"选项组中输入密码。

图 3-51   "域控制器选项"界面

（5）点击"下一步"按钮，进入"DNS 选项"界面，如图 3-52 所示。

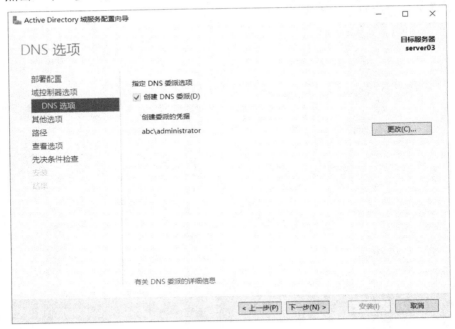

图 3-52　"DNS 选项"界面

（6）点击"下一步"按钮，进入"其他选项"界面，在此设置 NetBIOS 域名，如图 3-53 所示。其他安装步骤与安装 AD DS 的步骤一样，这里不赘述。安装完成后系统会自动重新启动。

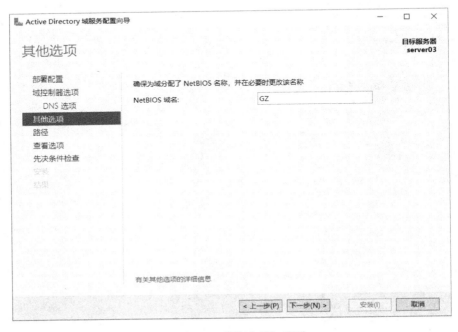

图 3-53　"其他选项"界面

二、创建子域过程中遇到的问题及解决方案

(1) 在创建子域的过程中，"部署配置"界面出现"无法使用指定的凭据登录到该域。请提供有效凭据，然后重试。"提示信息，如图 3-54 所示。

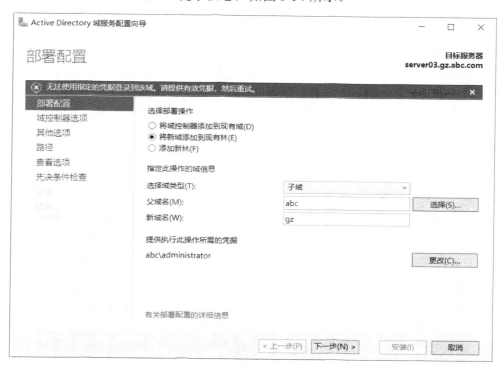

图 3-54　"部署配置"界面出现的提示信息

当出现以上提示信息时，首先检查网络的 IP 地址、子网掩码、网关 IP 地址、DNS 服务器的 IP 地址等相关信息，然后测试网络的连通性。这里父域控制器(abc.com)主机名为 sever01，IP 地址为 192.168.10.10/24，网关地址为 192.168.10.254/24，DNS 服务器的 IP 地址为 192.168.10.10；子域控制器(gz.abc.com)主机名为 server03，IP 地址为 192.168.10.12/24，网关地址为 192.168.10.254/24，DNS 服务器的 IP 地址为 192.168.10.10(需要注意的是，子域的 DNS 服务器的 IP 地址与父域控制器的 IP 地址相同)。

(2) 在创建子域的过程中，"结果"界面出现"尝试将此计算机配置为域控制器时出错"提示信息，出现以上提示信息时，如果看到"指定的域已存在"的提示信息，则表明是因为计算机的 SID 的问题。SID 是标识用户、组和计算机账户的唯一的号码，当第一次创建账户时，账户就将获得一个唯一的 SID。

做 Active Directory 域活动目录的时候，为了方便而直接复制了虚拟机，因为是复制的虚拟机，所以其 SID 是一样的。在域控制器 server01 与域控制器 server03 上，分别使用命令 whoami/user 查看当前的用户名和 SID 信息，如图 3-55 和图 3-56 所示，可以看到两台域控制器的 SID 是一样的，所以要想解决这个问题就应当修改 SID。

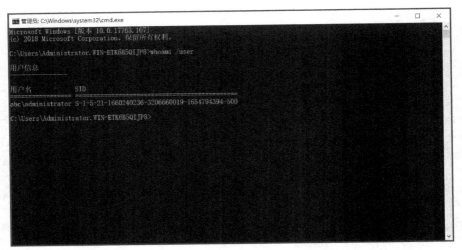

图 3-55 控制器 server01 的用户名和 SID 信息

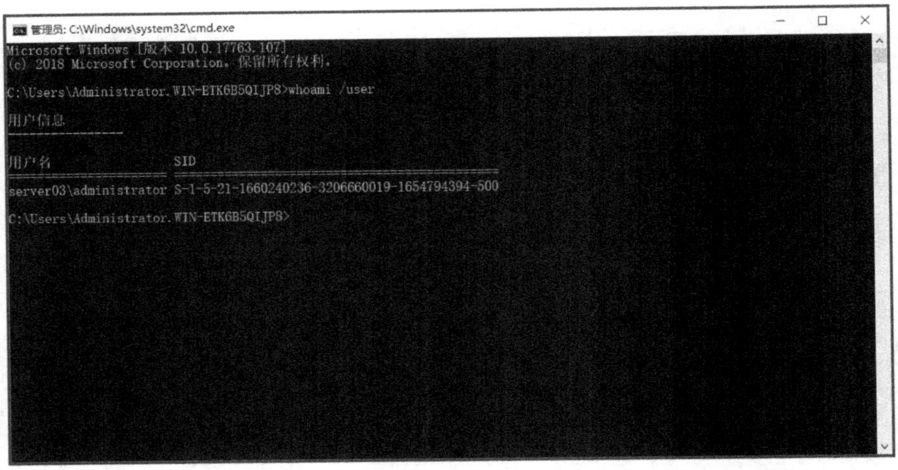

图 3-56 控制器 server03 的用户名和 SID 信息

修改 SID 的方法有两种：一种是不复制虚拟机，直接全新安装；另一种是使用系统自带的 sysprep 工具，重新初始化系统，操作过程如下：

在子域控制器服务器上，按"Win + R"组合键，弹出"运行"对话框，如图 3-57 所示，输入 sysprep 命令，点击"确定"按钮，可以看到"sysprep.exe"执行文件，如图 3-58 所示。

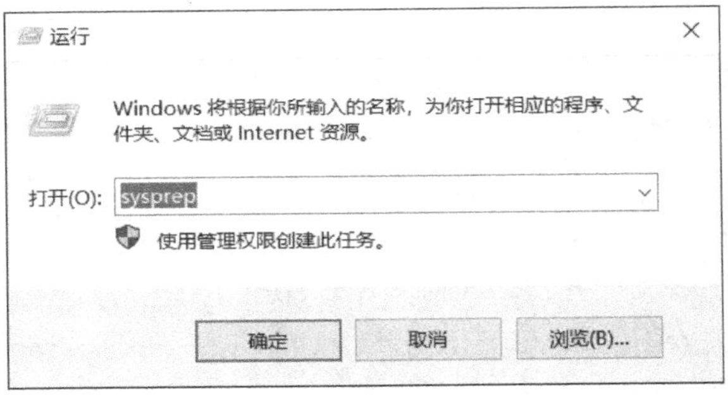

图 3-57 "运行"对话框

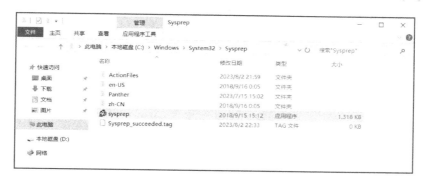

图 3-58　"sysprep.exe"执行文件

　　双击"sysprep.exe"执行文件，弹出"系统准备工具 3.14"对话框，如图 3-59 所示，勾选"通用"复选框，设置相关选项，点击"确定"按钮，重新启动域控制器 server03，完成 SID 的修改。再次使用命令 whoami/user 查看当前的用户名和 SID 信息，可以看到当前的用户名和 SID 都与以前的不一样，表明已经全部修改完成，如图 3-60 所示。

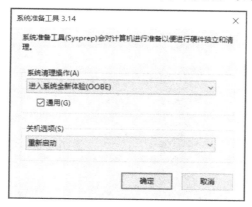

图 3-59　"系统准备工具 3.14"对话框

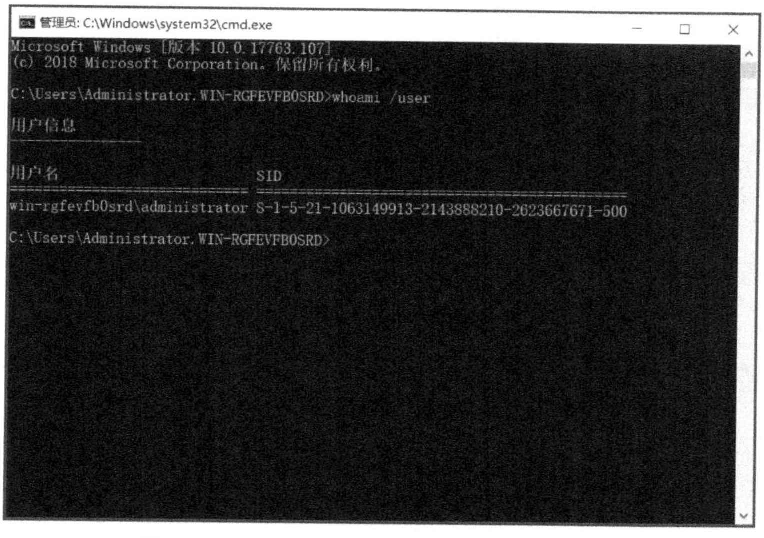

图 3-60　控制器 server03 的用户名和 SID 信息

三、验证创建的子域

（1）重新启动域控制器 server03 后，以管理员身份登录到子域中，在桌面上选择"此电脑"图标并单击鼠标右键，在弹出的快捷菜单中选择"属性"命令，打开"系统"窗口，在"计算机名、域和工作组设置"选项组中可以查看到计算机全名 server03.gz.abc.com、域为 gz.abc.com，如图 3-61 所示。

图 3-61　server03 的"系统"窗口

（2）在域控制器 DC1 上，在"开始"菜单中选择"windows 管理工具"→"Active Directory 用户和计算机"命令，打开"Active Directory 用户和计算机"窗口，可以看到 gz.abc.com 子域，如图 3-62 所示。

图 3-62　"Active Directory 用户和计算机"窗口

(3) 在域控制器 server03 上，在"开始"菜单中选择"windows 管理工具"→"DNS"命令，打开"DNS 管理器"窗口，可以看到区域"gz.abc.com"，如图 3-63 所示。

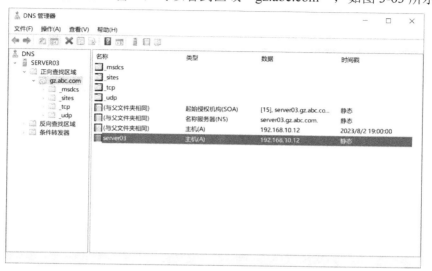

图 3-63 域控制器 Server03 的"DNS 管理器"窗口

(4) 在域控制器 Server01 上，在"开始"菜单中选择"windows 管理工具"→"DNS"命令，打开"DNS 管理器"窗口，可以看到区域"abc.com"，如图 3-64 所示。

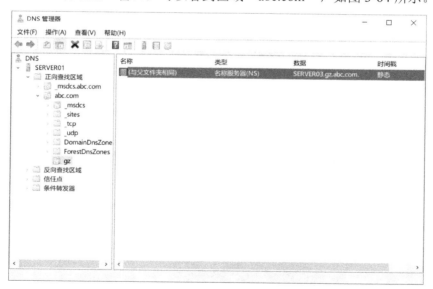

图 3-64 域控制器 Server01 的"DNS 管理器"窗口

四、验证父子信任关系

前面的任务已经构建了 abc.com 及其子域 gz.abc.com，子域和父域的双向，即可传递的信任关系是在安装域控制器时就自动建立起来的，同时域林中的信任关系是可传递的，因此同一域林中的所有域都显式或隐式地相互信任。

（1）在域控制器 server01 上以域管理员身份登录，在"开始"菜单中选择"Windows 管理工具"→"Active Directory 域和信任关系"命令，打开"Active Directory 域和信任关系"窗口，在此可以对域之间的信任关系进行管理，如图 3-65 所示。

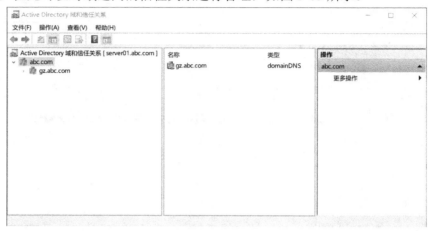

图 3-65 "Active Directory 域和信任关系"窗口

（2）在该窗口左侧选择"abc.com"节点并单击鼠标右键，在弹出的快捷菜单中选择"属性"命令，弹出"abc.com 属性"对话框，选择"信任"选项卡，如图 3-66 所示，可以看到 abc.com 和其他域的信任关系。该对话框的上部列出的是 abc.com 所信任的域，表明 abc.com 信任其子域 gz.abc.com；该对话框的下部列出的是信任 abc.com 的域，表明其子域 gz.abc.con 也信任 abc.com，也就是说，abc.com 和 gz.abc.com 是双向信任关系。选择"gz.abc.ccm"节点并单击鼠标右键，在弹出的快捷菜单中选择"属性"命令，弹出"gz.abc.com 属性"对话框，选择"信任"选项卡，如图 3-67 所示，可以查看其信任关系。

图 3-66 "abc.com 属性"对话框

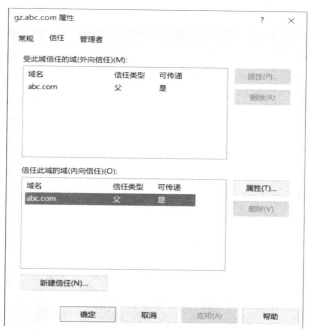

图 3-67　在"gz.abc.com 属性"中查看信任关系

五、Active Directory 站点和服务

在域控制器 server01 上以域管理员身份登录，在"开始"菜单中选择"Windows 管理工具"→"Active Directory 站点和服务"命令，打开"Active Directory 站点和服务"窗口，在此可以对站点和服务进行管理，如图 3-68 所示。

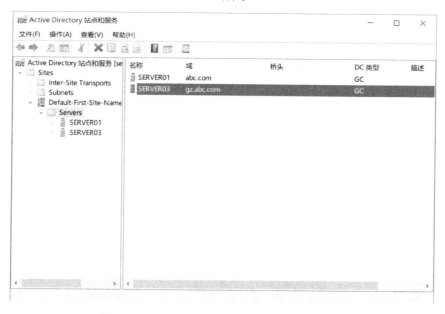

图 3-68　"Active Directory 站点和服务"窗口

任务 4 域 的 应 用

任务描述

公司的网络管理员小赵，根据需求已经完成 Active Directory 域的初步部署，小赵已将财务部的 CLIENT 计算机，以及销售部的若干台计算机加入 abc.com 域。财务部有员工 Lishi 和 Pengwu，销售部有员工 Wanger 和 Zhangsan，小赵要为这些员工创建登录 abc.com 域的用户账户并进行分组。同时网络管理员小赵发现，销售部的员工需要经常访问公司首页，这些员工希望登录系统后桌面能够自动建立一个访问公司首页的快捷方式。组织结构转换为域的逻辑关系及域安全要求的基本策略，如表 3-2 所示。

表 3-2　组织结构转换为域的逻辑关系及域安全要求的基本策略

组织单位(部门名称)	组(部门名称)	用户账户	用户计算机
销售部	Sales	Wanger	CLIENT
		Zhangsan	PC1
财务部	Finances	Lishi	PC2
		Pengwu	PC3
组织单位	销售部，包含 Wanger 和 Zhangsan 用户		
	财务部，包含 Lishi 和 Pengwu		
域安全策略	让销售部用户登录域后自动在登录计算机的桌面中创建快捷方式		
	禁止财务部用户访问注册表		

知识衔接

一、认识域用户、组和组织单位

Active Directory 域用户账户代表物理实体，如人员。管理员可以将用户账户用作某些应用程序的专用服务账户。用户账户也被称为安全主体。安全主体是指自动为其分配安全标识符(SID)的目录对象，可用于访问域资源。用户账户主要的作用如下：

(1) 验证用户的身份。用户可以使用能够通过域身份验证的身份登录计算机或域。每个登录到网络的用户都应该有自己唯一的账户和密码。为了最大限度地保证安全，需要避免多个用户共享同一个账户。

(2) 授权或拒绝对域资源的访问。在验证用户身份之后，为该用户授予访问域资源的权限或拒绝该用户对域资源的访问。

二、默认域用户

Active Directory 用户和"计算机管理"窗口中的 "用户"容器显示了 Administrator 和 Guest 两种内置用户账户。这些内置用户账户是在创建域时自动创建的。

每个内置用户账户都有不同的权限组合。Administrator 账户在域内具有最大的权限,而 Guest 账户则具有有限的权限。

如果网络管理员没有修改内置用户账户的权限,恶意用户(或服务)就会使用这些权限通过 Administrator 账户或 Guest 账户非法登录域。保护这些账户的一种较好的安全操作是重命名或禁用它们。由于重命名的用户账户会保留其 SID,因此也会保留其他所有属性,如说明、密码、组成员身份、用户配置文件、账户信息,以及任何已分配的权限和用户权利。

若要具有用户身份验证和授权的安全优势,则可以通过"Active Directory 用户和计算机"窗口为所有加入网络的用户创建单独的用户账户,并将各用户账户(包括 Administrator 账户和 Guest 账户)添加到组,以便控制分配给该账户的权限。如果具有适合某网络的账户和组,则需要确保可以识别登录该网络的用户和只能访问允许资源的用户。

设置强密码和实施账户锁定策略,可以帮助域抵御攻击。强密码会减少攻击者对密码的智能密码猜测和字典攻击的危险。账户锁定策略会减少攻击者通过重复登录企图危及用户所在域的安全的可能。账户锁定策略可以设定用户账户在禁用之前尝试登录的失败次数。

三、域中组

组是指用户与计算机账户、联系人,以及其他可以作为单个单位管理的组的集合,属于特定组的用户和计算机被称为组成员。

Active Directory 域服务中的组都是驻留在域和组织单位容器对象中的目录对象。AD DS 自动安装了系列默认的内置组,也允许根据实际需要创建组,管理员可以灵活地控制域中的组和成员。AD DS 中的组管理功能如下:

(1) 资源权限的管理,即为组而不是个别用户账户指派的资源权限。这样可以将相同的资源访问权限指派给该组的所有成员。

(2) 用户集中的管理,可以创建一个应用组,指定组成员的操作权限,并向该组中添加需要拥有与该组相同权限的成员。

(一) 按照域中组的安全性质划分组

在 Windows Server 2019 中,按照域中组的安全性质,组可以划分为安全组和通信组两种类型。

1. 安全组

安全组主要用于控制和管理资源的安全性。使用安全组可以在共享资源的"属性"窗口中,选择"共享"选项卡,并为该组的成员分配访问控制权限。例如,设置该组的成员对特定文件夹具有"写入"权限。

2. 通信组

通信组也被称为分布式组,用来管理与安全性无关的任务。例如,通信组可以将信息发送给某个分布式组，但是不能为其设置资源权限，即不能在某个文件夹的"共享"选项卡中为该组的成员分配访问控制权限。

(二) 按照组的作用域划分组

组都有一个作用域，用来确定在域树或域林中该组的应用范围。按照组的作用域，可以划分为全局组、本地域组和通用组 3 种组作用域。

1. 全局组

全局组主要用来组织用户，面向域用户，即全局组中只包含所属域的域用户账户。为了管理方便，管理员通常将多个具有相同权限的用户账户添加到一个全局组中。之所以被称为全局组，是因为它不仅能在所创建的计算机上使用，还能在域中的任何一台计算机上使用。只有在 Windows Server 2019 域控制器上，才能创建全局组。

2. 本地域组

本地域组主要用来管理域的资源。通过本地域组，可以快速地为本地域、其他信任域的用户账户和全局组的成员指定访问本地资源的权限。本地域组由该组所属域的用户账户、通用组和全局组组成，不能包含非本域的本地域组。为了管理方便，管理员通常在本域内建立本地域组，并根据资源访问的需要将适合的全局组和通用组加入该组，最后向该组分配本地资源的访问控制权限。本地域组的成员仅限于本域的资源，而无法访问其他域内的资源。

3. 通用组

通用组用来管理所有域内的资源，包含任何一个域内的用户账户、通用组和全局组，但不能包含本地域组。一般在大型企业应用环境中，管理员先建立通用组，并为该组的成员分配在各域内的访问控制权限。通用组的成员可以使用所有域的资源。

四、组织单位

域中包含的一种特别有用的目录对象类型是组织单位(OU)。OU 是一个 Active Directory 容器，用于放置用户、组、计算机和其他 OU。OU 不能包含来自其他域中的对象。

OU 是向其分配组策略设置或委派管理权力的最小作用域或单位。管理员可以使用在域中创建表示组织中的层次结构、逻辑结构的容器、也可以根据组织模型来管理账户以及配置和使用资源。

OU 可以包含其他 OU。管理员可以根据需要将 OU 的层次结构扩展为模拟域中继层次结构，使用 OU 有助于最大限度地减少网络所需的域数目。

管理员可以使用 OU 创建能够缩放到任意大小的管理模型，从而对域中的所有单个 OU 具有管理权利，一个 OU 的管理员不一定对域中的任何其他 OU 具有管理权限。

五、创建域用户、组和组织单位

如果要管理域用户，则需要在 Active Directory 域服务中创建用户账户。若要执行此过程,则创建的用户账户必须是 Active Directory 域服务中 Account Operators 组、Domain Admins

组或 Enterprise Admins 组的成员，或者被委派了适当的权限。从安全角度来考虑，可使用"运行身份"来执行此过程。

如果未分配密码，则用户在首次尝试登录时(使用空白密码)系统会弹出一条登录消息显示"您必须在第一次登录时更改密码"。在用户更改密码后，登录过程将继续。如果服务的用户账户的密码已更改，则必须重置使用该用户账户验证的服务。

如果要添加组，则可以选择要添加组的文件夹，并点击工具栏上的"新建组"图标来完成此过程。最低需要使用 Account Operators 组、Domain Admins 组、Enterprise Admins 组或类似组中的成员身份。

六、组策略

组策略(group policy)就是对组的策略限制，用来限制指定组中用户对系统设置的更改或资源的使用，是介于控制面板和注册表中间的一种设置方式。这些设置最终保存在注册表中。

七、组策略对象

组策略对象(group policy object，GPO)是定义了各种策略的设置集合，是 Active Directory 中的重要管理方式，可以管理用户和计算机对象。一般需要为不同组织单位设置不同的 GPO，其中组织单位等容器可以链接(可理解为调用，在容器中显示时会标记为快趋方式)多个 GPO、而一个 GPO 也可以被不同的容器链接。

八、组策略继承

组策略继承是指子容器将从父容器中继承策略设置。例如，本任务中的组织单位"财务部"如果没有单独设置策略，则它包含的用户或计算机会继承全域的安全策略，即会执行 Default Domain Policy 的设置。

九、组策略执行顺序

组策略执行顺序是指多个组策略叠加在一起时的执行顺序。当子容器有自己的单独的 GPO 时，策略执行累加。例如"财务部"策略为"已启动"状态，继承来的组策略是"未定义"状态，则最终继承来的策略是"已启动"状态。当策略发生冲突时，以子容器策略为准。例如，某组织单位中将某一策略设置为"已启动"状态，而继承来的组策略是"已禁用"状态，则最终是"已启动"状态。执行的先后顺序为组织单位→域控制器→域→站点→(域内计算机的)本地安全策略。

任务实施

一、新建组织单位

(1) 在 server01 域控制器的"服务器管理器"窗口中，选择"工具"→"Active Directory

用户和计算机"命令，打开"Active Directory 用户和计算机"窗口，点击 abc.com 选项，在弹出的快捷菜单中依次选择"新建"→"组织单位"命令，如图 3-69 所示。

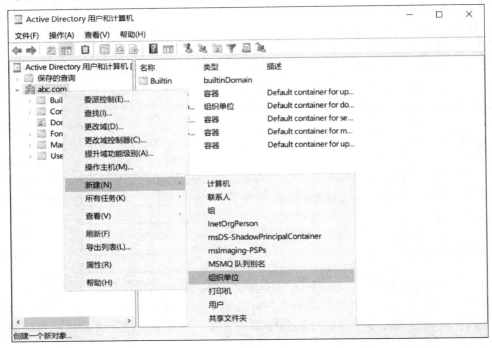

图 3-69　新建组织单位

(2) 在"新建对象-组织单位"对话框的"名称"文本框中输入组织单位名称"销售部"，点击"确定"按钮，如图 3-70 所示。

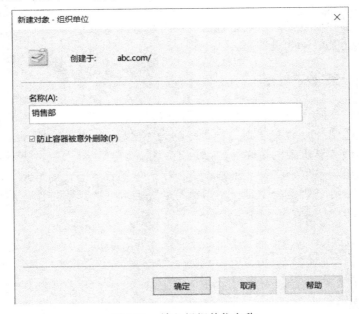

图 3-70　输入组织单位名称

二、在组织单位中新建组

(1) 右击"销售部"选项，在弹出的快捷菜单中依次选择"新建"→"组"命令，如图 3-71 所示。

图 3-71 新建组

(2) 在"新建对象-组"对话框中，输入组名"Sales"(本任务中销售部的组名)，点击"确定"按钮，如图 3-72 所示。

图 3-72 输入组名

三、在组织单位中新建用户

（1）右击"销售部"选项，在弹出的快捷菜单中依次选择"新建"→"用户"命令，如图 3-73 所示。

图 3-73　新建用户

（2）在"新建对象-用户"对话框中，输入姓名和用户登录名"Wanger"(本任务中销售部的 Wanger 用户账户)，点击"下一步"按钮，如图 3-74 所示。

图 3-74　输入用户信息

(3) 在"新建对象-用户"对话框中，输入两次用户的登录密码。为了便于管理，取消勾选"用户下次登录时须更改密码"复选框，勾选"用户不能更改密码"和"密码永不过期"复选框，点击"下一步"按钮，如图 3-75 所示。

图 3-75 输入用户密码

(4) 查看用户账户信息无误后，点击"完成"按钮，如图 3-76 所示。

图 3-76 新建用户完成

（5）参照上述步骤完成销售部中 Zhangsan 用户的创建与管理，这里不再赘述。

四、将用户添加到组

（1）右击要添加到组的用户"Wanger"，在弹出的快捷菜单中选择"添加到组"命令，如图 3-77 所示。

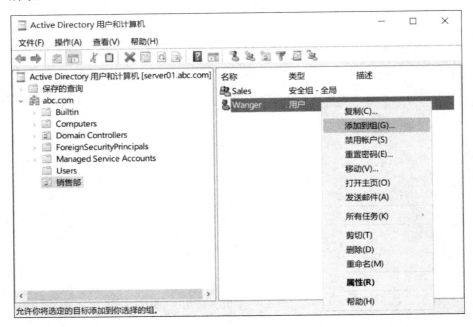

图 3-77　将用户添加到组

（2）在"选择组"对话框中，输入组名"Sales"或者依次点击"高级""立即查找"按钮在"搜索结果"选区中选择 Sales 选项，点击"确定"按钮，如 3-78 所示。在弹出的提示对话框中，点击"确定"按钮，如图 3-79 所示。

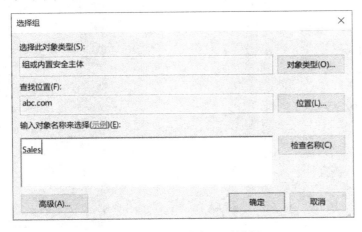

图 3-78　"选择组"对话框

图 3-79　提示对话框

五、将成员计算机(对象)移动到组织单位

(1) 在"Active Directory 用户和计算机"窗口中，双击 Computers 选项，右击选区中要移动位置的 CLIENT 计算机(本任务中销售部计算机)，在弹出的快捷菜单中选择"移动"命令，如图 3-80 所示。

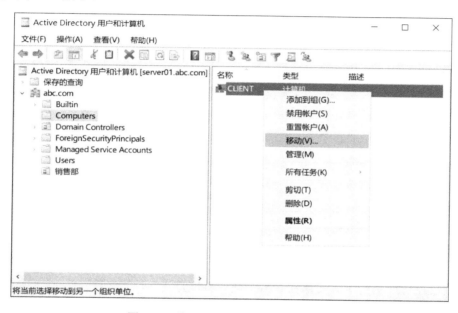

图 3-80   将成员计算机移动到组织单位

(2) 在弹出的"移动"对话框中，选择要移动到的目的组织单位，本任务选择"销售部"，点击"确定"按钮，如图 3-81 所示。

图 3-81   选择要移动到的目的组织单位

(3) 返回"Active Directory 用户和计算机"窗口，双击"销售部"选项，可以看到其所包含的对象，如图 3-82 所示。

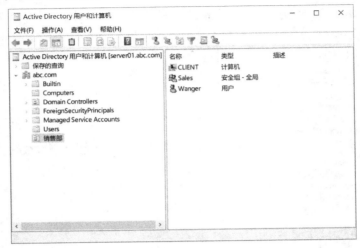

图 3-82　查看组织单位内的对象

参照上述步骤完成表 3-2 中财务部对象的创建域管理，这里不再赘述。

六、配置域组策略

1. 在使用域账户登录时自动在桌面中创建快捷方式

(1) 在"服务器管理器"窗口中，依次选择"工具"→"组策略管理"命令，或者在"运行"对话框中执行 gpmc.msc 命令，打开"组策略管理"窗口，依次选择"组策略管理"→"林:abc.com"→"域"→abc.com 选项，右击"销售部"选项，在弹出的快捷菜单中选择"在这个域中创建 GPO 并在此处链接"命令，如图 3-83 所示。

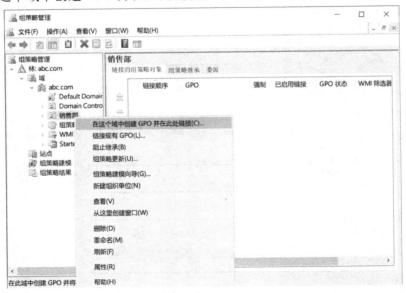

图 3-83　新建销售部对应的 GPO

(2) 在"新建 GPO"对话框中将"名称"设置为"销售部策略"，点击"确定"按钮，如图 3-84 所示。

图 3-84   输入 GPO 名称

(3) 右击"销售部策略"选项，在弹出的快捷菜单中选择"编辑"命令，如图 3-85 所示。

图 3-85   选择"编辑"命令

(4) 在"组策略管理编辑器"窗口中，依次选择"用户配置"→"首选项"→"Windows 设置"→"快捷方式"选项，在工作区的空白处右击，在弹出的快捷菜单中选择"新建"→"快捷方式"命令，如图 3-86 所示。

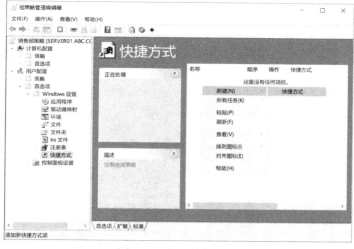

图 3-86   新建快捷方式

(5) 在"www.abc.com 属性"对话框中将"名称"设置为"www.abc.com","目标类型"设置为"URL","位置"设置为"桌面","目标 URL"设置为"https://www.abc.com",点击"确定"按钮，如图 3-87 所示。

图 3-87   "www.abc.com 属性"对话框

2. 禁止特定组织单位的用户访问注册表编辑器

(1) 在"组策略管理"窗口中，创建"财务部"的 GPO"财务部策略"。

(2) 右击"财务部策略"选项，在弹出的快捷菜单中选择"编辑"命令。

(3) 在"组策略管理编辑器"窗口中，依次选择"用户配置"→"策略"→"管理模板：从本地计算机中检索的策略定义(ADMX 文件)"→"系统"选项，在右侧选区中右击"阻止访问注册表编辑工具"选项，在弹出的快捷菜单中选择"编辑"命令，如图 3-88 所示。

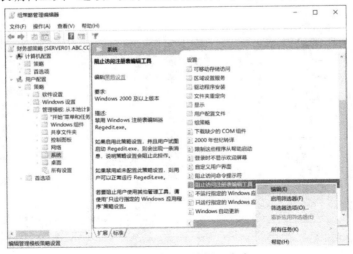

图 3-88   选择"编辑"命令

(4) 在"阻止访问注册表编辑工具"对话框中，选中"已启用"选项按钮，点击"确定"按钮，如图 3-89 所示。

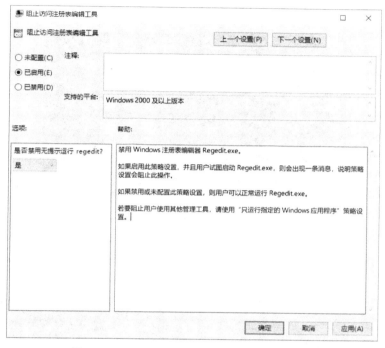

图 3-89 "阻止访问注册表编辑工具"对话框

(5) 返回"组策略管理编辑器"窗口，可以看到"阻止访问注册表编辑工具"策略项的状态已变为"已启用"，如图 3-90 所示。

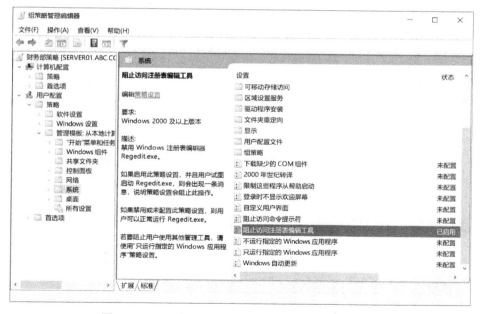

图 3-90 "阻止访问注册表编辑工具"策略项的状态

3. 更新组策略

在命令提示符窗口中输入命令"gpupdate/force"，完成组策略的更新，如图 3-91 所示。

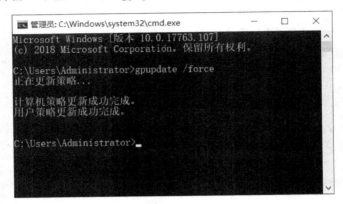

图 3-91　更新组策略

4. 在成员计算机上验证组策略效果

(1) 使用 Wanger@abc.com 域用户登录销售部安装有 Windows 10 系统的 CLIENT 计算机，可以看到桌面已显示通过策略配置自动创建的快捷方式，如图 3-92 所示。

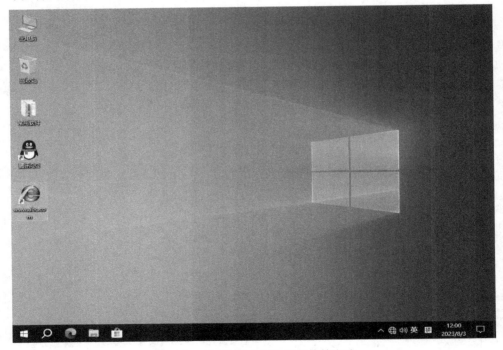

图 3-92　CLIENT 桌面已显示快捷方式

(2) 使用 Lishi@abc.com 域用户登录销售部安装有 Windows 10 系统的 PC2 计算机，在命令提示符窗口中执行 gpupdate/force 命令，即可立即更新组策略。

(3) 点击"开始"菜单按钮，选择"运行"命令，在"运行"对话框中输入命令"regedit"，打开"注册表编辑器"窗口时，会弹出提示对话框，如图 3-93 所示。

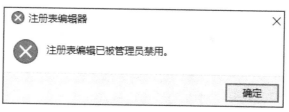

图 3-93 提示对话框

小   结

本章详细介绍了活动目录的基础知识和任务实施等，包括活动目录概述、活动目录的物理结构、工作组模式与域模式、活动目录的安装、将客户端加入活动目录、创建额外域控制器、子域以及用户、组、组织单位、组策略在域中的应用等相关内容。

习   题

一、选择题

1. 某公司准备使用一台服务器作为公司域中附加的域控制器，那么在该服务器上不可以选择安装的 Windows Server 2019 版本是(   )。

A. Windows Server 2019 数据中心版本

B. Windows Server 2019 标准版

C. Windows Server 2019 企业版

D. Windows Server Web 版

2. 在提升活动目录时，下列属于系统内建用户的是(   )。

A. Guest   B. Anonymous

C. Power User   D. Every One

3. shenyang.dcgie.com 和 beijing.dcgie.com 两个域的共同父域是(   )。

A. www.dcgie.com   B. beijing.com

C. home.dcgie.com   D. dcgie.com

4. 活动目录中域之间的信任关系是(   )。

A. 双向可传递   B. 双向不可传递

C. 单向不可传递   D. 单向可传递

5. 关于 Windows Server 2019 的活动目录，说法正确的是(   )。

A. 过分强调了安全性，可用性不够

B. 域间信任关系

C. 是一个目录服务，用于存储有关网络对象的信息

D. 具有单一网络登录能力

6. 在下列策略中，(   )只属于计算机安全策略。

A. 软件设置策略   B. 密码策略

C. 文件夹重定向　　　　　　　　　D. 软件限制

7. 为加强公司域的安全性，需要设置域安全策略。下列与密码策略不相关的是(　　　)。

A. 密码长度最小值　　　　　　　　B. 账户锁定时间

C. 密码必须符合复杂性要求　　　　D. 密码最长使用期限

8. 下列关于 Windows Server 2019 的域管理模式的描述中，正确的是(　　　)。

A. 域间信任关系只能是单向信任

B. 只有一个主域控制器，其他都为备份域控制器

C. 每个域控制器都可以改变目录信息，并把变化的信息复制到其他域控制器上

D. 只有一个域控制器可以改变目录信息

9. 活动目录(active directory)是由组织单元、域、(　　　)和域林所构成的层次结构。

A. 域　　　　　　　B. 域树　　　　　　　C. 团体　　　　　　　D. 域控制器

10. 安装活动目录要求分区的文件系统为(　　　)。

A. FAT16　　　　　　B. FAT32　　　　　　C. ext2　　　　　　D. NTFS

二、判断题

1. 域是由网络管理员定义的一组计算机集合，它实际上就是一个网络。在这个网络中，至少有一台称为域控制器的计算机充当服务器角色。(　　　)

2. 域树比域林的工作范围更大。(　　　)

3. 工作组和域相比，域模式具有更高的安全性与可靠性。(　　　)

4. 安装活动目录时必须有一个静态的 IP 地址。(　　　)

5. 安装活动目录时域名命名规则须符合 DNS 规格。(　　　)

6. 如果直接克隆复制的虚拟机，则两台主机的安全标识符 SID 是一样的。(　　　)

7. 创建子域时，需要正确设置首选 DNS 服务器的地址，否则无法加入。(　　　)

8. 同一域林中的所有域都显式或者隐式地相互信任。(　　　)

9. 在一台 Windows Server 2019 操作系统上安装 AD DS 后，该计算机就成了域控制器。(　　　)

10. 在一个域中，至少有一个域控制器(服务器)，也可以有多个域控制器。(　　　)

三、简答题

1. 简述活动目录管理的对象。

2. 简述 AD DS 中的功能。

3. 简述 RODC 的功能。

项目 4 组策略的配置与管理

 项目背景

　　某公司决定实施组策略来管理账户策略,配置服务器组策略,提高计算机的安全性。在项目 3 中,公司已经进行了 OU 设置,管理员需要创建组策略对象(group policy object,GPO)来部署计划,使一些策略可应用于所有域对象,一些策略应用于武汉分公司,一些策略应用于广州分公司,并且使计算机和用户设置不同的策略,所以必须将 GPO 管理委派给公司每个地点的管理员。

　　网络管理员小高通过查询资料,获知在域环境下建立组策略的基本步骤如下:

(1) 创建好相应的组织单位。

(2) 创建组织单位的组策略对象。

(3) 编辑组织单位的组策略对象。

 知识目标

- 了解组策略的概念和作用。
- 了解组策略与注册表的关系。
- 熟悉组策略的组成和功能。
- 掌握组策略的应用方式。
- 掌握组策略的处理顺序。

 能力目标

- 掌握配置本地组策略和域环境下的组策略的方法。
- 掌握如何创建并衔接组策略。
- 熟悉组策略的设置方法。
- 掌握修改组策略配置的选项。

 素养目标

- 培养动手能力、解决实际工作问题的能力,培养爱岗敬业精神。
- 树立团队互动、进取合作的意识。

任务 1　配置本地安全策略

任务描述

某公司新购置了一台服务器，已经安装了 Windows Server 2019。公司管理员小高需要在该服务器上配置本地安全策略，完成对用户账户和计算机账户的集中化管理和配置。

知识衔接

一、组策略

组策略(group policy)是微软 Windows NT 家族操作系统的一个特性，它可以控制用户账户和计算机账户的工作环境。组策略提供了操作系统、应用程序和活动目录中用户设置的集中化管理和配置。组策略的一个版本名为本地组策略(缩写"LGPO"或"LocalGPO")，它可以在独立且非域的计算机上管理组策略对象。

(一) 组策略概述

组策略在部分意义上用于控制用户可以或不能在计算机上做什么(例如，施行密码复杂性策略，以避免用户选择过于简单的密码，允许或阻止身份不明的用户从远程计算机连接到网络共享，阻止访问 Windows 任务管理器或限制访问特定文件夹)，为特定用户或用户组定制可用的程序、桌面上的内容及"开始"菜单等，在整个计算机范围内创建特殊的桌面配置等。简言之，组策略是 Windows 中的一套系统更改和配置管理工具的集合。

(二) 组策略的执行顺序

要完成一组计算机的中央管理目标，计算机应该接收和执行组策略对象。驻留在单台计算机上的组策略对象仅适用于该台计算机。要应用一个组策略对象到一个计算机组，组策略依赖活动目录进行分发。活动目录可以分发组策略对象到一个 Windows 域中的计算机。

在默认情况下，Microsoft Windows 每 90 分钟刷新一次组策略，随机偏移 30 分钟。在域控制器上，Microsoft Windows 每隔 5 分钟刷新一次。在刷新时，它会发现、获取和应用所有使用这台计算机和已登录用户的组策略对象。某些设置(如自动化软件安装、驱动器映射、脚本启动或登录)只在启动或用户登录时应用。从 Windows XP 开始，用户可以使用"gpupdate"命令手动启动组策略刷新功能。

组策略对象会按照以下顺序(从上到下)处理：

(1) 本地：任何在本地计算机设置的组策略。在 Windows Vista 之前，每台计算机只能有一份本地组策略。在 Windows Vista 和之后的 Windows 版本中，允许每个用户账户分别拥有组策略。

(2) 站点：任何与计算机所在的活动目录站点关联的组策略。活动目录站点是旨在管理促进物理上接近的计算机的一种逻辑分组。如果多个策略已链接到一个站点，则将按照管理员设置的顺序进行处理。

(3) 域：任何与计算机所在 Windows 域关联的组策略。如果多个策略已链接到一个域，则将按照管理员设置的顺序进行处理。

(4) 组织单元：任何与计算机或用户所在的活动目录组织单元(OU)关联的组策略。OU 是帮助组织和管理一组用户、计算机或其他活动目录对象的逻辑单元。如果多个策略已链接到一个 OU，则将按照管理员设置的顺序进行处理。

(三) 组策略与注册表

注册表是 Windows 中保存系统、应用软件配置的数据库。随着 Windows 功能的不断丰富，注册表里的配置项也越来越多。很多配置项是可以自定义设置的，但这些配置项被发布在注册表的各个角落，用户进行手动配置是非常困难和烦琐的，而组策略则将系统重要的配置功能汇集成各种配置模块，供管理人员直接使用，从而达到方便管理计算机的目的。简单来说，组策略用于修改注册表中的配置项。当然，组策略使用自己更完善的管理组织方法，可以对各种对象中的设置进行管理和配置，远比用户手动修改注册表更方便、灵活，功能也更加强大。按"Windows + R"组合键，打开"运行"对话框，在"打开"文本框中输入"regedit"，按回车键后打开"注册表编辑器"窗口，如图 4-1 所示。

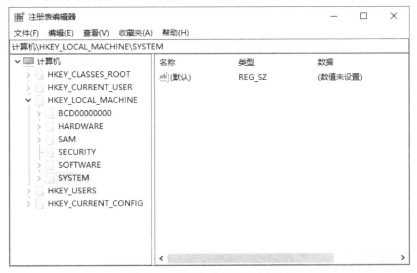

图 4-1　"注册表编辑器"窗口

二、本地组策略

(一) 本地组策略概述

本地组策略(local group policy，LGP 或 Local(GPO))是组策略的基础版本，它面向独立且非域的计算机，会影响本地计算机的安全设置，可以应用到域计算机。本地组策略的打开方法是在"运行"对话框中输入"gpedit.msc"，打开"本地组策略编辑器"窗口，如图 4-2 所示。

图 4-2　"本地组策略编辑器"窗口

(二) 本地组策略的分类

本地组策略主要包含计算机配置和用户配置。无论是计算机配置还是用户配置,都包括软件设置、Windows 设置和管理模板三部分内容。其中比较常见的是"计算机配置"→"Windows 设置"→"安全设置"中的各种配置,这部分安全设置对应"本地安全策略"。
注:选择"服务器管理器"→"工具"→"本地安全策略"选项,即可打开"本地安全策略"窗口,如图 4-3 所示。

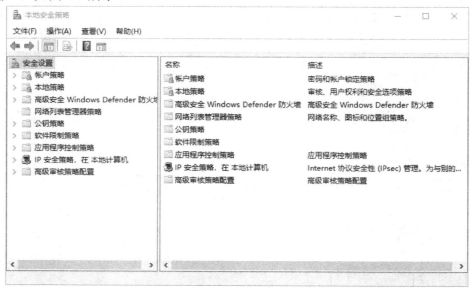

图 4-3　"本地安全策略"窗口

本地安全策略影响本地计算机的安全设置,当用户登录安装 Windows Server 2019 操作系统的计算机时,就会受到此台计算机的本地安全策略的影响。在学习设置本地安全策略时,建议在未加入域的计算机上配置,以免受到域组策略的影响,因为域组策略的优先级较高，可能会造成本地安全策略的设置无效或无法设置。

本地安全策略主要包括账户策略和本地策略，下面进行详细介绍。

1. 账户策略

1) 密码策略

(1) 密码必须符合复杂性要求：英文字母大小写、数字、特殊符号四者取其三。

(2) 密码长度最小值：设置范围为 0～14，设置为 0 表示不需要密码。

(3) 密码最长使用期限：默认为 42 天，设置为 0 表示密码永不过期，设置范围为 0～9909。

(4) 密码最短使用期限：设置为 0 表示随时可以更改密码。

(5) 强制密码历史：最近使用过的密码不允许再使用，设置范围为 0～24，默认为 0，表示可以随意使用过去使用过的密码。

2) 账户锁定策略

(1) 账户锁定阈值：输入几次错误密码后，将锁定用户账户，设置范围为 0～999，默认为 0，表示不锁定用户账户。

(2) 账户锁定时间：账户锁定多长时间后自动解锁，单位为分钟，设置范围为 0～99 999，其中 0 表示必须由管理员手动解锁。

(3) 重置账户锁定计数器时间：用户输入的密码错误后开始计时，当该时间过后，计数器重置为 0。此时间必须小于或等于账户锁定时间。

需要注意的是，账户锁定策略对本地管理员账户无效。

2. 本地策略

1) 审核策略

(1) 审核策略更改。

(2) 审核登录事件。

(3) 审核对象访问。

(4) 审核进程跟踪。

(5) 审核目录服务访问。

(6) 审核特权使用。

(7) 审核系统事件。

(8) 审核账户登录事件。

(9) 审核账户管理。

2) 用户权限分配

用户权限分配，常用策略如下：

(1) 关闭系统。

(2) 更改系统时间。

(3) 拒绝本地登录，允许本地登录(作为服务器的计算机不能让普通用户交互登录)。

3) 安全选项

(1) 安全选项常用策略。

(2) 用户试图登录时的消息标题、消息文本。

(3) 访问本地账户的共享和安全模式(经典模式和仅来宾模式)。

(4) 使用空白密码的本地账户只允许登录到控制台。

注意: 可以执行"gpupdate"命令使本地安全策略生效或重启计算机,执行"gpupdate/force"命名强制刷新策略。

任务实施

服务器作为域控制器之前,需要完成如下本地安全策略的设置。

(1) 配置密码策略。

① 密码必须符合复杂性要求。

② 密码长度最小值为 7。

③ 密码最短使用期限为 3 天。

④ 密码最长使用期限为 42 天。

⑤ 强制密码历史为 3 个记住的密码。

⑥ 账户锁定时间为 30 分钟。

⑦ 账户锁定阈值为 3 次无效登录。

⑧ 重置账户锁定计数器时间为 30 分钟。

(2) 只允许 Administrators 组的用户通过网络远程登录到服务器上。

(3) 赋予 zhangsan 用户修改系统时间的权限。

操作步骤如下:

(1) "本地安全策略"窗口中,启用"密码必须符合复杂性要求"策略,如图 4-4 所示。

图 4-4　启用"密码必须符合复杂性要求"策略

（2）在"本地安全策略"窗口中，启用"密码长度最小值"策略，将其值设置为"7"，如图 4-5 所示。

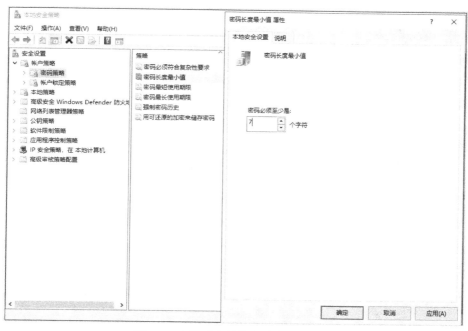

图 4-5　启用"密码长度最小值"策略

（3）在"本地安全策略"窗口中，启用"密码最短使用期限"策略，将其值设置为"3"，如图 4-6 所示。

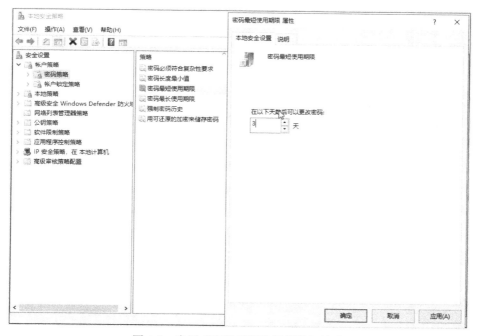

图 4-6　启用"密码最短使用期限"策略

（4）在"本地安全策略"窗口中，启用"密码最长使用期限"策略，将其值设置为"42"，如图 4-7 所示。

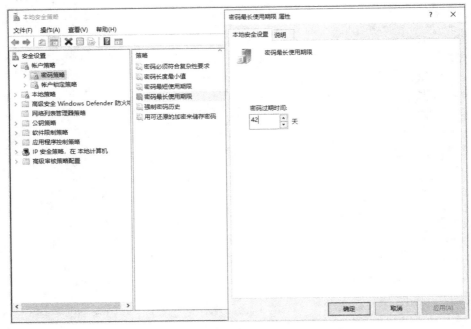

图 4-7　启用"密码最长使用期限"策略

（5）在"本地安全策略"窗口中，启用"强制密码历史"策略，将其值设置为"3"，如图 4-8 所示。

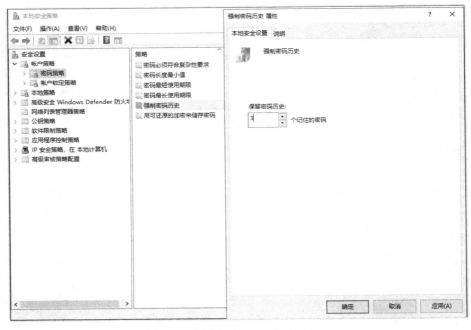

图 4-8　启用"强制密码历史"策略

（6）在"本地安全策略"窗口中，启用"账户锁定时间"策略，将其值设置为"30"，如图 4-9 所示。

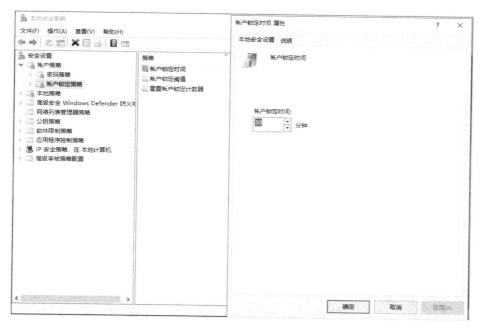

图 4-9　启用"账户锁定时间"策略

（7）在"本地安全策略"窗口中，启用"账户锁定阈值"策略，将其值设置为"3"，如图 4-10 所示。

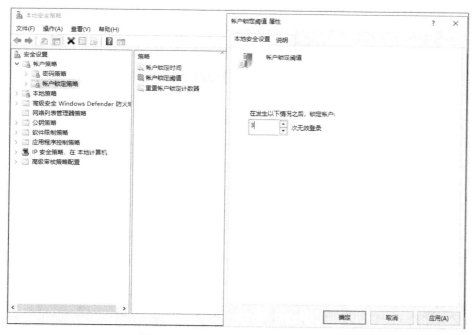

图 4-10　启用"账户锁定阈值"策略

(8) 在"本地安全策略"窗口中，启用"重置账户锁定计数器"策略，将其值设置为"30"，如图 4-11 所示。

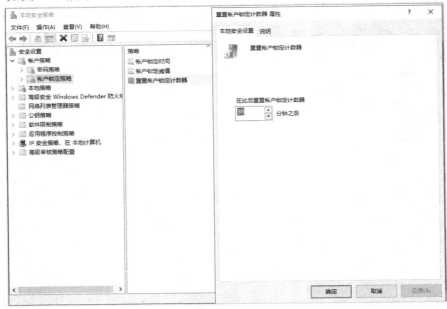

图 4-11　启用"重置账户锁定计数器"策略

(9) 在"本地安全策略"窗口中，将默认的"Backup Operators""Everyone"和"Users"组删除，仅保留"Administrators"组，设置只允许 Administrators 组的用户通过网络远程登录到服务器上，如图 4-12 所示。

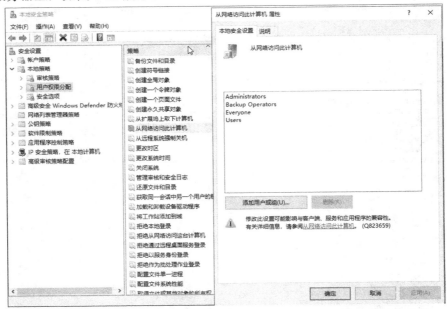

图 4-12　设置只允许 Administrators 组的用户通过网络远程登录到服务器上

(10) 在"本地安全策略"窗口中，将默认的可修改系统时间的用户删除，并添加 zhangsan

用户，然后赋予 zhangsan 用户修改系统时间的权限，如图 4-13 所示。

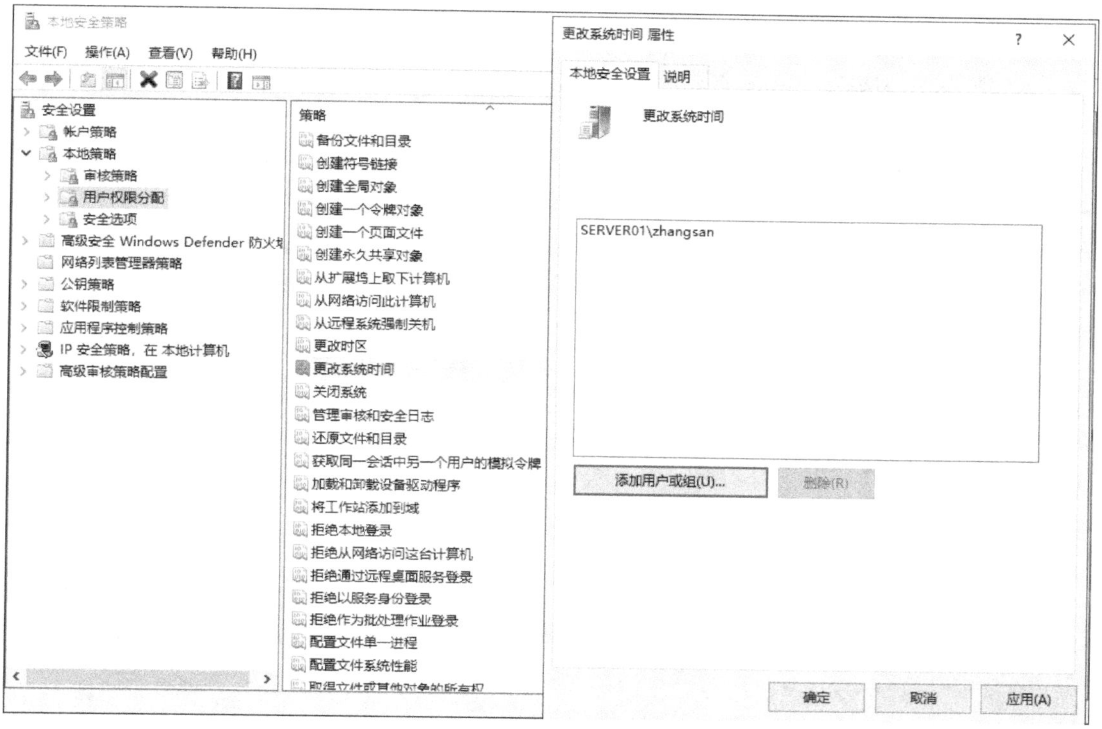

图 4-13 赋予 zhangsan 用户修改系统时间的权限

任务拓展

用户可以使用命令提示符窗口或 Microsoft 管理控制台(MMC)打开"本地安全策略"窗口。要完成本地组策略的编辑，用户必须具有 GPO 的编辑设置权限。在默认情况下，Domain Administrators 组、Enterprise Administrators 组或 Group Policy Creator Owners 组的成员具有 GPO 的编辑设置权限。

(1) 本地组策略对象(LGPO)在域控制器上不可用。

(2) 本地组策略对象按以下顺序进行处理：本地组策略(也被称为"本地计算机策略")→管理员或非管理员本地组策略→特定用户本地组策略。最后一个 LGPO 优先于所有其他的 LGPO。

任务 2　创建域环境中的安全策略

任务描述

某公司的网络管理员小高已经在公司的服务器上安装域控制器 abc.com，现在需要按照公司的信息安全规定对域或者 OU 内的账户和计算机账户进行集中管理和配置。

○ **知识衔接**

一、域环境中的组策略概述

组策略是 Active Directory 域服务中一个非常有价值的管理工具。通过使用组策略，管理员可以按照管理要求定义相应的策略，有选择地应用到 Active Directory 中的用户和计算机上。组策略的设置存储在域控制器的 GPO 中。管理员可以在站点、域中为整个公司设置组策略，从而集中地管理组策略，也可以在组织单位层次为每个部门设置组策略来实现组策略的分散管理。

组策略包括针对用户的组策略和针对计算机的组策略，可以使网络管理员实现用户和计算机的一对多管理的自动化。管理员使用组策略可以完成如下操作：

(1) 应用标准配置。

(2) 部署软件。

(3) 强制实施安全设置。

(4) 强制实施相同的桌面环境。

需要注意的是，当不同的策略出现矛盾时，后应用的策略会覆盖先前设置的策略，即子容器的组策略的优先级更高。多个组策略对象可链接到同一个容器上，它们的优先级可在控制台中被定义。

二、域环境中默认的组策略

在域环境中有默认的组策略，如表 4-1 所示。

表 4-1　域环境中默认的组策略

组　策　略	描　　述
默认域策略	此策略链接到域容器中，并且影响该域中的所有对象
默认域控制器策略	此策略链接到域控制器容器，并且影响该容器中的对象

默认域策略和默认域控制器策略对于域的正常运行非常关键。作为最佳操作，管理员不应该编辑默认域控制器策略或默认域策略，下列情况除外。

(1) 需要在默认域策略中配置账户策略。

(2) 如果在域控制器上安装的应用程序需要修改用户权限或审核策略设置，则必须在默认域控制器策略中修改策略的设置。

三、创建和编辑组策略对象

管理员可以使用组策略管理控制台(GPMC)来创建和编辑 GPO。需要注意的事项如下：

(1) 在创建 GPO 时，只有将其链接到站点、域或组织单位时才会生效。

(2) 在默认情况下，只有域管理员、企业管理员和组策略创建者所有者组的成员才能创建和编辑 GPO。

（3）若要在 GPO 中编辑 IPSec 策略，则 IPSec 账户必须是域 Administrators 组的成员。

管理员还可以通过以下方法编辑 GPO，在链接 GPO 的容器中右击该 GPO 的名称，然后在弹出的快捷菜单中选择"编辑"命令。

四、控制组策略对象的作用域

1. 链接组策略对象

若要将现有 GPO 链接到站点、域或组织单位，则管理员必须在该站点、域或组织单位上有链接 GPO 的权限。在默认情况下，只有域管理员和企业管理员对域和组织单位有此权限，林根域的企业管理员和域管理员对站点有此权限。

若要创建和链接 GPO，则管理员必须对所需域或组织单位有链接 GPO 的权限，并且必须有权在域中创建 GPO。在默认情况下，只有域管理员、企业管理员和组策略创建者所有者组的成员有创建 GPO 的权限。

对于站点，"在这个域中创建 GPO 并在此处链接"选项不可用。管理员可以在林中的任何域内创建 GPO，然后使用"链接现有 GPO"选项将其链接到站点。

2. 阻止继承组策略对象

在设置组策略时，域管理员、企业管理员和组策略创建者可以阻止组策略对域或组织单位的继承。如果阻止继承组策略对象，则会阻止子层自动继承链接到更高层站点、域或组织单位的组策略对象，步骤如下：

（1）打开组策略管理控制台，在林中找到包含要阻止继承 GPO 链接的域或组织单位，单击鼠标右键，在弹出的快捷菜单中选择"阻止继承"命令，如图 4-14 和图 4-15 所示。如果设置为阻止继承，则在控制台树中会显示一个感叹号。

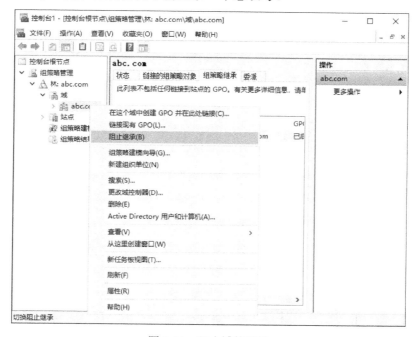

图 4-14　阻止域的继承

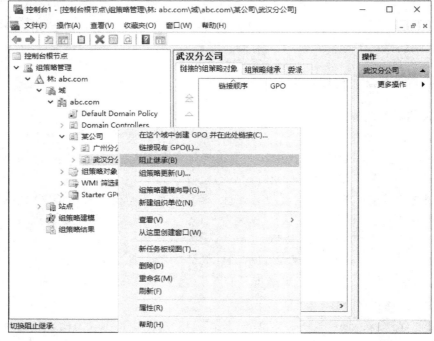

图 4-15　阻止组织单位的继承

（2）当需要取消继承时，只需把"阻止继承"命令前面的对钩取消就可以了，如图 4-16 所示。

图 4-16　取消继承

任务实施

某公司决定实施不同的组策略来管理账户策略，配置服务器组策略，提高计算机的安全性。组策略的配置信息如下：

(1) 设置默认的组策略，完成密码策略的设置。

① 密码必须符合复杂性要求。

② 密码长度最小值为 8。

(2) 在"武汉分公司"的 OU 中设置组策略，完成如下信息项的设置：

① 为所有用户设置统一的桌面。

② 禁用所有的移动设备。

(3) 在"武汉分公司"的"销售部 1"的 OU 中设置组策略，完成如下信息项的设置：

① 禁止用户使用远程桌面连接客户端来保存密码。

② 用户每次登录不显示上次登录的名字。

一、设置默认的组策略

(1) 在"运行"对话框的"打开"文本框中输入"mmc"，如图 4-17 所示，打开控制台。控制台 1 的初始界面如图 4-18 所示。

图 4-17　控制台入口

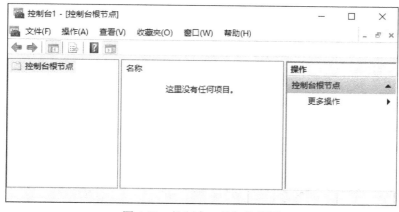

图 4-18　控制台 1 的初始界面

（2）在控制台的"文件"下拉菜单中选择"添加/删除管理单元"命令，如图 4-19 所示，打开"添加或删除管理单元"对话框。在该对话框中添加"组策略管理"管理单元，如图 4-20 所示。

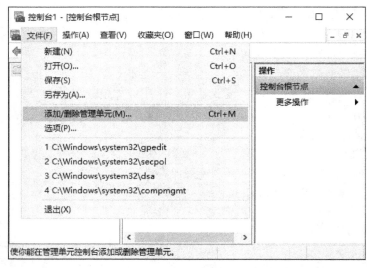

图 4-19　选择"添加/删除管理单元"命令

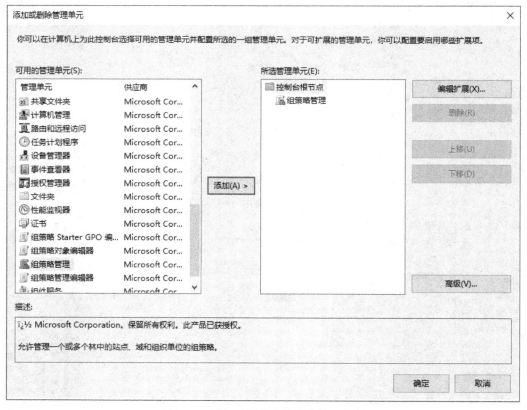

图 4-20　添加"组策略管理"管理单元

　　(3) 在"控制台根节点"列表下进行域的组策略设置,有两个入口,如图 4-21 和图 4-22 所示。选择右键快捷菜单中的"编辑"命令后调出"组策略管理编辑器"窗口,如图 4-23 所示。

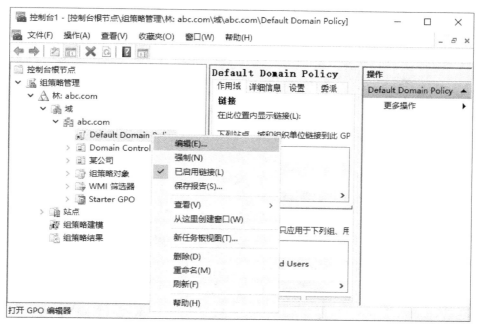

图 4-21　域的组策略设置入口一

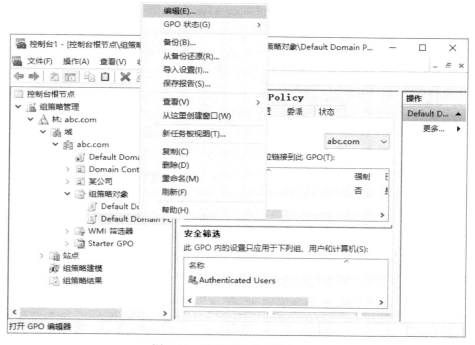

图 4-22　域的组策略设置入口二

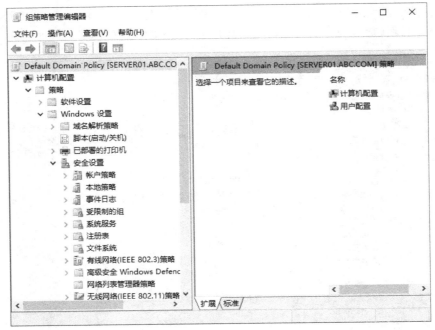

图 4-23 "组策略管理编辑器"窗口

(4) 编辑默认的组策略，完成密码策略的设置，启用"密码必须符合复杂性要求"策略，如图 4-24 所示；启用"密码长度最小值"选项，将其值设置为"8"，如图 4-25 所示。

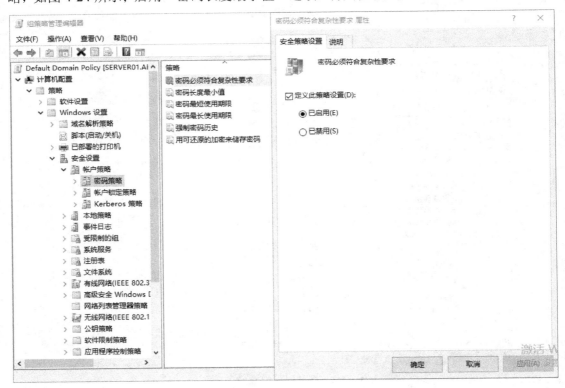

图 4-24 启用"密码必须符合复杂性要求"策略

图 4-25　启用"密码长度最小值"策略

二、设置"武汉分公司"OU 的组策略

(1) 在"控制台根节点"列表下找到"武汉分公司"选项，单击鼠标右键，在弹出的快捷菜单中选择"在这个域中创建 GPO 并在此处链接"命令，如图 4-26 所示。在打开的"新建 GPO"对话框的"名称"文本框中输入要创建的 GPO 的名字"武汉分公司"，如图 4-27 所示，然后编辑"武汉分公司"的 GPO 入口，如图 4-28 所示。

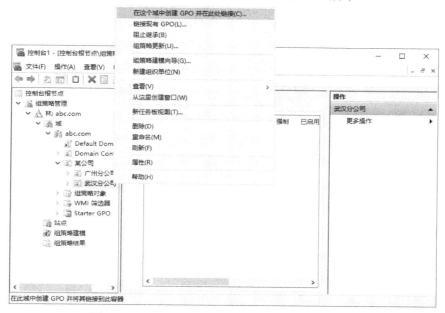

图 4-26　设置"武汉分公司"OU 的组策略的入口

图 4-27　新建"武汉分公司"的 GPO

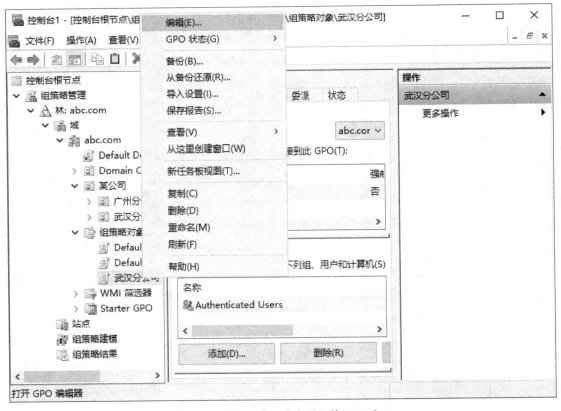

图 4-28　编辑"武汉分公司"的 GPO 入口

（2）在图 4-28 中右击"武汉分公司"选项，在弹出的快捷菜单中选择"编辑"命令，打开"武汉分公司"的"组策略管理编辑器"窗口，如图 4-29 所示。

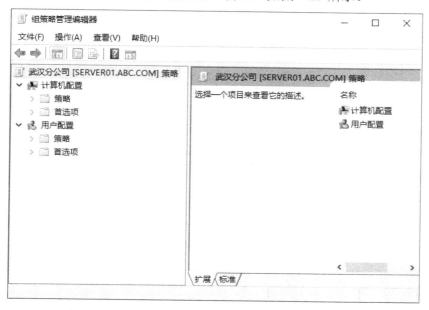

图 4-29　"武汉分公司"的"组策略管理编辑器"窗口

（3）编辑"武汉分公司"的组策略，为所有用户设置统一的桌面，如图 4-30 所示。禁用所有的移动设备，如图 4-31 所示。

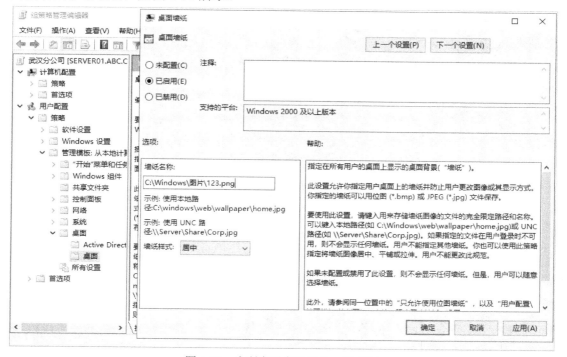

图 4-30　为所有用户设置统一的桌面

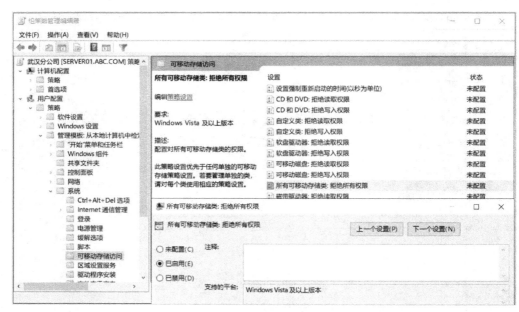

图 4-31　禁用所有的移动设备

三、在"武汉分公司"的"销售部 1"的 OU 中设置组策略

（1）在"控制台根节点"列表下，找到"武汉分公司"的"销售部 1"的 OU，单击鼠标右键，在弹出的快捷菜单中选择"在这个域中创建 GPO 并在此处链接"命令，如图 4-32 所示。在打开的"新建 GPO"对话框的"名称"文本框中输入要创建的 GPO 的名字"销售部 1"，如图 4-33 所示，然后编辑"销售部 1"的 GPO，入口如图 4-34 所示。

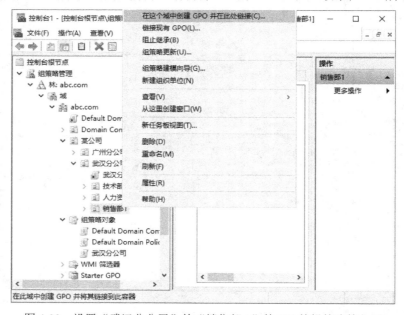

图 4-32　设置"武汉分公司"的"销售部 1"的 OU 的组策略的入口

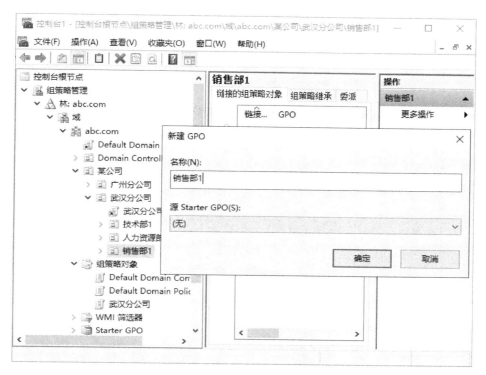

图 4-33　新建"销售部 1"的 GPO

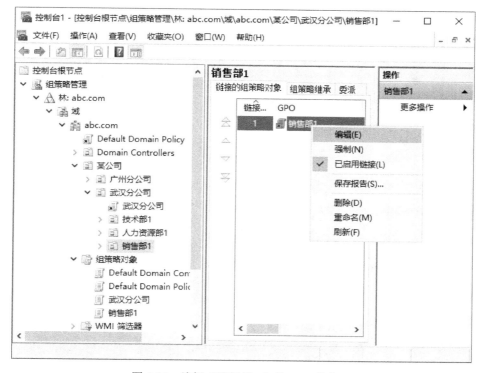

图 4-34　编辑"销售部 1"的 GPO 的入口

(2) 在图 4-34 中，点击"销售部 1"选项，在弹出的快捷菜单中选择"编辑"命令，打开"销售部 1"的"组策略管理编辑器"窗口，如图 4-35 所示。

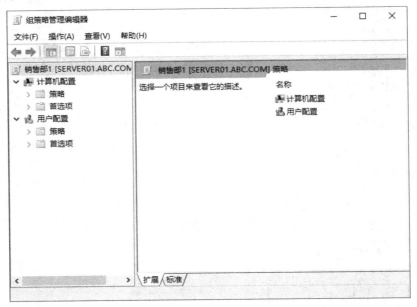

图 4-35 "销售部 1"的"组策略管理编辑器"窗口

(3) 编辑"销售部 1"的组策略，选择"用户配置"→"策略"→"管理模板"→"Windows 组件"→"远程桌面服务"→"远程桌面连接客户端"选项，启用"不允许保存密码"策略，完成"禁止用户使用远程桌面连接客户端来保存密码"的设置，如图 4-36 所示。

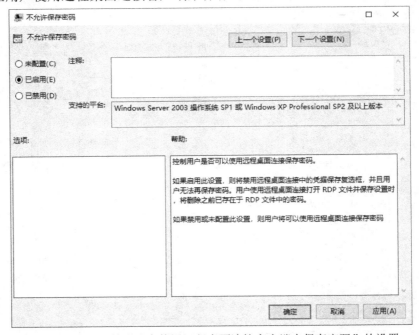

图 4-36 完成"禁止用户使用远程桌面连接客户端来保存密码"的设置

(4) 编辑"销售部 1"的组策略,选择"计算机配置"→"策略"→"Windows 设置"→"安全设置"→"本地策略"→"安全选项",打开"交互式登录:不显示上次登录属性"对话框,完成用户每次登录不显示上次登录的名字的设置,如图 4-37 所示。

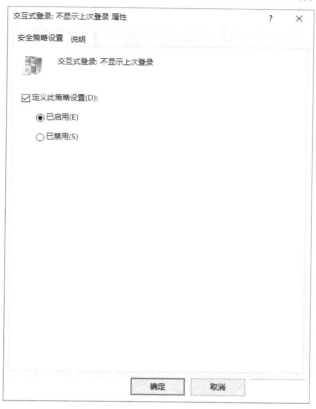

图 4-37　完成用户每次登录不显示上次登录的名字的设置

知识扩充

一、配置组策略

组策略的配置选项如表 4-2 所示。

表 4-2　组策略的配置选项

配置选项	描　　述
已启用	如果启用了组策略配置,那么就启用了策略配置的操作
已禁用	如果禁用组策略配置,那么表示取消其操作。例如,如果在子容器上禁用"禁止访问控制面板"策略配置,那么表示明确允许用户访问控制面板
未配置	设置为"未配置"的组策略意味着将强制执行常规默认行为,并且特定组策略对于此设置无影响

二、组策略脚本

管理员可以执行脚本来完成很多任务。有些操作可能需要在每次计算机启动/关机或者用户登录/注销时执行，如清除界面文件或映射驱动器、清除用户临时文件夹等。对于计算机来说，启动脚本在计算机启动时执行，关机脚本在计算机关闭时执行；对于用户来说，登录脚本在用户登录时执行，注销脚本在用户注销时执行。

脚本的首选存放位置是系统盘(C:\Windows\Sysvol)文件夹，管理员可以将脚本设置在网络的任何位置。只要接收脚本的用户或计算机能够访问网络，并且对该网络位置有"读取和执行"的权限，脚本就能通过 Sysvol 文件夹的复制过程复制到所有域控制器上。

三、组策略首选项

组策略首选项扩展了 GPO 中可配置的范围，但它不是强制实施的。通过组策略首选项，IT 专业人员能够配置、部署和管理无法使用组策略进行管理的操作系统和应用程序，如影射驱动器、计划任务和"开始"菜单的设置。表 4-3 展示了组策略设置与组策略首选项的对比情况。

表 4-3　组策略设置与组策略首选项的对比

组策略设置	组策略首选项
严格强制实施组策略设置，其做法是将设置写入标准用户无法修改的注册表区域	写入注册表的位置是应用程序或操作系统用来存储设置的常规位置
通常禁用组策略设置需要打开对应的用户界面	不会使用应用程序或操作系统禁用它们所配置的用户界面
以固定的时间间隔刷新组策略设置	默认使用与组策略设置相同的时间间隔刷新首选项

小　　结

本章主要讲述了本地组策略和域环境中的组策略，重点讲解了域环境中的组策略。公司利用域环境中的组策略，可以统一管理域中各 OU 中的用户和计算机，使网络管理员实现对用户和计算机的一对多管理的自动化。由于不同的 OU 可以设置不同的组策略，因此管理员能方便、灵活地对各 OU 中的用户和计算机进行管理。

习　　题

一、单选题

1. 一个系统为 Windows Server 2019 的计算机的系统管理员。出于安全考虑，希望使用这台计算机的用户账户在设置密码时不能重复使用前 5 次设置的密码，应该采取的措施是( )。

 A. 设置计算机本地安全策略中的密码策略，设置"强制密码历史"的值为"5"

 B. 设置计算机本地安全策略中的账户锁定策略，设置"账户锁定时间"的值为"5"

 C. 设置计算机本地安全策略中的密码策略，设置"密码最长使用期限"的值为"5"

 D. 制订一个行政规范，要求用户不得使用前 5 次设置的密码

 2. 你是某公司的网络管理员，你的工作职责之一就是负责维护文件服务器。你想审核 Windows Server 2019 服务器上的共享 Word 文件被删除的情况，需要启动的审核策略是( )。

 A. 审核过程跟踪　　　　　　　　B. 审核对象访问

 C. 审核策略更改　　　　　　　　D. 审核登录事件

 3. 对于 Windows Sever 2019 下面有关安全策略的描述正确的是( )。

 ① 用户账户一旦被锁定，就只能等网络管理员解锁后才可以再次使用该账户。

 ② 域中一台成员服务器上既设置了本地安全策略，又设置了域安全策略，如果两种策略有冲突，则本地安全策略中的设置先起作用。

 ③ 在默认状态下，管理员可以为所有新建立的域用户账户设置统一的密码 8888。

 A. ①③　　　　　　　　　　　　B. 全部不正确

 C. ①②③　　　　　　　　　　　D. ①②

 4. 在下列策略中，( )只属于计算机安全策略。

 A. 密码策略　　　　　　　　　　B. 软件设置策略

 C. 软件限制　　　　　　　　　　D. 文件夹重定向

 5. 在 Windows Server 2019 的活动目录中，组策略应用的顺序为( )。

 A. 域→站点→OU→子 OU　　　　B. 站点→域→OU→子 OU

 C. 子 OU→OU→域→站点　　　　D. 子 OU→OU→站点→域

 6. 为了加强公司域的安全性，需要设置域安全策略。下列与密码策略不相关的是( )。

 A. 密码必须符合复杂性要求　　　B. 密码长度最小值

 C. 密码最长使用期限　　　　　　D. 账户锁定时间

二、填空题

 1. 在默认情况下，Microsoft Windows 每_____分钟刷新一次组策略。

 2. 本地、站点、OU 和域组策略的执行顺序为_____、_____、_____和_____。

 3. 本地安全策略主要包括_____策略和_____策略。

 4. 组策略包括针对_____的组策略和针对_____的组策略，可以使网络管理员实现用户和计算机的一对多管理的自动化。

 5. 若要将现有 GPO 链接到站点、域或组织单位，则管理员必须在该站点、域或组织单位上有链接_____的权限。

三、解答题

 1. 简述本地安全策略中的密码策略。

 2. 分析本地组策略和域环境中的组策略的区别。

 3. 如何设置 OU 的组策略？

项目 5　管理文件系统与共享资源

 项目背景

　　某公司是一家集计算机软/硬件产品、技术服务和网络工程于一体的信息技术企业，现公司的一台公共服务器上放置了各部门的资料，为了保障数据的安全，需要根据公司员工身份创建不同的用户账户。这些账户根据身份可使用的计算机资源不同，可访问的文件及文件夹的权限也不同。为解决其问题，管理员了解到 Windows Server 2019 提供了不同于其他操作系统的 NTFS 文件系统管理类型，在文件系统管理、安全等方面提供了强大的支持。通过对 Windows Server 2019 共享文件夹的配置与管理，用户可以方便地在计算机或网络上使用、管理、共享和保护文件及文件资源。

　　网络管理员通过查询资料，管理文件系统与共享资源的基本步骤如下：

(1) 创建文件夹、设置共享。

(2) 访问网络共享资源。

(3) 使用卷影副本。

(4) 配置 NTFS 权限、测试 NTFS 权限。

 知识目标

- 了解文件系统基础知识。
- 了解卷影副本的作用。
- 熟悉共享权限和 NTFS 权限的区别和联系。
- 认识加密文件系统。

 能力目标

- 熟练掌握设置共享资源和访问共享资源的方法。
- 能正确通过客户端访问共享文件夹。
- 掌握卷影副本的使用方法。
- 掌握使用 NTFS 控制资源访问的方法。
- 能使用 EFS 对文件进行加密，并能备份和导入 EFS 证书。

素养目标

- 培养解决实际问题的能力，树立团队协作、团队互动等意识。
- 培养工匠精神，要求做事严谨、精益求精、着眼细节、爱岗敬业。

任务 1　设置资源共享

任务描述

根据公司的需求，该公司的员工想访问其他计算机上进行文件共享的资源，管理员通过 Windows server 2019 系统创建共享文件资源，并把目录 D:\Public 设为共享文件资源，针对不同的用户分配不同的读/写权限。

知识衔接

一、共享文件夹概述

简单来说，共享文件夹是在一台计算机上可以共享给其他计算机访问的文件夹。在一台计算机上把某个文件夹设为共享文件夹，用户就可以通过网络远程访问这个文件夹，从而实现文件资源的共享。

把文件夹作为共享资源供网络上的其他计算机访问，必须考虑访问权限的问题，否则很可能给共享文件夹甚至整个操作系统带来严重的安全隐患。共享文件夹支持灵活的访问权限控制功能，该功能可以允许和拒绝某个用户或用户组访问共享文件夹，或者对共享文件夹进行读/写等操作。

二、共享文件夹权限

与共享文件夹有关的两种权限是共享权限和 NTFS 权限。共享权限就是用户通过网络访问共享文件夹时使用的权限，而 NTFS 权限是指本地用户登录计算机后访问文件或文件夹时使用的权限。当本地用户访问文件或文件夹时，只会对用户应用 NTFS 权限。当用户通过网络远程访问共享文件夹时，先对其应用共享权限，然后再对其应用 NTFS 权限。

共享权限分为读取、更改和完全控制三种，每种权限的简单说明如下：

(1) 读取。用户对共享文件夹具有读取权限意味着可以查看该文件夹下的文件名称和子文件夹名称，还可以查看这些文件的内容或运行文件。读取权限是共享文件夹的默认权限，被分配给 Everyone 组。

(2) 更改。更改权限除了包括读取权限，还增加了一些权限，包括在共享文件夹下创建文件和子文件夹、更改文件的内容、删除文件和子文件夹。

(3) 完全控制。完全控制权限包括读取权限和更改权限。通过分配完全控制权限，用户可以更改文件和子文件夹的权限，以及获得文件和子文件夹的所有权。

为了让使用者更容易理解共享权限的含义，从 Windows Vista 开始，共享权限可以通过 4 种用户身份标识权限，即读者、参与者、所有者和共有者。前三种用户身份分别拥有读取权限、更改权限和完全控制权限。共有者也拥有完全控制权限，在默认情况下被分配给对文件夹具有所有权的用户或用户组。

对于共享权限而言，如果一个用户属于某个组，那么这个组的所有用户都自动拥有所属组的权限。如果一个用户属于多个组，那么这个用户的权限将是这些组的共享权限的累加(即权限的并集)。

三、特殊的共享资源

大家后面会看到共享资源中有一些是系统自动创建的，如 C\$、IPC\$等。这些系统自动创建的共享资源就是这里所指的特殊共享，它们是 Windows Server 2019 用于本地管理和系统使用的。一般情况下，用户不应该删除或修改这些特殊共享。

由于被管理的计算机的配置情况不同，共享资源中所列出的这些特殊共享也会有所不同。

下面列出了一些常见的特殊共享。

(1) driveletter\$：为存储设备的根目录创建的一种共享资源，显示形式为 C\$、D\$等。例如，DS 是一个共享名，管理员通过它可以从网络中访问驱动器。值得注意的是，只有 Administrators 组、Power User 组和 Server Operators 组的成员才能连接这些共享资源。

(2) ADMIN\$：在远程管理计算机的过程中系统使用的资源。该资源的路径通常指向 Windows Server 2019 系统目录。同样，只有 Administrators 组、Power Users 组和 Server Operators 组的成员才能连接这些共享资源。

(3) IPC\$：共享命名管道的资源，它对程序之间的通信非常重要。在远程管理计算机的过程中及查看计算机的共享资源时使用。

(4) PRINTS：在远程管理打印机的过程中系统所使用的资源。

○ 任务实施

本任务使用的是一台安装了 Windows Server 2019 的虚拟机，主机名为 server01，IP 地址为 192.168.10.10，客户端是一台安装 Windows 10 的虚拟机。

在"计算机管理"窗口中设置共享资源的方法如下：

(1) 使用管理员账户登录操作系统，在 D 盘下新建 Public 文件夹，内容为自定义。在"开始"菜单中依次选择"Windows 管理工具"→"计算机管理"命令，打开"计算机管理"窗口，如图 5-1 所示。在"计算机管理"窗口的左侧窗格中，展开"共享文件夹"列表，然后选择"共享"选项。

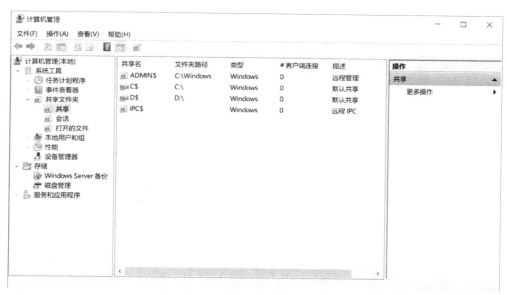

图 5-1　"计算机管理"窗口

注意　共享文件名称后带有"$"符号的表示隐藏共享。对于隐藏共享，网络中的用户无法通过网上邻居直接浏览到。

(2) 右击"共享"选项，在弹出的快捷菜单中选择"新建共享"命令，或者在"计算机管理"窗口的"操作"下拉菜单中选择"新建共享"命令，打开"创建共享文件夹向导"对话框，单击"下一步"按钮，打开"文件夹路径"界面。在"文件夹路径"界面中，手动输入要共享的文件夹路径，或者点击"浏览"按钮选择文件夹，如图 5-2 所示。

图 5-2　指定要共享的文件夹路径

(3) 点击"下一步"按钮，打开"名称、描述和设置"界面，在这里设置共享文件夹的名称和描述信息，如图 5-3 所示。

图 5-3　设置共享文件夹的名称和描述信息

(4) 点击"下一步"按钮，打开"共享文件夹的权限"界面，在这里可以设置共享文件夹的权限。用户可以在三种预定义的权限类型中选择一种进行设置，也可以选中"自定义权限"选项按钮后点击"自定义"按钮，在打开的"自定义权限"对话框中自定义共享文件夹的权限，如图 5-4 所示，设置好之后点击"确定"按钮，返回"共享文件夹的权限"界面。

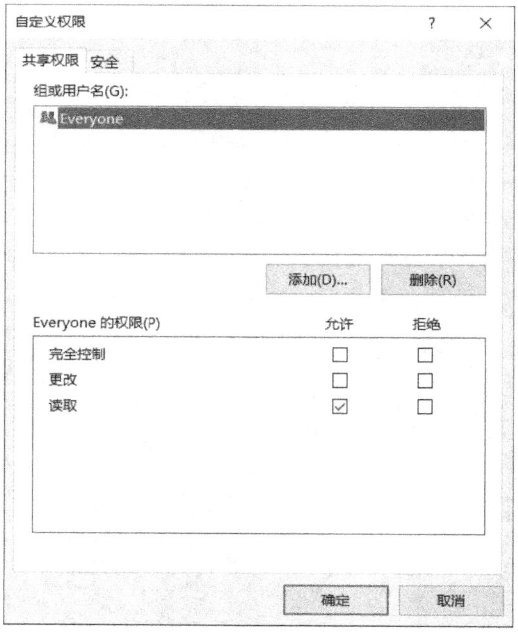

图 5-4　设置共享文件夹的权限

（5）点击"完成"按钮，打开"共享成功"界面，该界面显示了共享文件夹的摘要信息，并提示共享文件夹创建成功，如图5-5所示。点击"完成"按钮后返回"计算机管理"窗口，可以看到刚才创建的共享文件夹已经出现在共享资源列表中，如图5-6所示。

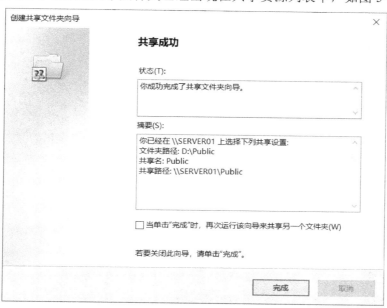

图 5-5　共享文件夹的摘要信息

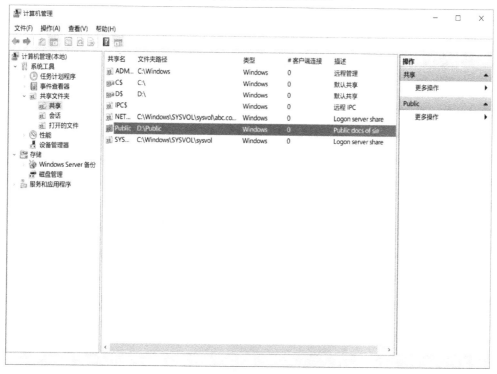

图 5-6　共享文件夹创建成功

任务 2　访问网络共享资源

任务描述

公司创建的资源共享完成之后，员工可以根据需要采用不同的方式访问网络共享资源，并将网络资源下载到本地计算机里，下面介绍三种访问网络资源的方法。

知识衔接

在计算机领域，共享资源(shared resource)或网络共享(network share)是指使同一个计算机网络中的其他计算机可使用的某台计算机的资源的行为。换而言之，是使计算机上的一种设备或某些信息可通过另一台计算机以局域网或内部网的方式进行远程访问，且过程透明，就像资源位于本地计算机一般。网络共享可以通过网络上的进程间通信来实现。

一、网络发现

网络发现是一种网络设置，该设置会影响计算机是否可以查看(找到)网络上的其他计算机和设置，以及网络上的其他计算机是否可以查看该计算机。网络发现分为以下两种状态：

1. 启用

此状态允许计算机查看其他网络计算机和设备，并允许其他网络计算机上的用户也可以查看该计算机。这使共享文件和联网打印机变得更加容易。

2. 关闭

此状态阻止计算机查看其他网络计算机和设备，并阻止其他网络计算机上的用户查看该计算机。

二、名称和映射

UNC(universal namimg conversion，通用命名标准)是用于命名文件和其他资源的一种约定，以两个反斜杠"\"开头，指明该资源位于网络计算机上。UNC 路径的格式为

\\Servername\sharename

其中，Servername 是服务器的名称，也可以用 IP 地址代替，而 sharename 是共享资源的名称。目录或文件的 UNC 名称也可以把目录路径包括在共享名称之后，其语法格式如下：

\\Servername\sharename\directory\filename

三、映射网络驱动器

映射网络驱动器是将局域网中的某个目录映射成本地驱动器号，也就是说把网络上其他计算机的共享文件夹映射到自己机器上的一个磁盘，这样可以提高访问时间。

映射网络驱动器是实现磁盘共享的一种方法，具体来说就是利用局域网将本地的数据保存在另外一台计算机上或者把另外一台计算机里的文件虚拟到本地的计算机上。把远端共享资源映射到本地计算机后，在我的计算机中多了一个盘符，就像自己的计算机上多了一个磁盘，可以很方便地进行操作。(如创建一个文件、复制、粘贴等)。等效于在网上邻居看到共享文件或磁盘，自己可以在权限范围内进行操作。

在网络中用户可能经常需要访问某一个或几个特定的网络共享资源，若每次通过网上邻居依次打开，比较麻烦，这时可以使用"映射网络驱动器"功能，将该网络共享资源映射为网络驱动器，再次访问时，只需双击该网络驱动器图标即可。

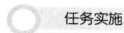 任务实施

一、利用网络发现访问网络共享资源

(1) 用鼠标点击"开始"菜单，选择"Windows 管理工具"→"服务"命令，打开"服务"窗口，如图 5-7 所示。在"服务"窗口的右侧窗格中，依次设置 Function Discovery Resource Publication、SSDP Discovery、UPnP Device Host 这 3 个服务。注意按顺序启动这 3 个服务，并都设置为自动启动。

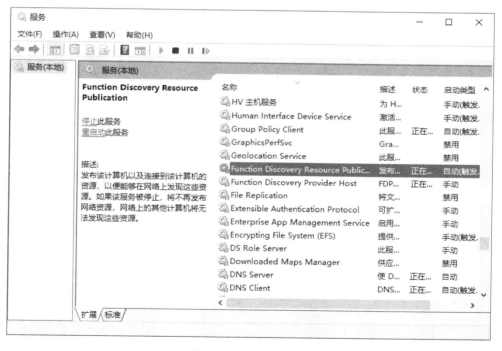

图 5-7　"服务"窗口

(2) 用鼠标指向桌面上的"网络"图标，单击鼠标右键，在弹出的快捷菜单中选择"属性"命令，打开"网络和共享中心"窗口，如图 5-8 所示。在"网络和共享中心"窗口中单击"更改高级共享设置"按钮，选择"启动网络发现"选项，并点击"保存更改"按钮即可，如图 5-9 所示。

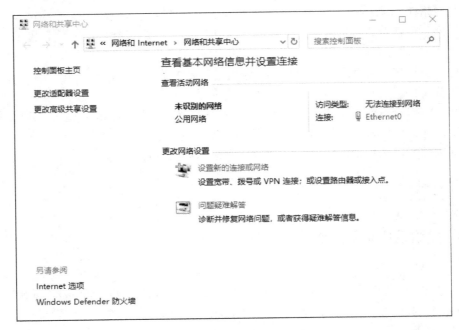

图 5-8 "网络和共享中心"窗口

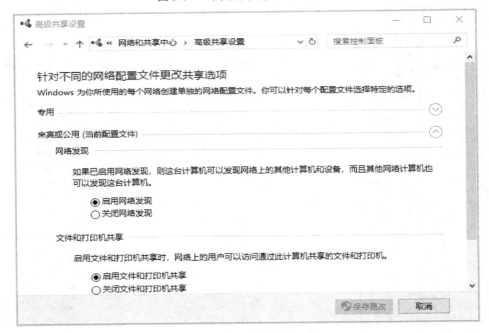

图 5-9 "高级共享设置"窗口

(3) 用鼠标双击桌面上的"网络"图标，打开"网络"窗口，如图 5-10 所示。在"网络"窗口的右侧窗格中，鼠标双击"SERVER01"图标，就可以看到"Public"共享文件夹，如图 5-11 所示。然后鼠标双击"Public"共享文件夹，打开记事本 aaa 文件，尝试进行删除操作，会打开"文件访问被拒绝"对话框，如图 5-12 所示。

图 5-10　"网络"窗口

图 5-11　"SERVER01"窗口中 Public 共享文件夹

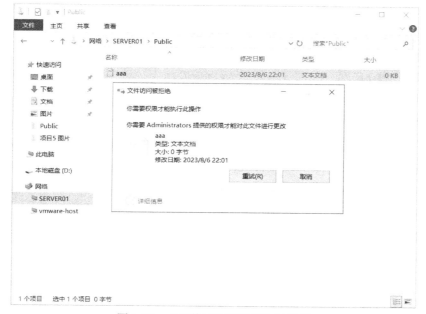

图 5-12　"文件访问被拒绝"对话框

二、使用 UNC 访问网络共享资源

对于本例，我们在计算机资源管理器的地址栏中输入"SERVER01\Public"或 "\\192.168.100.10\Public"就可以进入共享文件夹，如图 5-13 和图 5-14 所示。除了在计算机资源管理器的地址栏中输入共享文件夹的地址，还可以在"运行"对话框中执行同样的操作。如果想查看隐藏的特殊共享文件夹，则需要在共享文件夹名称的结尾输入"$"符号。

图 5-13 "\\192.168.100.15\Public"窗口

图 5-14 "\\SERVER01\Public"窗口

三、映射网络驱动器

通过映射网络驱动器，可以为共享文件夹在本地文件系统中分配一个驱动器，访问这个驱动器就相当于访问远程的共享文件夹，这样用户就不用每次手动输入共享文件夹

的地址。

(1) 用鼠标单击桌面上的"网络"图标，点击鼠标右键弹出快捷菜单，在快捷菜单命令中选择"映射网络驱动器"命令，打开"映射网络驱动器"窗口，在这里可以指定网络驱动器的盘符和共享文件夹的地址，如图 5-15 所示。

图 5-15　"映射网络驱动器"窗口

(2) 在"驱动器"下拉列表中选择一个驱动器盘符，这里使用默认的编号"Y"，然后手动输入共享文件夹的地址"SERVER01\Public"或者点击"浏览"按钮后选择相应的文件夹。如果想要每次登录时都重新连接，就勾选"登录时重新连接"复选框。点击"完成"按钮，即可在计算机资源管理器中看到网络驱动器 Y，如图 5-16 所示。如果想要断开网络驱动器，则可以点击鼠标右键，在弹出的快捷菜单中选择"断开"命令即可。

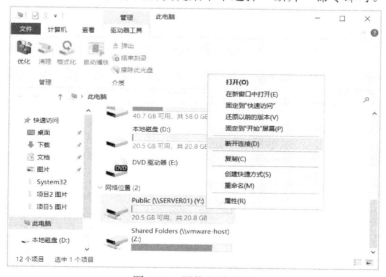

图 5-16　网络驱动器 Y

(3) 用户还可以直接使用"net use"命令映射网络驱动器，如图 5-17 所示。在命令提示符窗口中输入"net use Z:\\SERVER01\Public"命令，可以把共享文件夹 SERVER01\Public
映射到网络驱动器 Z；输入"net use Z:/delete"命令可断开网络驱动器。

图 5-17   使用"net use"命令映射网络驱动器

任务 3   使用卷影副本

    任务描述

公司用户可以通过"共享文件夹的卷影副本"功能，让系统自动在指定的时间将所有
共享文件夹内的文件复制到另外一个存储区内备用。当用户通过网络访问共享文件夹内的
文件，将文件删除或者修改文件的内容后，却想要撤回该文件或者想要还原文件的原来内
容时，可以通过"卷影副本"存储区内的旧文件来达到目的，因为系统之前已经将共享文
件夹内的所有文件都复制到"卷影副本"存储区内。

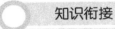   知识衔接

一、卷影副本概念

卷影副本是指由磁盘上的数据块(block)构成的数据备份集合，它与数据库磁盘上的数
据块一一对应，可以作为整个数据库的备份，并且可以通过备份服务器实现快速的数据恢
复。在数据库主服务器上，卷影副本是以分布式文件系统(DFS)的形式保存在多个磁盘上，
以提高数据的可靠性和容错性。

二、卷影副本的还原流程

1．主服务器故障

当数据库主服务器出现故障时，备份服务器会自动接管主服务器的业务请求。此时，备

份服务器会将卷影副本上最新的数据块复制到主服务器的磁盘上，并通过事务日志的方式(transaction log)记录新数据的写入过程。在这一过程中，备份服务器仍然可以接收客户端的请求，并将结果返回给客户端。

2. 数据一致性保障

在主服务器故障期间，备份服务器会不断地将新的数据块写入卷影副本。当主服务器恢复后，备份服务器会以事务日志的形式将新的数据块重新写入主服务器磁盘，以保证主服务器与卷影副本的数据一致性。

3. 故障恢复过程

当主服务器恢复后，备份服务器会将主服务器上最新的数据块保存为卷影副本，并删除之前保存的卷影副本。此时，备份服务器将从主服务器上读取事务日志，并将主服务器上的数据块与卷影副本上的数据块进行比较，以保证数据的一致性。

4. 业务连续性保障

在整个故障恢复的过程中，备份服务器可以接收客户端的请求并返回结果，以保证数据的连续性。如果主服务器不能正常地恢复数据，备份服务器会自动成为新的主服务器，以保证业务的连续性。

三、卷影副本还原原理的优点

(1) 快速恢复：卷影副本可以在短时间内恢复大量数据，以保证业务的连续性。

(2) 数据容错性：卷影副本可以将磁盘上的数据块备份到多个磁盘上，并通过分布式文件系统提高数据的可靠性和容错性。

(3) 数据一致性：通过事务日志记录每一个数据块的写入过程，可以保证数据库的数据一致性。

(4) 业务连续性：备份服务器可以自动接管主服务器的业务请求，并在故障恢复过程中保证业务的连续性。

综上所述，卷影副本还原原理是一种优秀的数据库备份和恢复技术，可以大大提高数据库的可靠性和容错性，保证业务的连续性。

 任务实施

一、启用"共享文件夹的卷影副本"功能

在 Server01 上，在共享文件夹 Public 下建立 test1 和 test2 两个文件夹，并在该共享文件夹所在的计算机 Server01 上启用"共享文件夹的卷影副本"功能，步骤如下：

(1) 选择"服务器管理器"→"工具"→"计算机管理"选项，打开"计算机管理"窗口。

(2) 选中"共享文件夹"选项并单击鼠标右键，在弹出的快捷菜单中选择"所有任务"→"配置卷影副本"选项，如图 5-18 所示。

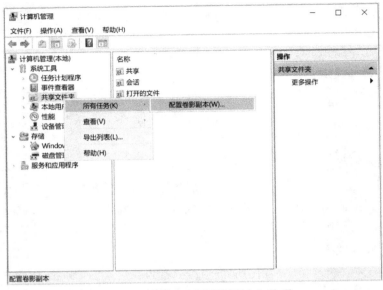

图 5-18　选择"配置卷影副本"选项

(3) 在"卷影副本"选项中，选择要启用"卷影副本"的驱动器(如 D:)，点击"启用"按钮，如图 5-19 所示，点击"确定"按钮。此时，系统会自动为相应磁盘创建第 1 个"卷影副本"，也就是将磁盘所有共享文件夹内的文件都复制到"卷影副本"存储区内，而且系统默认以后会在星期一至星期五的上午 7:00 与中午 12:00 两个时间点分别自动添加一个"卷影副本"，即每当到达这两个时间点时会将所有共享文件夹内的文件都复制到"卷影副本"存储区内备用。

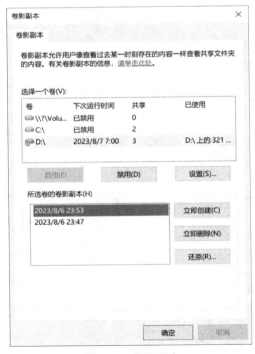

图 5-19　卷影副本

　　提示：用户还可以在"文件资源管理器"窗口中双击"此电脑"选项，并在任意一个磁盘分区中单击鼠标右键，在弹出的快捷菜单中选择"属性"选项，在弹出的对话框中选择"卷影副本"选项卡，同样能启用"共享文件夹的卷影副本"功能。

　　(4) D 盘中已经有两个"卷影副本"，如图 5-19 所示，用户还可以随时点击图中的"立即创建"按钮，自行创建新的"卷影副本"。在还原文件时，用户可以选择在不同时间点所创建的"卷影副本"内的旧文件来还原文件。

　　注意　"卷影副本"内的文件只可以读取，不可以修改，且每个磁盘最多只可以有 64 个"卷影副本"。如果达到此限制，则最旧版本的"卷影副本"将会被删除。

　　(5) 系统会以共享文件夹所在磁盘的磁盘空间的方式来决定"卷影副本"存储区的容量大小，默认配置该磁盘空间的 10%作为"卷影副本"的存储区，而且该存储区容量最小需要 100 MB。如果要更改其容量，则可点击图 5-19 中的"设置"按钮，打开如图 5-20 所示的"设置"对话框。然后在"最大值"处更改设置，还可以点击"计划"按钮来更改自动创建"卷影副本"的时间点。用户还可以通过图 5-20 中的"位于此卷"选项来更改存储"卷影副本"的磁盘，但必须在启用"共享文件夹的卷影副本"功能前更改，启用该功能后"位于此卷"选项就无法更改了。

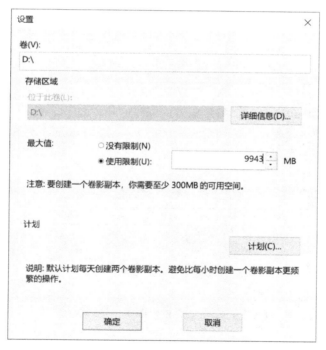

图 5-20　"设置"对话框

二、通过客户端访问"卷影副本"内的文件

　　本例任务：先将 Server01 上的 Public 共享文件下面的 test1 文件夹删除，再用此前的卷影副本进行还原，测试是否恢复了 test1 文件夹。

(1) 在 Server01 上，以 Server01 上计算机的 administrator 身份连接到 client 上的共享文件夹。删除 Public 下面的 test1 文件夹。

(2) 右键单击"Public"文件夹，打开"Public(\\SERVER01)属性"对话框。点击"以前的版本"选项卡，如图 5-21 所示。

图 5-21 "以前的版本"选项卡

(3) 选中"Public 2023/8/6/23:53"版本，通过点击"打开"按钮可查看该时间点内文件夹的内容，通过点击"复制"按钮可以将该时间点的"Public"文件夹复制到其他位置，通过点击"还原"按钮可以将文件夹还原到该时间点的状态。在此点击"还原"按钮，也可以还原误删除的 test1 文件夹。

(4) 打开"Public"文件夹，检查"test1"是否被恢复。

提示：如果要还原被删除的文件，则可在连接到共享文件夹后，在文件列表对话框的空白区域单击鼠标右键，在弹出的快捷菜单中选择"属性"选项，在弹出的对话框中选择"以前的版本"选项卡，选择旧版本的文件夹，点击"打开"按钮，并复制需要还原的文件。

▌▶ 任务 4 配置 NTFS 权限

 任务描述

公司有一台服务器安装了 Windows Server 2019 网络操作系统，服务器上有一个名称为"财务报表"的文件夹。根据工作需要，管理员组的用户具有对"财务报表"文件夹的完全控制权限；销售部组的用户需要读取"财务报表"文件夹的内容，但不能修改文件夹中的内容；财务部组的用户需要读取和修改"财务报表"文件夹的内容。根据公司的使用需求，可以使用 NTFS 权限来设置用户对文件夹的访问，以便对公司部门员工的权限进行控制，如表 5-1 所示。

表 5-1　用户或组的 NTFS 权限配置

用户或组	NTFS 权限	备注
Administrators 组(Zhouliu)	完全控制	管理员组
Sales 组(Wanger、Zhangsan)	读取、但不能修改	销售部组
Finances 组(Lishi、Pengwu)	读取和修改	财务部组

知识衔接

文件和文件夹是计算机系统组织数据的集合单位。Windows Server 2019 提供了强大的文件管理功能，其中 NTFS 具有高安全性能，用户可以十分方便地在计算机或网络中处理、使用、组织、共享和保护文件及文件夹。

文件系统是指文件命名、存储和组织的总体结构，运行 Windows Server 2019 的计算机的磁盘分区可以使用 3 种类型的文件系统：FAT16、FAT32 和 NTFS。

一、FAT 文件系统

FAT 包括 FAT16 和 FAT32 两种。FAT 是一种适合小卷集、对系统安全性要求不高、需要双重引导的用户选择使用的文件系统。

在推出 FAT32 之前，通常个人计算机使用的文件系统是 FAT16。FAT16 支持的最大分区是 218(即 65 536)个簇，每簇 64 个扇区，扇区大小为 512 字节，支持的最大分区为 2.147 GB。FAT16 最大的缺点就是簇的大小和分区有关，当外存中存放较多的小文件时，会浪费大量的空间。FAT32 是 FAT16 的派生文件系统，支持最大到 2 TB(2048 GB)的磁盘分区。它使用的簇比 FAT16 的要小，从而有效地节约了磁盘空间。

FAT 是一种最初用于小型磁盘和简单文件夹结构的简单文件系统。它向后兼容，最大的优点是适用于所有的 Windows 操作系统。另外，FAT 在容量较小的卷上使用比较好，因为 FAT 启动只使用非常小的开销。FAT 在容量低于 512 MB 的卷上工作效率最好，当卷的容量超过 1.024 GB 时，FAT 的工作效率就会明显降低。对于 400～500 MB 的卷，FAT 相对于 NTFS 来说是一个比较好的选择；但对使用 Windows Server 2019 的用户来说，FAT 是无法满足系统要求的。

二、NTFS 文件系统

NTFS 是 Windows Server 2019 推荐使用的高性能文件系统。它支持许多新的文件安全、存储和容错功能，而这些功能也正是 FAT 所缺少的。

NTFS 是从 Windows NT 开始使用的文件系统，它是一种特别为网络和磁盘配额、文件加密等管理安全特性所设计的磁盘格式。NTFS 包括文件服务器和高端个人计算机所需的安全特性，它还支持对关键数据及十分重要的数据的访问控制和私有权限设置。除了可以赋予计算机中的共享文件夹特定权限外，NTFS 文件和文件夹无论共享与否都可以被赋予权限，NTFS 是唯一允许为单个文件指定权限的文件系统。但是，当用户从 NTFS 卷移动或复制文件到 FAT 卷时，NTFS 的权限和其他特有属性将会丢失。NTFS 的设计虽然简单但功能强大，从本质上讲，卷中的一切都是文件，文件中的一切都是属性，从数据属性到安全属性，再到文件名属性。NTFS 卷中的每个扇区都分配给了某个文件，甚至文件系统的超数据(描述文件系统自身的信息)也是文件的一部分。

如果安装 Windows Server 2019 时采用了 FAT，则用户可以在安装完毕后，使用 convert 命令将 FAT 分区转换为 NTFS 分区：

```
convert D:/FS:NTFS
```

上面命令的作用是将 D 盘转换成 NTFS 格式。无论是在运行安装程序的过程中还是在运行安装程序之后，相对于重新格式化磁盘来说，这种转换不会使用户的文件受到损害。但由于 Windows 95/98 操作系统不支持 NTFS，所以在配置双重启动系统时，即在同一台计算机上同时安装 Windows Server 2019 和其他操作系统(如 Windows 98)时，可能导致无法从计算机的另一个操作系统访问 NTFS 分区中的文件。

NTFS 权限只适用于 NTFS 磁盘分区。NTFS 权限不能用于由 FAT 或者 FAT32 文件系统格式化的磁盘分区。

三、NTFS 权限的类型

可以利用 NTFS 权限指定哪些用户、组和计算机能够访问文件和文件夹。NTFS 权限也指明哪些用户、组和计算机能够操作文件中或者文件夹中的内容。

1. NTFS 文件夹权限

可以通过授予文件夹权限来控制对文件夹和包含在这些文件夹中的文件和子文件夹的访问。表 5-2 列出了可以授予的标准 NTFS 文件夹权限和各个权限提供给用户的访问类型。

表 5-2   标准 NTFS 文件夹权限和各个权限允许的访问类型

标准 NTFS 文件夹权限	允许访问的类型
读取(read)	查看文件夹中的文件和子文件夹，查看文件夹属性、拥有人和权限
写入 (write)	在文件夹内创建新的文件和子文件夹，修改文件夹属性，查看文件夹的拥有人和权限
列出文件夹内容 (list folder contents)	查看文件夹中的文件和子文件夹的名称
读取和运行 (read & execute)	遍历文件夹，执行允许"读取"权限和"列出文件夹内容"权限的动作
修改(modify)	删除文件夹，执行"写入"权限和"读取和运行"权限的动作
完全控制 (full control)	改变控制权限，成为文件夹和文件的拥有人，删除子文件夹和文件，以及执行允许所有其他 NTFS 文件夹权限进行的动作

注意   "只读""隐藏""归档""系统文件"等都是文件夹属性，不是 NTFS 权限。

2. NTFS 文件权限

可以通过授予文件权限来控制对文件的访问。表 5-3 列出了可以授予的标准 NTFS 文件权限和各个权限提供给用户的访问类型。

表 5-3 标准 NTFS 文件权限和各个权限允许的访问类型

标准 NTFS 文件权限	允许访问的类型
读取(read)	读文件，查看文件的属性、拥有人和权限
写入(write)	覆盖写入文件，修改文件属性，查看文件的拥有人和权限
读取和运行 (read & execute)	运行应用程序，执行由"读取"权限进行的动作
修改(modify)	修改和删除文件，执行由"写入"权限和"读取和运行"权限进行的动作
完全控制 (full control)	改变控制权限，成为文件的拥有人，执行允许所有其他 NTFS 文件权限进行的动作

注意 无论用什么权限保护文件，被准许对文件夹进行"完全控制"的组或用户都可以删除该文件夹内的任何文件。尽管"列出文件夹内容"和"读取和运行"看起来有相同的特殊权限，但这些权限在继承时却有所不同。"列出文件夹内容"可以被文件夹继承而不能被文件继承，且它只在查看文件夹权限时才会显示。"读取和运行"可以被文件和文件夹同时继承，且在查看文件和文件夹权限时始终出现。

四、多重 NTFS 权限

如果将针对某个文件或者文件夹的权限授予个别用户账号，又授予某个组，而该用户是该组的一个成员，那么该用户就对同样的资源有了多个权限。NTFS 如何组合多个权限是存在一些规则和优先权的。除此之外，在复制或者移动文件和文件夹时，对权限也会产生影响。

1. 权限的累积规则

一个用户对某个资源的有效权限是授予这一用户账号的 NTFS 权限与授予该用户所属组的 NTFS 权限的组合。例如，如果用户 Long 对文件夹 Folder 有"读取"权限，该用户 Long 是某个 Sales 组的成员，而该 Sales 组对该文件夹 Folder 有"写入"权限，那么该用户 Long 对该文件夹 Folder 就有"读取"和"写入"两种权限。

2. 文件权限超越文件夹权限

NTFS 的文件权限超越 NTFS 的文件夹权限。例如，某个用户对某个文件有"修改"权限，那么即使它对于包含该文件的文件夹只有"读取"权限，它仍然能够修改该文件。

3. 拒绝权限超越其他权限

要拒绝某用户账号或者组对特定文件或者文件夹的访问，将"拒绝"权限授予该用户账号或者组即可。这样，即使该用户作为某个组的成员具有访问该文件或文件夹的权限，但是因为将"拒绝"权限授予了这个用户，所以该用户所具有的任何其他权限都被阻止了。因此，对权限的累积规则来说，"拒绝"权限是一个例外。应该避免使用"拒绝"权限，因为允许用户账户和组进行某种访问比明确拒绝其进行某种访问更容易做到。巧妙地构造组和组织文件夹中的资源，使用各种各样的"允许"权限就足以满足需要，从而可避免使用

"拒绝"权限。

例如，用户 Long 同时属于 Sales 组和 Manager 组，文件 File1 和 File2 是文件夹 Folder 下的两个文件。其中，Long 拥有对 Folder 的"读取"权限，Sales 组拥有对 Folder 的"读取"和"写入"权限，Manager 组则被禁止对 File2 的"写入"操作。那么 Long 的最终权限是什么？由于使用了"拒绝"权限，用户 Long 拥有对 Folder 和 File1 的"读取"和"写入"权限，但对 File2 只有"读取"权限。

注意　在 Windows Server 2019 中，用户不具有某种访问权限和明确地拒绝用户的访问权限，这二者之间是有区别的。"拒绝"权限是通过在 ACL 中添加一个针对特定文件或者文件夹的拒绝元素而实现的。这就意味着管理员还有另外一种拒绝访问的手段，而不只是不允许某个用户访问文件或文件夹。

五、共享文件夹权限与 NTFS 权限的组合

如何快速有效地控制对 NTFS 磁盘分区中的网络资源的访问呢？答案就是利用默认的共享文件夹权限共享文件夹，并通过授予 NTFS 权限来控制对这些文件夹的访问。当共享的文件夹位于 NTFS 格式的磁盘分区中时，该共享文件夹的权限与 NTFS 权限进行组合，以保护文件资源。

要为共享文件夹设置 NTFS 权限，可在共享文件夹的属性对话框中依次点击"共享"→"高级共享"→"权限"按钮，在弹出的共享权限对话框中进行设置，如图 5-22 所示。

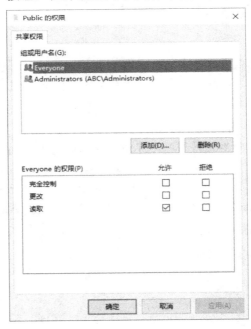

图 5-22　共享权限设置

共享文件夹权限具有以下特点：

(1) 共享文件夹权限只适用于文件夹，而不适用于单独的文件，并且只能为整个共享文件夹设置共享权限，而不能对共享文件夹中的文件或子文件夹进行设置。所以，共享文件夹不如 NTFS 文件系统权限详细。

（2）共享文件夹权限并不对直接登录到计算机上的用户起作用，即共享权限对直接登录到服务器上的用户是无效的，只适用于通过网络连接该文件夹的用户。

（3）在 FAT/FAT32 系统卷上，共享文件夹权限是保证网络资源被安全访问的唯一方法。原因很简单，就是 NTFS 权限不适用于 FAT/FAT32 卷。

（4）默认的共享文件夹权限是读取，并被指定给 Everyone 组。共享文件夹权限分为读取、修改和完全控制。共享文件夹权限列表如表 5-4 所示。

表 5-4　共享文件夹权限列表

权限	允许用户完成的操作
读取	显示文件夹名称、文件名称、文件数据和属性，运行应用程序文件，改变共享文件夹内的文件夹
修改	创建文件夹，向文件夹中添加文件，修改文件中的数据，向文件中追加数据，修改文件属性，删除文件夹和文件，执行"读取"权限所允许的操作
完全控制	修改文件权限，获得文件的所有权，执行"修改"和"读取"权限所允许的所有操作。默认情况下，Everyone 组具有该权限

当管理员对 NTFS 权限和共享文件夹权限进行组合时，选择是组合的 NTFS 权限，或者是组合的共享文件夹权限，哪个范围更窄取哪个。

当在 NTFS 卷上为共享文件夹授予权限时，应遵循以下原则：

（1）可以对共享文件夹中的文件和子文件夹应用 NTFS 权限。可以对共享文件夹中包含的每个文件和子文件夹应用不同的 NTFS 权限。

（2）除共享文件夹权限外，用户必须具有该共享文件夹包含的文件和子文件夹的 NTFS 权限，才能访问对应的文件和子文件夹。

（3）在 NTFS 卷上必须设置 NTFS 权限。默认 Everyone 组具有"完全控制"权限。

六、继承与阻止继承 NTFS 权限

1. 使用权限的继承性

默认情况下，授予父文件夹的任何权限也将应用于包含在该文件夹中的子文件夹和文件。当授予访问某个文件夹的 NTFS 权限时，就将授予该文件夹的 NTFS 权限授予了该文件夹中任何现有的文件和子文件夹，以及在该文件夹中创建的任何新文件和新的子文件夹。

如果想让文件夹或者文件具有不同于它们父文件夹的权限，必须阻止权限的继承性。

2. 阻止权限的继承性

阻止权限的继承，也就是阻止子文件夹和文件从父文件夹继承权限。为了阻止权限的继承，要删除继承来的权限，只保留被明确授予的权限。

被阻止从父文件夹继承权限的子文件夹现在就成为新的父文件夹。包含在这一新的父文件夹中的子文件夹和文件将继承授予它们的父文件夹的权限。

七、复制和移动文件及文件夹

1. 复制文件和文件夹

当从一个文件夹向另一个文件夹复制文件或者文件夹时，或者从一个磁盘分区向另一

个磁盘分区复制文件或者文件夹时，这些文件或者文件夹具有的权限可能发生变化。复制文件或者文件夹时会对 NTFS 权限产生下述效果。

(1) 当在单个 NTFS 磁盘分区内或在不同的 NTFS 磁盘分区之间复制文件夹或者文件时，文件夹或者文件的复件将继承目的地文件夹的权限。

(2) 当将文件或者文件夹复制到非 NTFS 磁盘分区(如文件分配表 FAT 格式的磁盘分区)时，因为非 NTFS 磁盘分区不支持 NTFS 权限，所以这些文件夹或文件就丢失了它们的 NTFS 权限。

注意　为了在单个 NTFS 磁盘分区之内或者在 NTFS 磁盘分区之间复制文件和文件夹，必须具有对源文件夹的"读取"权限，并具有对目的地文件夹的"写入"权限。

2. 移动文件和文件夹

当移动某个文件或者文件夹的位置时，针对这些文件或者文件夹的权限可能发生变化，这主要依赖于目的地文件夹的权限情况。移动文件或者文件夹对 NTFS 权限产生下述效果。

(1) 当在单个 NTFS 磁盘分区内移动文件夹或者文件时，该文件夹或者文件保留它原来的权限。

(2) 当在 NTFS 磁盘分区之间移动文件夹或者文件时，该文件夹或者文件将继承目的地文件夹的权限。当在 NTFS 磁盘分区之间移动文件夹或者文件时，实际是将文件夹或者文件复制到新的位置，然后从原来的位置删除它。

(3) 当将文件或者文件夹移动到非 NTFS 磁盘分区时，因为非 NTFS 磁盘分区不支持 NTFS 权限，所以这些文件夹和文件就丢失了它们的 NTFS 权限。

复制与移动的规则如图 5-23 所示。

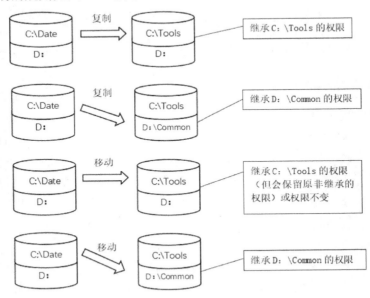

图 5-23　复制和移动的规则

注意　为了在单个 NTFS 磁盘分区之内或者多个 NTFS 磁盘分区之间移动文件和文件夹，必须具有对目的文件夹的"写入"权限，并具有对源文件夹的"修改"权限。之所以要求设置"修改"权限，是因为移动文件或文件夹时，在将文件或文件夹复制到目的地文件夹之后，Windows Server 2019 将从源文件夹中删除相应文件或文件夹。

○ 任务实施

一、阻止文件夹权限的继承性

在默认情况下，授予父文件夹的任何权限也将应用于包含在该文件夹的子文件夹中。当授予访问某个文件夹的 NTFS 权限时，就将该文件夹的 NTFS 权限授予了该文件夹中所有的文件和子文件夹，以及在该文件夹中创建的任何新文件和新的子文件夹。

如果想让子文件夹或文件具有不同于其父文件夹的权限，则必须阻止权限的继承性。

(1) 点击"财务报表"文件夹，在弹出的快捷菜单中选择"属性"命令，如图 5-24 所示。

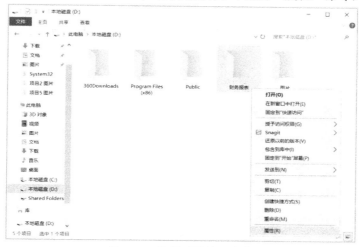

图 5-24　选择"属性"命令

(2) 在"财务报表属性"对话框中选择"安全"选项卡，点击右下角的"高级"按钮，如图 5-25 所示。

图 5-25　"财务报表属性"对话框

(3) 在"财务报表的高级安全设置"对话框的"权限"选项卡中，点击"禁用继承"按钮，如图 5-26 所示。

图 5-26　"财务报表的高级安全设置"对话框

(4) 在弹出的"阻止继承"警告对话框中，选"从此对象中删除所有已继承的权限，"选项，如图 5-27 所示。

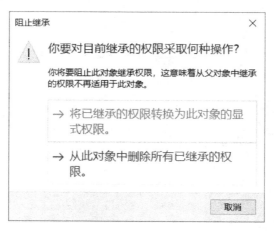

图 5-27　设置阻止继承权限

(5) 返回"财务报表的高级安全设置"窗口。点击"确定"按钮，如图 5-28 所示。

图 5-28　点击"确定"按钮

二、添加新用户权限

(1) 在"财务报表属性"对话框的"安全"选项卡中，点击"编辑"按钮，如图 5-29 所示。

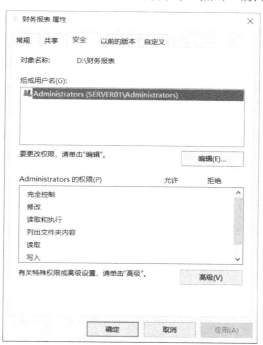

图 5-29　点击"编辑"按钮

(2) 弹出"财务报表的权限"对话框，在"Administrators 的权限"选区中勾选"完全控制"右侧的"允许"复选框，点击"确定"按钮，如图 5-30 所示。

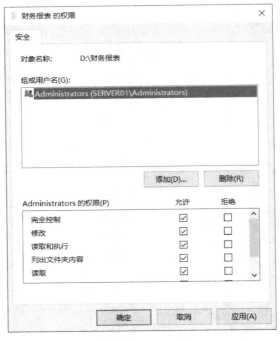

图 5-30　设置 Administrators 组 NTFS 权限

(3) 在"财务报表的权限"对话框中，点击"添加"按钮，如图 5-31 所示。

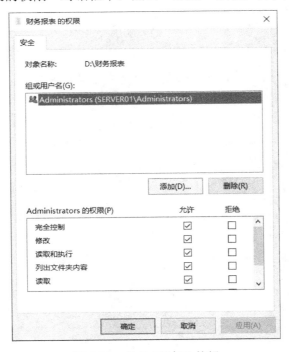

图 5-31　点击"添加"按钮

（4）在弹出的"选择用户或组"对话框中，点击"高级"按钮，点击"立即查找"按钮，选择 sales(SERVER01\sales)选项，点击"确定"按钮。

（5）返回"财务报表的权限"对话框，设置 sales 组 NTFS 权限。在"组或用户名"选区中选择 sales(SERVER01\sales)选项，在"sales 的权限"选区中勾选"读取和执行"右侧的"允许"复选框，点击"确定"按钮，如图 5-32 所示。

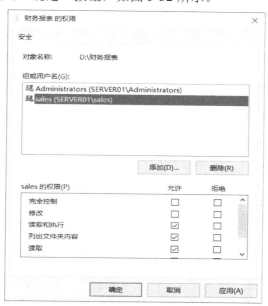

图 5-32　设置 Sales 组 NTFS 权限

（6）使用同样方法添加 Finances 组，并将"Finances 的权限"设置为"修改""读取"和"执行及附加选中的权限"，点击"确定"按钮，如图 5-33 所示。

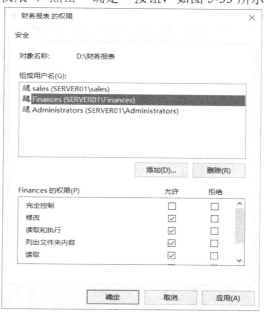

图 5-33　设置 Finances 组 NTFS 权限

（7）返回"财务报表属性"对话框，若此文件夹内没有子对象，则点击"确定"按钮；若存在子对象，则点击"高级"按钮进一步设置权限继承，如图 5-34 所示。

图 5-34 "财务报表属性"对话框

（8）如果需要设置子对象继承上述设置的权限，则在"财务报表的高级安全设置"对话框的"权限"选项卡中勾选"使用可从此对象继承的权限项目替换所有子对象的权限项目"复选框，点击"确定"按钮，如图 5-35 所示。

图 5-35 设置子对象继承权限

(9) 在弹出的"Windows 安全中心"警告对话框中，点击"是"按钮，如图 5-36 所示。

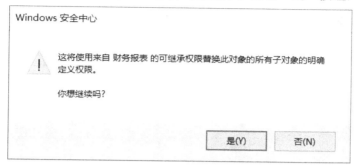

图 5-36   警告对话框

(10) 返回"财务报表属性"对话框，点击"确定"按钮。至此，已完成本任务所需的文件夹权限设置。

三、查看用户的有效访问权限

(1) 点击"财务报表"文件夹，在弹出的快捷菜单中选择"属性"命令，在"财务报表属性"对话框的"安全"选项卡中点击"高级"按钮，在打开的"财务报表的高级安全设置"对话框的"有效访问"选项卡中点击"选择用户"文字链接，如图 5-37 所示。

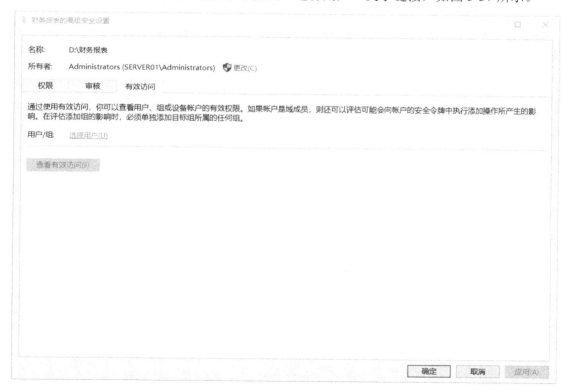

图 5-37   "有效访问"选项卡

(2) 选择用户 Zhaoliu，点击"查看有效访问"按钮，可以看到该用户对"财务报表"文件夹的有效访问权限，满足任务中 Administrators 组内的用户对文件夹进行控制的需求，如图 5-38 所示。

图 5-38　查看 Administrators 组内用户的有效访问权限

（3）使用同样的方法查看用户 Wanger 对"财务报表"文件夹的有效访问权限，满足本任务中 sales 组内的用户对文件夹中的内容进行查看的需求，如图 5-39 所示。

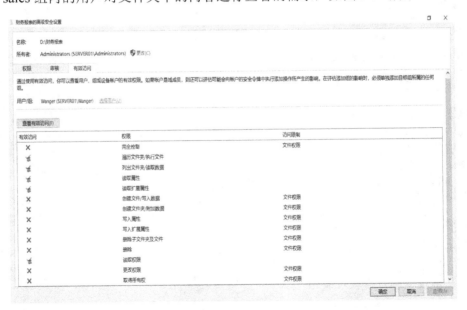

图 5-39　查看 Sales 组内用户的有效访问权限

（4）使用同样的方法查看用户 Lishi 对"财务报表"文件夹的有效访问权限，满足本任务中 Finances 组内的用户对文件夹中的内容进行读、写等操作的需求，如图 5-40 所示。

图 5-40 查看 Finances 组内用户的有效访问权限

四、测试 NTFS 权限

(1) 使用 Finances 组内的 Lishi 账户登录系统,并尝试访问"财务报表"文件夹。由于该组的用户对文件夹拥有读取和修改权限,因此该组的用户能够进行创建、修改、删除文件和文件夹,以及编辑文档等操作,如图 5-41 所示。

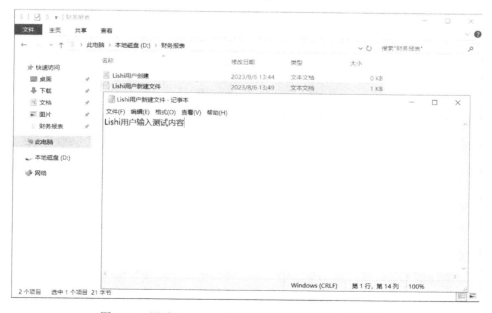

图 5-41 测试 Finances 组内的用户对指定文件夹的权限

(2) 使用 sales 组内的 Wanger 账户登录系统，并尝试访问"财务报表"文件夹。由于该组的用户对文件夹只有读取权限，不能修改 Finances 组的用户创建的文件，因此修改文件的操作会提示"你没有权限打开该文件，请向文件的所有者或管理员申请权限。"，如图 5-42 所示。

图 5-42　测试 sales 组内的用户对指定文件夹的权限

任务拓展

在 NTFS 磁盘中，系统会自动设置默认的权限值，并且这些权限会被其子文件夹和文件所继承。为了控制用户对某个文件夹以及该文件夹中的文件和子文件夹的访问，就需指定文件夹的权限。不过，要设置文件或文件夹的权限，必须是 Administrators 组内的成员、文件或者文件夹的拥有者、具有完全控制权限的用户。

预先在 SERVER01 上建立 D:\network 文件夹和本地域用户 Alice。

一、授予标准 NTFS 权限

授予标准 NTFS 权限包括授予 NTFS 文件夹权限和 NTFS 文件权限。

1. 授予 NTFS 文件夹权限

(1) 打开 Server01 的"文件资源管理器"窗口，选中要设置权限的文件夹(如 network)，并单击鼠标右键，在弹出的快捷菜单中选择"属性"选项，打开"network 属性"对话框，选择"安全"选项卡。

(2) 默认已经有一些权限设置，这些设置是从父文件夹(或磁盘)继承来的。例如，在该图"Administrators"用户的权限中，"允许"那一栏中勾选的权限就是继承的权限，如图 5-43 所示。

图 5-43　继承的权限

（3）如果要给其他用户指派权限，则可点击"编辑"，弹出图 5-44 所示的"network 的权限"对话框。

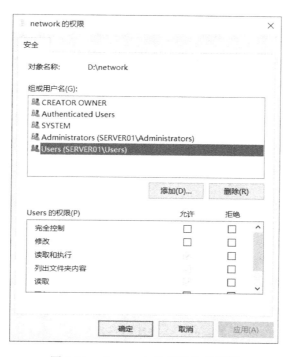

图 5-44　"network 的权限"对话框

(4) 点击"添加"→"高级"→"立即查找"按钮，弹出"选择用户、计算机、服务账户或组"对话框，从本地计算机上添加拥有对该文件夹访问和控制权限的用户或用户组，如 Alice，如图 5-45 所示。

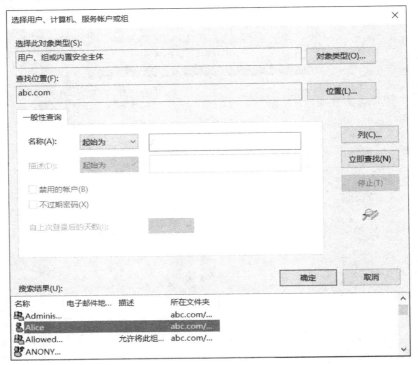

图 5-45　"选择用户、计算机、服务账户或组"对话框

(5) 选择好后点击两次"确定"按钮，拥有对该文件夹访问和控制权限的用户或用户组就被添加到"组或用户名"列表框中。特别注意，如果新添加的用户的权限不是从父项继承的，那么其所有的权限都可以被修改。

(6) 如果不想继承上一层的权限，则可参照"任务 4"中"继承与阻止继承 NTFS 权限"的内容进行修改。这里不再赘述。

2. 授予 NTFS 文件权限

文件权限的授予与文件夹权限的授予类似。想要对 NTFS 文件指派权限，在文件上单击鼠标右键，在弹出的快捷菜单中选择"属性"选项，在弹出的对话框中选择"安全"选项卡，即可为该文件设置相应的权限。

二、授予特殊访问权限

标准的 NTFS 权限通常能提供足够的能力，用以控制对用户资源的访问，以此保护用户的资源。但是，如果需要更为特殊的访问级别，就可以使用 NTFS 的特殊访问权限，具体方法如下：

选择在文件或文件夹(network)属性的"安全"选项卡中，点击"高级"→"权限"按钮，打开"network 的高级安全设置"对话框，选中"Alice"项，如图 5-46 所示。

图 5-46　"network 的高级安全设置"对话框

　　点击"编辑"按钮，打开如图 5-47 所示的"network 的权限项目"对话框，可以更精确地设置"Alice"用户的权限。"显示基本权限"和"显示高级权限"链接在被点击后交替出现。

图 5-47　"network 的权限项目"对话框

有 14 项特殊访问权限，把它们组合在一起就构成了标准的 NTFS 权限。例如，标准的"读取"权限包含了"列出文件夹/读取数据""读取属性""读取权限"及"读取扩展属性"等特殊访问权限。

以下两个特殊访问权限对于管理文件和文件夹的访问来说特别有用。

1. 更改权限

如果为某用户授予了这一权限，该用户就具有了针对文件或者文件夹修改权限的能力。

可以将针对某个文件或者文件夹修改权限的能力授予其他管理员和用户，但是不授予他们对该文件或者文件夹的"完全控制"权限。通过这种方式，这些管理员或者用户不能删除或者写入该文件或者文件夹，但是可以为该文件或者文件夹授权。

为了将修改权限的能力授予管理员，将针对该文件或者文件夹的"更改权限"的权限授予 Administrators 组即可。

2. 取得所有权

如果为某用户授予这一权限，该用户就具有了取得文件和文件夹的所有权的能力。

可以将文件和文件夹的拥有权从一个用户账号或者组转移到另一个用户账号或者组。也可以将"所有者"权限给予某个人。而作为管理员，也可以取得某个文件或者文件夹的所有权。

对于要取得某个文件或者文件夹的所有权来说，需要应用下述规则。

(1) 当前的拥有者或者具有"完全控制"权限的任何用户，可以将"完全控制"这一标准权限或者"取得所有权"这一特殊访问权限授予另一个用户账号或者组。这样，该用户账号或者该组的成员就能取得所有权。

(2) Administrators 组内的成员可以取得某个文件或者文件夹的所有权，而不管为该文件夹或者文件之前被授予了怎样的权限。如果某个管理员取得了所有权，则 Administrators 组也同时取得了所有权。因而该管理员组内的任何成员都可以修改针对相应文件或文件夹的权限，并可以将"取得所有权"这一权限授予另一个用户账户或者组。例如，如果某个雇员离开了原来的公司，某个管理员即可取得该雇员的文件的所有权，且其可将"取得所有权"这一权限授予另一个雇员，这一个雇员就取得了前一个雇员的文件的所有权。

提示　为了成为某个文件或者文件夹的拥有者，具有"取得所有权"这一权限的某个用户或者组的成员必须明确地获得相应文件或者文件夹的所有权。不能自动将某个文件或文件夹的所有权授予任何一个人。文件的拥有者、管理员组的成员，或者任何一个具有"完全控制"权限的人都可以将"取得所有权"权限授予某个用户账户或者组，这样就使其获得了所有权。

任务 5　使用 EFS 加密文件

任务描述

　　公司的网络管理员，根据需求在安装了 Windows Server 2019 网络操作系统的计算机上存储相关部门数据。为了保证文件的安全，防止被未授权的用户打开，管理员尝试使用压缩软件将文件打包并设置压缩包的密码，也可以使用一些文件加密软件，但使用时都需要花费时间解密文件，而且安装的应用软件也不能直接读取这些加密的文件，因此急需一种便捷、可靠的文件加密方法去解决这个问题。Windows Server 2019 系统中提供了 EFS 的功能，管理员可以使用该功能解决上述问题。

　　(1) 对 Server01 服务器 D 盘中的"财务报表"文件夹及其内的文件进行加密。
　　(2) 备份"财务报表"文件夹及其内文件的加密证书和密钥。
　　(3) 使用其他用户查看加密文件。
　　(4) 导入备份的 EFS 证书和再次查看加密文件。

知识衔接

一、EFS 简介

　　NTFS 文件系统的加密属性是通过 EFS 提供的一种核心文件加密技术实现的。EFS 仅用于 NTFS 卷上的文件和文件夹加密。EFS 加密对用户是完全透明的，当用户访问加密文件时，系统会自动解密文件；当用户保存加密文件时，系统会自动加密该文件，不需要用户任何手动交互动作。EFS 是 Windows 2000、Windows XP Professional(Windows XP Home 不支持 EFS)、Windows Server 2003/2008/2012/2016/2019 NTFS 文件系统中的一个组件。EFS 采用高级的标准加密算法实现对文件透明地加密和解密，任何没有密钥的个人或者程序都不能读取加密数据。即使是物理上拥有驻留加密文件的计算机，加密文件仍然受到保护，甚至有权访问计算机及其文件系统的用户也无法读取这些数据。

二、操作 EFS 加密文件情形与目标文件状态

　　EFS 将文件加密作为文件属性进行保存，通过修改文件属性对文件和文件夹进行加密和解密。正如设置其他属性(如只读、压缩或隐藏)一样，通过对文件夹和文件设置加密属性，可以对文件夹或文件进行加密和解密。如果加密一个文件夹，那么在加密文件夹中创建的所有文件和子文件夹都会自动加密，推荐在文件夹级别上加密。

　　EFS 必须存储在 NTFS 磁盘内才能处于加密状态，在允许进行远程加密的远程计算机上可以加密或解密文件及文件夹。然而，如果通过网络打开已加密文件，则通过此过程在网络上传输的数据并未加密。如需对数据加密则必须使用诸如 SSL/TLS(安全套接字层/传输层安全性)等协议通过有线加密数据，具体情形与目标文件状态如表 5-5 所示。

表 5-5　操作 EFS 加密文件情形与目标文件状态

操作 EFS 加密文件情形	目标文件状态
将加密文件移动或复制到非 NTFS 磁盘内	新文件处于解密状态
用户或应用程序读取加密文件	系统将从磁盘读取文件，并将解密后的内容反馈给用户或应用程序，磁盘中存储的文件仍处于加密状态
用户或应用程序向加密的文件或文件夹写入数据	系统会将数据自动加密，并写入磁盘
将未加密的文件或文件夹移动或复制到加密文件夹中	新文件或文件夹自动变为加密状态
将加密的文件或文件夹移动或复制到未加密文件夹中	新文件或文件夹仍处于加密状态
通过网络发送加密的文件或文件夹	文件或文件夹会被自动解密
将加密文件或文件夹打包压缩	压缩和加密不能并存，文件或文件夹会被自动解密
加密已压缩的文件	压缩和加密不能并存，文件先自动解压缩，然后进行加密

 任务实施

一、使用 EFS 对文件或文件夹进行加密

(1) 登录系统，本任务使用 Administrators 用户登录。

(2) 右击"财务报表"文件夹，在弹出的快捷菜单中选择"属性"命令，如图 5-48 所示。

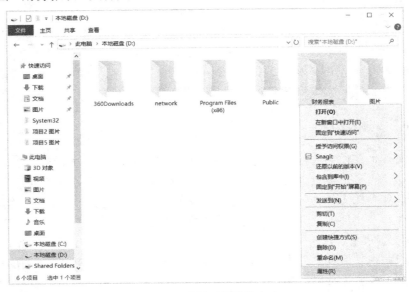

图 5-48　选择"属性"命令

　　(3) 在弹出的"财务报表属性"对话框的"常规"选项卡中，点击"高级"按钮，如图 5-49 所示。

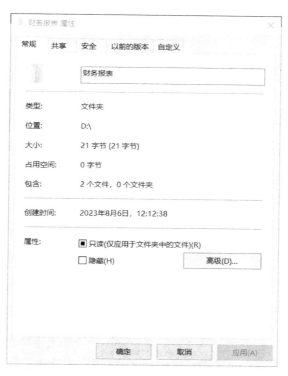

图 5-49　"常规"选项卡

　　(4) 在"高级属性"对话框的"压缩或加密属性"选区中，勾选"加密内容以便保护数据"复选框，点击"确定"按钮，如图 5-50 所示。

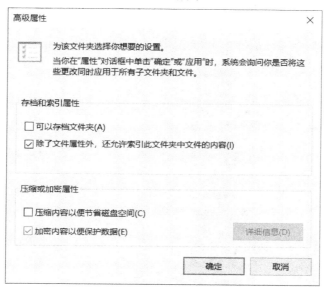

图 5-50　"高级属性"对话框

(5) 返回"财务报表属性"对话框，点击"确定"按钮。

(6) 在弹出的"确认属性更改"对话框中，默认已选中"将更改应用于此文件夹、子文件夹和文件"选项按钮，直接点击"确定"按钮即可，如图 5-51 所示。

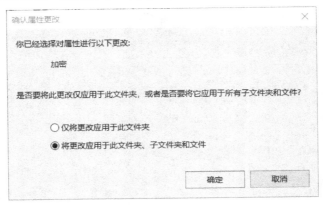

图 5-51　"确认属性更改"对话框

二、备份文件加密证书和密钥

(1) 点击桌面右下角弹出的"备份文件加密密钥"提示框中的链接，如图 5-52 所示。

图 5-52　"备份文件加密密钥"对话框

(2) 在弹出的"加密文件系统"对话框中选择"现在备份(推荐)"选项，如图 5-53 所示。

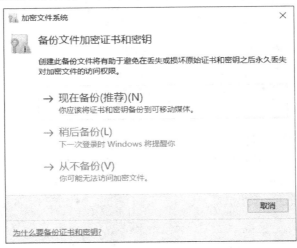

图 5-53　"加密文件系统"对话框

（3）在"证书导出向导"对话框中点击"下一步"按钮，如图 5-54 所示。

图 5-54　"证书导出向导"对话框

（4）在"导出文件格式"界面中采用默认设置，直接点击"下一步"按钮，如图 5-55 所示。

图 5-55　"导出文件格式"界面

(5) 在"安全"界面中，勾选"密码"复选框，输入两次密码，点击"下一步"按钮，如图 5-56 所示。

图 5-56　"安全"界面

(6) 在"要导出的文件"界面中，点击"浏览"按钮或直接输入导出文件的路径和文件名，如"D:\证书信息.pfx"，点击"下一步"按钮，如图 5-57 所示。

图 5-57　"要导出的文件"界面

(7) 在"正在完成证书导出向导"界面中，点击"完成"按钮，如图 5-58 所示。

(8) 在弹出的提示对话框中点击"确定"按钮，如图 5-59 所示。至此，Administrators 用户的 EFS 证书已备份完成。

图 5-58　"正在完成证书导出向导"界面　　　　图 5-59　提示对话框

三、切换用户查看加密文件

切换用户后，再次访问"财务报表"文件夹，可以看到文件夹内含有"Lishi 用户创建.txt"加密文件，但无法打开，如图 5-60 所示。

图 5-60　未授权的用户无法打开加密文件

四、导入备份的 EFS 证书

(1) 用鼠标双击"证书信息"文件，打开此前备份的 EFS 证书文件，如图 5-61 所示。

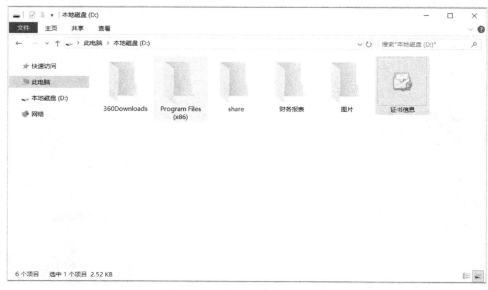

图 5-61　双击"证书信息"文件

(2) 在"证书导入向导"对话框中，使用默认的存储位置(选中"当前用户"选项按钮)，点击"下一步"按钮，如图 5-62 所示。

图 5-62　"证书导入向导"对话框

(3) 在"要导入的文件"界面中，点击"下一步"按钮，如图 5-63 所示。

图 5-63　"要导入的文件"界面

(4) 在"私钥保护"界面中，输入此前导出时所设置的私钥密码，点击"下一步"按钮，如图 5-64 所示。

图 5-64　"私钥保护"界面

(5) 在"证书存储"界面中，选中"将所有的证书都放入下列存储"选项按钮，点击"浏览"按钮，如图 5-65 所示。

图 5-65 "证书存储"界面

(6) 在弹出的"选择证书存储"对话框中，选择"个人"文件夹，点击"确定"按钮，如图 5-66 所示。

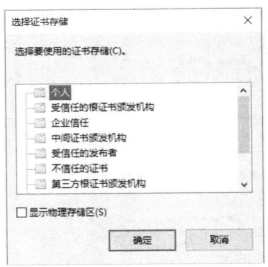

图 5-66 "选择证书存储"对话框

(7) 返回"证书存储"界面，可以看到"证书存储"已被设置为"个人"，单击"下一步"按钮，如图 5-67 所示。

图 5-67　设置证书存储位置

(8) 在"正在完成证书导入向导"界面中，点击"完成"按钮，如图 5-68 所示。

图 5-68　"正在完成证书导入向导"界面

(9) 在弹出的提示对话框中点击"确定"按钮，如图 5-69 所示。至此，已完成 EFS 证书的导入操作。

图 5-69　提示对话框

五、再次查看加密文件

导入 EFS 证书后，再次打开"Lishi 用户创建.txt"加密文件，即可正常访问，如图 5-70 所示。

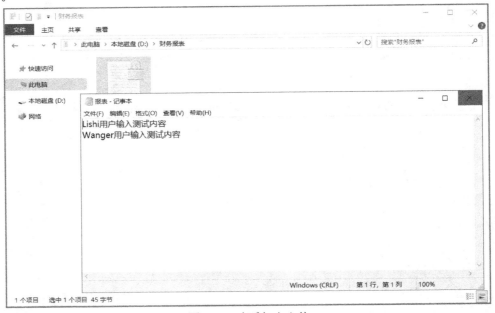

图 5-70　查看加密文件

小　　结

网络操作系统的基本功能之一就是实现文件资源的共享和管理。作为一个出色的网络操作系统，Windows Server 2019 提供了多种途径来支持文件共享。共享文件夹是比较简单、易用的文件资源共享方式，支持灵活的访问权限控制功能。为了有效地在 Windows Server 2019 中进行文件系统管理，必须理解 NTFS 和使用其功能。利用 NTFS 权限，管理员可以控制访问共享数据的用户。利用加密文件系统来加密文件数据，可增强文件数据的安全性。

习　题

一、选择题

1. 在下列选项中，不属于共享权限的是(　　)。

A. 读取　　　　　　B. 更改　　　　　　C. 完全控制　　　　D. 列出文件夹内容

2. 网络访问和本地访问都要使用的权限是(　　)。

A. NTFS 权限　　　　　　　　　　　B. 共享权限更改

C. NTFS 和共享权限　　　　　　　　D. 无

3. 要发布隐藏的共享文件夹，需要在共享文件夹名称的后面添加(　　)。

A. @　　　　　　　B. &　　　　　　　C. $　　　　　　　D. %

4. 在下列选项中，(　　)不是 NTFS 文件系统的普通权限。

A. 读取　　　　　　B. 删除　　　　　　C. 写入　　　　　　D. 完全控制

5. 在 Windows Server 2019 中，下列的(　　)功能不是 NTFS 文件系统所特有的。

A. 文件加密　　　B. 磁盘配额　　　C. 文件压缩　　　D. 设置共享

6. 在 NTFS 文件系统的分区中，对一个文件夹的 NTFS 权限进行如下设置：先设置为读取，再设置为写入，接着设置为完全控制，那么最后该文件夹的权限类型是(　　)。

A. 读取　　　　　　　　　　　　　　B. 读取和写入

C. 写入　　　　　　　　　　　　　　D. 完全控制

7. 使用(　　)可以把 FAT32 格式的分区转换为 NTFS 的分区，且用户的文件不受损害。

A. change.exe　　　B. cmd.exe　　　C. convert.exe　　　D. config.exe

8. 某 NTFS 分区上有一个 B1 文件夹，其中包含一个 file1.txt 文件和一个 notepad.exe 应用程序。在 B1 文件夹的 NTFS 安全选项中仅设置了 G1 用户组具有读取权限，G2 用户组具有写入权限。如果 user1 用户同时属于 G1 用户组和 G2 用户组，则下列说法不正确的是(　　)。

A. user1 可以运行 notepad.exe 程序

B. user1 可以打开 file1.txt 文件

C. user1 可以修改 file1.txt 文件

D. user1 可以在 B1 文件夹中创建子文件夹

二、填空题

1. 可供设置的标准 NTFS 文件权限有＿＿＿＿、＿＿＿＿、＿＿＿＿、＿＿＿＿和＿＿＿＿。

2. Windows Sever 2019 通过在 NTFS 下设置＿＿＿＿，以此限制不同用户对文件的访问级别。

3. 相对于之前的 FAT16、FAT32 来说，NTFS 的优点包括可以对文件设置＿＿＿＿、＿＿＿＿、＿＿＿＿和＿＿＿＿。

4. 创建共享文件夹的用户必须属于＿＿＿＿、＿＿＿＿和＿＿＿＿等用户组的成员。

5. 在网络中可共享的资源有＿＿＿＿和＿＿＿＿。

6. 共享文件夹权限分为＿＿＿＿、＿＿＿＿和＿＿＿＿3 种。

三、简答题

1. 简述 FAT、FAT32 和 NTFS 文件系统的区别。

2. 特殊权限与标准权限的区别是什么？

3. 如果一位用户拥有对某文件夹的 Write 权限，而且还是该文件夹 Read 权限的成员，该用户对该文件夹的最终权限是什么？

4. 如果某位员工离开公司，应当做什么来将他或她的文件所有权转给其他员工？

5. 如果一位用户拥有对某文件夹的 Write 权限和 Read 权限，但被拒绝对该文件夹内某文件的 Write 权限，那么该用户对该文件的最终权限是什么？

项目6 磁盘管理

 项目背景

  某公司是一家专业从事开发、研制、生产、销售、代理于一体的综合性实业发展有限公司。随着业务拓展和规模的扩大，公司的文件服务器存储的内容越来越多，按照目前的文件存储速度，剩余的存储空间也将在两个月后耗尽。由于该服务器原有一块 SCSI 磁盘，并且安装了 Windows Server 2019 网络操作系统，因此该公司管理员通过操作增加磁盘空间来扩充容量，并且要求磁盘具有较快的读写速度，一定的容错能力，较高的空间利用率。

  Windows Server 2019 网络操作系统提供了灵活的磁盘管理功能，主要用于管理计算机的磁盘设备及其上的各种分区或卷系统，以便提高磁盘的利用率，确保系统访问的便捷与高效，同时提高系统文件的安全性、可靠性、可用性和可伸缩性。

  管理员通过查询资料，对磁盘进行管理步骤如下：

(1) 添加磁盘，创建分区。

(2) 动态磁盘卷的创建及管理。

(3) 驱动器盘符进行加密与解密。

(4) 磁盘配额权限配置。

 知识目标

- 了解 MBR、GPT 分区表的基本概念。
- 理解分区、卷、简单卷、跨区卷等的基本概念和特点。
- 理解基本磁盘、动态磁盘的基本概念。
- 掌握 RAID 软件和 RAID 硬件的区别。
- 掌握 BitLocker 加密驱动器的作用。

 能力目标

- 掌握服务器添加磁盘、并完成联机、初始化等操作。
- 掌握管理基本磁盘，并完成分区格式化等操作。
- 掌握使用 diskpart 命令创建扩展分区。
- 掌握创建简单卷、跨区卷、带区卷、镜像卷和 RAID 5 卷。
- 掌握 BitLocker 加密驱动器的配置。

 素养目标

- 培养动手能力，解决实际工作问题的能力、培养爱岗敬业精神。
- 培养工匠精神，要求做事严谨、精益求精、着眼细节、爱岗敬业。

任务 1   管理基本磁盘

任务描述

公司的网络管理员，在公司的文件服务器上安装了新的磁盘，并根据公司数据存储的需求创建主分区、扩展分区、逻辑分区、完成了简单卷的创建。新安装的磁盘默认是基本磁盘，只有通过分区来管理和应用磁盘空间，才可以向磁盘中存储数据。具体要求如下：

(1) 在 Server01 虚拟机上添加一块 60 GB 的磁盘。

(2) 对新添加的磁盘进行联机和初始化，磁盘分区方式为 MBR 分区。

(3) 新建 2 个主分区，容量大小分别为 20 GB 和 30 GB。

(4) 新建扩展分区和逻辑分区，大小均为 10 GB。

知识衔接

一、磁盘分区格式

在将数据存储到磁盘之前，必须将磁盘分割成一个或多个磁盘分区。在磁盘内有一个被称为磁盘分区表(partition table)的区域，用来存储磁盘分区的数据，如每个磁盘分区的起始地址、结束地址、是否为活动的磁盘分区等信息。

现在有两种典型的磁盘分区的格式，并对应着两种不同格式的磁盘分区表：一种是传统的主引导记录(master boot record，MBR)格式，另一种是 GUID 磁盘分区表(GUID partition table，GPT)格式。

1. MBR 分区

在 MBR 格式下，磁盘的第一个扇区最重要。这个扇区保存了操作系统的引导信息(被称为"主引导记录")及磁盘分区表。磁盘分区表只占 64 字节，而描述每个分区的分区条目需要 16 字节，一共可容纳 4 个分区的信息，因此 MBR 格式最多支持 4 个主分区。MBR 分区的磁盘所支持的磁盘最大容量为 2.2 TB。

2. GPT 分区

GPT 格式相对于 MBR 格式具有更多的优势，可提供容错功能，突破了 64 字节的固定大小限制，每块磁盘最多可以建立 128 个分区，所支持的磁盘最大容量超过 2.2 TB。另外，GPT 格式在磁盘末端备份了一份相同的分区表，若其中一份分区表被破坏了，则可以通过另一份恢复，从而使分区信息不易丢失。

二、磁盘分区的作用

磁盘是不能直接使用的，必须先进行分区。在 Windows 操作系统中出现的 C 盘、D 盘等不同的盘符，其实就是对磁盘进行分区的结果。磁盘分区是把磁盘分成若干个逻辑独立的部分，磁盘分区能够优化磁盘管理，提高系统运行的效率和安全性。具体来说，磁盘分区有以下优点。

1. 易于管理和使用

磁盘分区相当于把一个大柜子分成一个个小抽屉，每个抽屉可以分门别类地存放物品。把不同类型和用途的文件存放在不同的分区中，不仅可以实现分类管理互不影响，还可以防止用户误操作(如磁盘格式化)给整个磁盘带来无法预计的后果。

2. 有利于数据安全

磁盘分区可以对不同分区设置不同的数据访问权限。如果某个分区受到了病毒的攻击，则可以把病毒的影响范围控制在这个分区之内，避免其他分区被感染，从而大大提高了数据的安全性。

3. 提高系统运行效率

显然，在一个分区中查找数据要比在整个磁盘上查找快得多。

三、磁盘类型

Windows Server 2019 网络操作系统依据磁盘的配置方式，将磁盘分为两种类型：基本磁盘和动态磁盘。

1. 基本磁盘

基本磁盘是 Windows 操作系统最常使用的默认磁盘类型。基本磁盘是一种包含主磁盘分区、扩展磁盘分区或逻辑分区的物理磁盘，新安装的磁盘默认是基本磁盘。基本磁盘上的分区被称为基本卷，只能在基本磁盘上创建基本卷，也可以向现有分区添加更多空间，但仅限于同一物理磁盘上的连续未分配的空间。如果要跨磁盘扩展空间，则需要使用动态磁盘。

2. 动态磁盘

动态磁盘打破了分区只能使用连续磁盘空间的限制，通过动态分区可以灵活地使用多块磁盘上的空间。使用动态磁盘可以获得更高的可扩展性、读写性和可靠性。

计算机中新安装的磁盘会被自动标识为基本磁盘。动态磁盘可以由基本磁盘转换而成，转换完成后可以创建更大范围的动态卷，也可以将卷扩展到多块磁盘。计算机可以随时将基本磁盘转换为动态磁盘，且不丢失任何数据，而基本磁盘现有的分区将被转换为卷；反之，如果将动态磁盘转换为基本磁盘，磁盘的数据将会丢失。

四、磁盘分区

在使用基本磁盘类型管理磁盘时，只有将磁盘划分为一个或多个磁盘分区，才可以向磁盘中存储数据。MBR 分区中每块磁盘最多可被划分为 4 个分区，为了划分更多分区，可以对某一分区进行扩展，并在其扩展分区上划分逻辑分区。下面以 MBR 分区为例进行磁盘分区。

1. 主分区

主分区可以用来引导操作系统的分区，一般就是操作系统的引导文件所在的分区。每块基本磁盘最多可以创建 4 个主分区或者 3 个主分区加上一个扩展分区，磁盘 4 种主分区的分区结构如图 6-1 所示。每个分区都可以被赋予一个驱动器号，如 C: 和 D: 等。

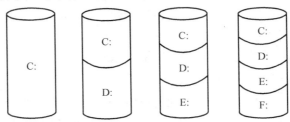

图 6-1　磁盘 4 种主分区的分区结构

2. 扩展分区

如果主分区的数量达到 3 个，且磁盘上还有未分配的磁盘空间，则选择"新建简单卷"命令将剩余的空间划分为扩展分区。每块磁盘上都只能有一个扩展分区，扩展分区的结构如图 6-2 所示。扩展分区不能用来启动操作系统，并且扩展分区在划分之后既不能直接使用，也不能被赋予盘符(也被称为驱动器号)，必须在扩展分区中划分逻辑分区后才可以使用。

3. 逻辑分区

用户不能直接访问扩展分区，需要在扩展分区内部再划分若干个被称为逻辑分区的部分，每个逻辑分区都可以被赋予一个盘符(也被称为驱动器号)。逻辑分区的分布结构如图 6-3 所示。

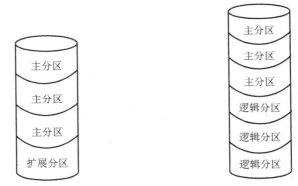

图 6-2　扩展分区的结构　　　　图 6-3　逻辑分区的分布结构

基本磁盘内的每个主分区或逻辑分区也被称为基本卷(basic volume)。基本卷与动态磁盘中的卷不同，动态磁盘中的卷由一个或多个磁盘分区组成，将在任务 6.2 中详细介绍。

五、磁盘格式化

磁盘格式化是指对磁盘或磁盘中的分区进行初始化的一种操作，这种操作通常会导致现有的磁盘或分区中的所有文件被清除。

任务实施

一、添加磁盘

（1）选择虚拟机"Server01"，单击鼠标右键，弹出快捷菜单栏，选择"设置"命令，打开"虚拟机设置"对话框，点击"添加"按钮，如图 6-4 所示。

图 6-4 "虚拟机设置"对话框

（2）打开"添加硬件向导"对话框，在"硬件类型"界面中选择"硬盘"选项，点击"下一步"按钮，如图 6-5 所示。

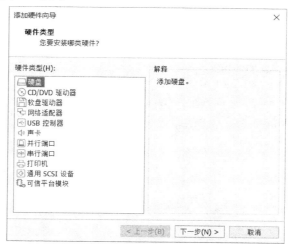

图 6-5 "添加硬件向导"对话框

(3) 在"选择磁盘类型"界面中，选中默认的 NVMe(V)单选按钮，点击"下一步"按钮，如图 6-6 所示。

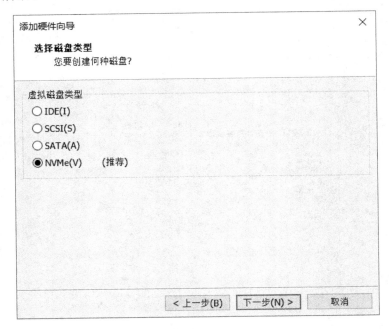

图 6-6 "选择磁盘类型"界面

(4) 在"选择磁盘"界面中，选中默认的"创建新虚拟磁盘"选项按钮，点击"下一步"按钮，如图 6-7 所示。

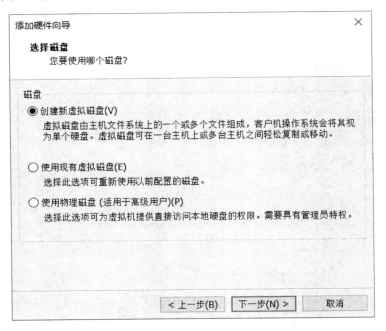

图 6-7 "选择磁盘"界面

(5) 在"指定磁盘容量"界面中输入最大磁盘的大小。本任务将"最大磁盘大小"设置为 60 GB，选中"将虚拟磁盘存储为单个文件"选项按钮，点击"下一步"按钮，如图 6-8 所示。

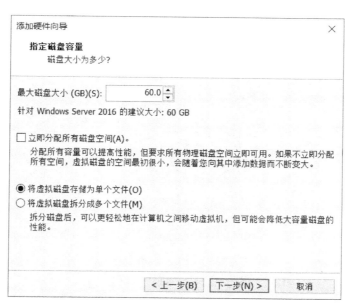

图 6-8 "指定磁盘容量"界面

(6) 在"指定磁盘文件"界面中，输入磁盘文件名，此处使用默认名称，点击"完成"按钮，如图 6-9 所示。

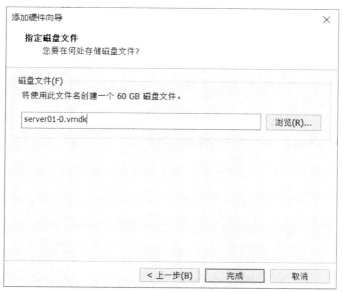

图 6-9 "指定磁盘文件"界面

(7) 返回"虚拟机设置"对话框，点击"确定"按钮，如图 6-10 所示。至此，已为虚拟机添加了一块 NVMe 接口的磁盘，本项目的后续任务也可以参考上述步骤添加磁盘。

图 6-10　添加磁盘完成

二、联机、初始化磁盘

(1) 启动 Server01 虚拟机，进入操作系统桌面。

(2) 在"服务器管理器"窗口中，选择"工具"→"计算机管理"命令。

(3) 在"计算机管理"窗口中，依次选择"计算机管理"→"存储"→"磁盘管理"选项，在弹出的"初始化磁盘"对话框中，选中"MBR(主启动记录)"选项按钮，点击"确定"按钮，如图 6-11 所示。

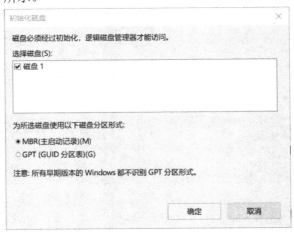

图 6-11　"初始化磁盘"对话框

(4) 在"计算机管理"窗口中,可看到"磁盘 1"已处于"联机"状态,如图 6-12 所示。

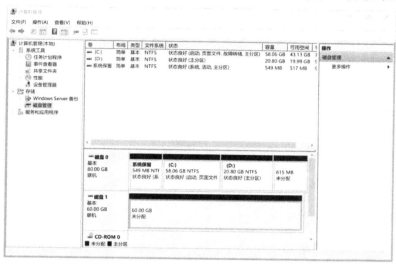

图 6-12 "磁盘 1"已处于"联机"状态

提示 如果没有弹出"初始化磁盘"对话框,或者在弹出的对话框中要进行初始化的磁盘少于预期,则在相应的新加磁盘容量的区域中点击鼠标右键,在弹出的快捷菜单中选择"联机"命令,完成后右击该磁盘,选择"初始化磁盘"命令,对该磁盘进行单独初始化。计算机上创建新磁盘后,在创建分区之前必须先进行磁盘的初始化。

三、创建主分区

(1) 右击"磁盘 1"容量的区域,在弹出的快捷菜单中选择"新建简单卷"命令,如图 6-13 所示。

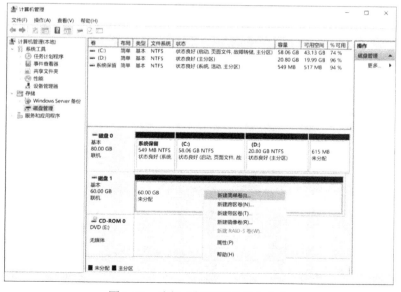

图 6-13 选择"新建简单卷"命令

(2) 打开"新建简单卷向导"对话框，在"欢迎使用新建简单卷向导"界面中，点击"下一步"按钮，如图 6-14 所示。

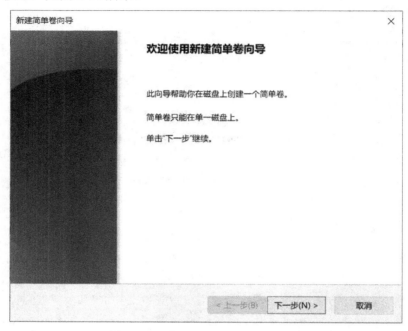

图 6-14 "新建简单卷向导"对话框

(3) 在"指定卷大小"界面中输入简单卷大小值，本任务将"简单卷大小"设置为 20 480 MB(20 GB)，点击"下一步"按钮，如图 6-15 所示。

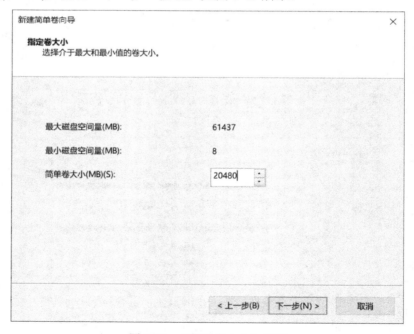

图 6-15 "指定卷大小"界面

（4）在"分配驱动器号和路径"界面中选择驱动器号，本任务使用"F"作为驱动器号，点击"下一步"按钮，如图 6-16 所示。

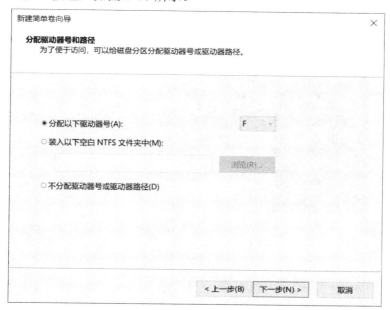

图 6-16　"分配驱动器号和路径"界面

（5）在"格式化分区"界面中，使用默认的文件系统"NTFS"，点击"下一步"按钮，如图 6-17 所示。

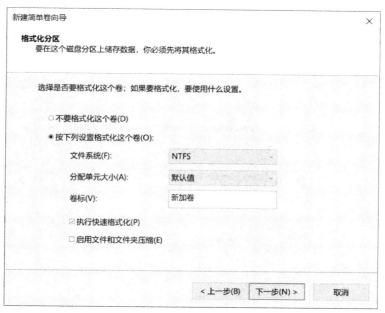

图 6-17　"格式化分区"界面

（6）在"正在完成新建简单卷向导"界面中查看汇总信息，确认无误后点击"完成"按钮，如图 6-18 所示。

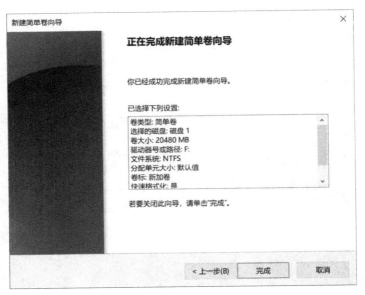

图 6-18 "正在完成新建简单卷向导"界面

(7) 返回"计算机管理"窗口，可看到新建的简单卷"F:"。使用相同步骤在剩余的磁盘空间中创建另一个简单卷"G:"，容量大小为 30 GB，如图 6-19 所示。

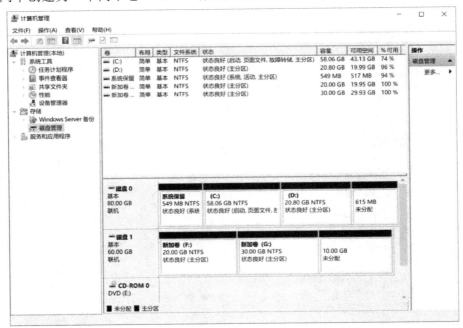

图 6-19 完成主分区的创建

四、创建扩展分区

在 Windows Server 2019 等系统中，一块 MBR 磁盘上只能创建 4 个主分区，或最多创建 3 个主分区加 1 个扩展分区，再将扩展分区划分为多个逻辑分区。如需要将第 2 个分区直接创建为扩展分区，则需要在命令提示符窗口中运行 diskpart 工具的命令。

(1) 在"运行"对话框中输入命令"cmd"，打开命令提示符窗口，输入命令"diskpart"，按 Enter 键，在"DISKPART>"提示符后依次输入表 6-1 中的命令，用于创建和查看扩展分区，如图 6-20 和图 6-21 所示。

表 6-1 diskpart 磁盘分区工具的命令

diskpart 子命令步骤	作 用	本任务检查点
List disk	显示磁盘列表	显示具有未分配空间的磁盘 1
Select disk 1	选择磁盘 1	磁盘 1 成为所选磁盘
List partition	显示分区列表	显示现有的两个主要分区
create partition extended	将所有未分配空间创建为扩展分区	显示成功创建指定分区
List partition	显示分区列表	显示创建完成的扩展分区

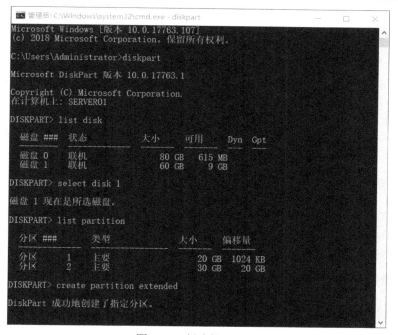

图 6-20 创建扩展分区

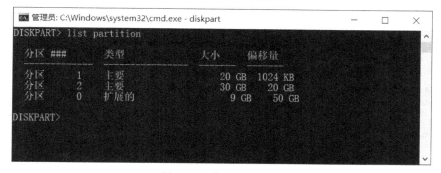

图 6-21 查看扩展分区

(2) 再次打开"计算机管理"窗口的"磁盘管理"选区,即可看到扩展分区,如图 6-22 所示。

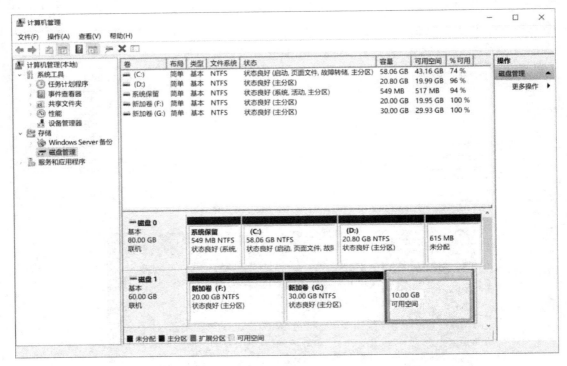

图 6-22　查看扩展分区

提示　由于 GPT 磁盘可以有多达 128 个主磁盘分区,因此不需要扩展磁盘分区。MBR 磁盘可以转换为 GPT 磁盘,右击"磁盘 1",在弹出的快捷菜单中选择"转换成 GPT 磁盘"命令,即可将 MBR 磁盘转换为 GPT 磁盘。

五、创建逻辑分区

1. 方法一

(1) 在刚创建的扩展分区的基础上,在"运行"对话框中输入命令"cmd",打开命令提示符窗口,输入命令"diskpart",按 Enter 键,在"DISKPART>"提示符后依次输入如表 6-2 中的命令,创建逻辑分区和快速格式化卷如图 6-23 和图 6-24 所示。

表 6-2　diskpart 磁盘分区工具的命令

diskpart 子命令步骤	作　用	本任务检查点
create partition logical size = 10237	在扩展分区内创建逻辑分区(单位 MB)	显示成功创建指定分区
list partition	显示分区列表	显示创建完成的逻辑分区
format quick	快速格式化	显示格式化完成

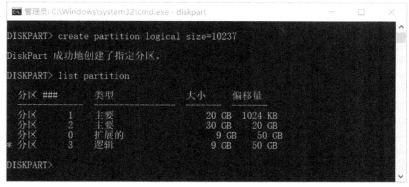

图 6-23　在扩展分区中创建逻辑分区

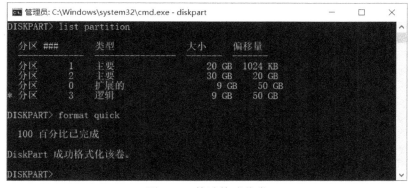

图 6-24　快速格式化卷

(2) 再次打开"计算机管理"窗口，在"磁盘管理"选区中，即可看到逻辑分区，右击该逻辑分区，在弹出的快捷菜单中选择"更改驱动器号和路径"命令，并指定驱动器号为"H"，如图 6-25 所示。

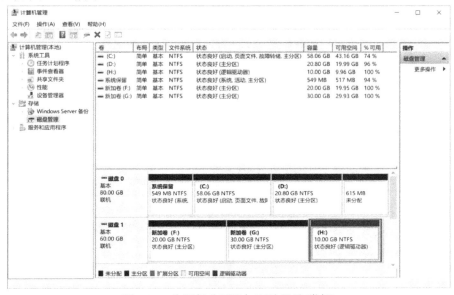

图 6-25　为逻辑分区添加驱动器号(卷标)

2. 方法二

右击"扩展分区"容量的区域，在弹出的快捷菜单中选择"新建简单卷"命令，如图 6-26 所示。后续步骤与创建主分区的操作基本相同。

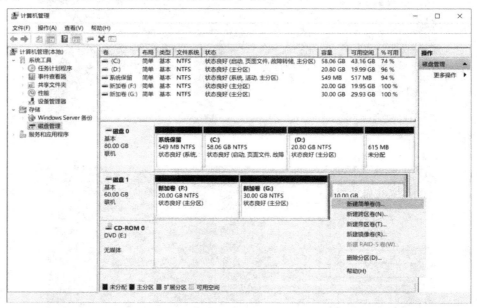

图 6-26　选择"新建简单卷"命令

六、删除分区

要删除主分区，只需右击要删除的分区，选择"删除卷"命令，按提示完成相应操作即可。要删除扩展分区，则必须先删除其中的逻辑分区(方法与删除主分区的方法相同)，再右击"扩展分区"容量的区域，选择"删除分区"命令，按提示完成相应操作。

任务 2　管理动态磁盘

 任务描述

该公司的员工经常抱怨服务器的访问速度慢，而且网络管理员也发现服务器的磁盘空间即将用完，他决定添置大容量的磁盘用于网络存储，文件共享等方面。

针对公司的磁盘管理需求，可以使用动态磁盘管理技术解决。用户可以建立一个新的简单卷，并分配一个驱动器号来增加一个盘符，也可以使用跨区卷将多个磁盘的空间组成一个卷。公司需要提高网络访问的可靠性和速度等问题，可以使用带区卷、镜像卷、RAID-5 卷等技术来实现。网络管理员准备动手开始实施，具体要求如下：

(1) 在 Server2 虚拟机上添加两块磁盘，大小分别为 50 GB 和 30 GB，对新添加的磁盘进行联机和初始化，将其转化为动态磁盘，从而成功完成跨区卷的创建。

(2) 在 Server3 虚拟机上添加两块磁盘，大小均为 30 GB，对新添加的磁盘进行联机和初始化，将其转化为动态磁盘，从而成功完成带区卷的创建。

(3) 在 Server4 虚拟机上添加两块磁盘，大小均为 50 GB，对新添加的磁盘进行联机和初始化，将其转化为动态磁盘，从而成功完成镜像卷的创建。

(4) 在 Server5 虚拟机上添加 3 块磁盘，大小均为 60 GB，对新添加的磁盘进行联机和初始化，将其转化为动态磁盘，从而成功完成 RAID-5 卷的创建。

知识衔接

动态磁盘强调了磁盘的扩展性，一般用于创建多个磁盘的卷(如跨区卷、带区卷、镜像卷和 RAID-5 卷)，也支持创建简单卷。

一、认识 RAID

RAID(redundant arrays of independent disks，独立冗余磁盘阵列)，此概念源于美国加利福尼亚大学伯克利分校一个研究 CPU 性能的小组。他们在研究时为提升磁盘的性能，将很多价格较便宜的磁盘组合成一个容量更大、速度更快、能够实现冗余备份的磁盘阵列(array)，当某一个磁盘发生故障时，能够重新同步数据。目前，RAID 更侧重于由独立的磁盘组成。

二、软 RAID 和硬 RAID

RAID 可分为软 RAID 和硬 RAID。其中，软 RAID 是通过软件实现多块磁盘冗余的，而硬 RAID 一般通过 RAID 卡来实现多块磁盘冗余。软 RAID 的配置相对简单，管理也比较灵活，对于中小企业来说不失为一种最佳选择；而硬 RAID 往往花费较高，但在性能方面具有一定的优势。

三、RAID 分类

RAID 作为高性能的存储系统，已经得到了越来越广泛的应用。RAID 从 RAID 概念的提出到现在，已经发展出了 6 个级别，分别是 RAID0、RAID1、RAID3、RAID4、RAID5，以及 RAID01 和 RAID10，如表 6-3 所示。其中，常用的是 RAID0、RAID1、RAID5，以及 RAID 01 和 RAID 10。

表 6-3 常用的 RAID 技术及其特点对照表

RAID 技术级别	特　点
RAID 0	存取速度最快，没有容错功能(带区卷)
RAID 1	完全容错，成本高，磁盘使用率低(镜像卷)
RAID 3	写入性能最好，没有多任务功能
RAID 5	具备多任务及容错功能，写入时有额外开销 overhead
RAID01 和 RAID 10	速度快、完全容错，成本高

1. RAID 0

RAID0 是一种简单的、无数据校验功能的数据条带化技术。它实际上并非真正意义上的 RAID 技术，因为它并不提供任何形式的冗余策略。在相同的配置下，通常 RAID01 比 RAID10 具有更好的容错能力。RAID0 将数据分散存储在所有磁盘中，以独立访问方式实现多块磁盘的并读访问，由于 RAID0 可以并发执行 I/O 操作，使总线带宽得到充分利用，而且不需要进行数据校验，因此 RAID0 的性能在所有 RAID 技术中是最高的。从理论上讲，一个由 n 块磁盘组成的 RAID0，其读写性能是单个磁盘性能的 n 倍，但由于总线带宽等多种因素的限制，其实际性能的提升往往低于理论值。

RAID 0 具有低成本、高读写性能、100%的高存储空间利用率等优点，但是它不提供数据冗余保护，一旦数据损坏将无法恢复。因此，RAID0 一般适用于对性能要求严格但对数据安全性和可靠性要求不高的场合，如视频、音频存储、临时数据缓存空间等。

2. RAID 1

RAID1 是一种镜像技术，可以将数据完全一致地分别写入工作磁盘和镜像磁盘，其磁盘空间利用率为 50%。在利用 RAID1 写入数据时，响应时间会有所影响，但是在读取数据时并没有影响。RAID1 提供了最佳的数据保护，一旦工作磁盘发生故障，系统会自动从镜像磁盘读取数据，不会影响用户工作。

3. RAID 5

RAID5 是目前常见的 RAID 技术，可以同时存储数据和校验数据。数据块和对应的校验信息保存在不同的磁盘上，当一个数据盘损坏时，系统可以根据同一数据条带的其他数据块和对应的校验数据来重建损坏的数据。与其他 RAID 技术一样，重建数据时，RAIDS 的性能会受到很大影响。

RAID5 兼顾存储性能、数据安全和存储成本等各方面的因素，可以将其视为 RID0 和 RAID 1 的折中方案，是目前综合性能最佳的数据保护方案。RAID5 基本上可以满足大部分的存储应用需求，数据中心大多将它作为应用数据的保护方案。

4. RAID01 和 RAID 10

RAID01 是先进行条带化再进行镜像，其本质是对物理磁盘实现镜像；而 RAID 10 是先进行镜像再进行条带化，其本质是对虚拟磁盘实现镜像。在相同的配置下，RAID 01 通常比 RAID10 具有更好的容错能力。

RAID01 兼具 RAID0 和 RAID1 的优点，可以先用两块磁盘建立镜像，然后在镜像内部进行条带化。RAID 01 的数据将同时写入两个磁盘阵列，当其中一个磁盘阵列损坏时，仍可继续工作，这样既保证了数据的安全又提高了性能。由于 RAID 01 和 RAID 10 内部都含有 RAID1，因此整体磁盘的利用率仅为 50%。

任务实施

一、新建跨区卷

(1) 为 Server2 虚拟机添加两块 SCSI 接口的磁盘，容量分别为 50 GB 和 30 GB。

(2) 将磁盘联机并进行初始化。

(3) 在"计算机管理"窗口的"磁盘管理"选区中右击"磁盘 1"或"磁盘 2"，在弹出的快捷菜单中选择"转换到动态磁盘"命令，如图 6-27 所示。

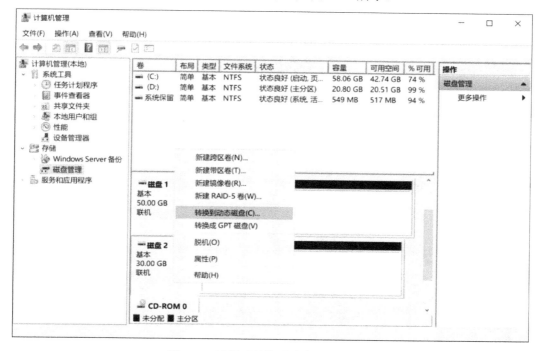

图 6-27　选择"转换到动态磁盘"命令

(4) 在"转换为动态磁盘"对话框，勾选"磁盘 1"和"磁盘 2"复选框，点击"确定"按钮完成转换，如图 6-28 所示。

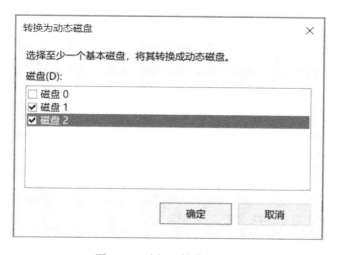

图 6-28　选择要转换的磁盘

(5) 在"计算机管理"窗口的"磁盘管理"选区中，右击"磁盘 1"容量的区域，在弹出的快捷菜单中选择"新建跨区卷"命令，如图 6-29 所示。

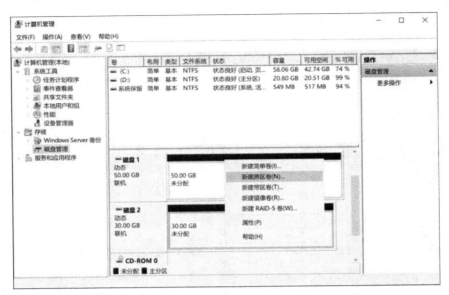

图 6-29 选择"新建跨区卷"命令

(6) 在"新建跨区卷"对话框的"欢迎使用新建跨区卷向导"界面中,点击"下一步"按钮。

(7) 在"选择磁盘"界面中,选择"可用"选区中的"磁盘 2"选项,点击"添加"按钮,将"磁盘 2"移动到"已选的"选区中,如图 6-30 所示。

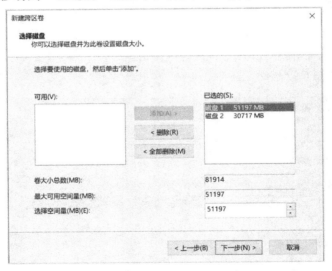

图 6-30 "选择磁盘"界面

(8) 在"分配驱动器号和路径"界面中,为跨区卷分配磁盘驱动器号。本任务使用默认的"F"作为驱动器号,点击"下一步"按钮。

(9) 在"格式化分区"界面中,将"文件系统"设置为 NTFS,勾选"执行快速格式化"复选框,点击"下一步"按钮。

(10) 在"正在完成新建跨区卷向导"界面中,点击"完成"按钮。

（11）返回"计算机管理"窗口的"磁盘管理"选区，可以看到"磁盘 1"和"磁盘 2"共同组成了跨区卷"F:"，卷容量为 80 GB，如图 6-31 所示。

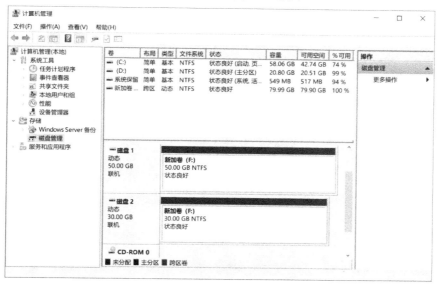

图 6-31　查看跨区卷

二、新建带区卷

（1）为 Server3 虚拟机添加两块 SCSI 接口的磁盘，容量均为 30 GB。

（2）将磁盘联机并进行初始化。

（3）在"磁盘管理"选区中将两块磁盘转换为动态磁盘。

（4）右击要组成带区卷的磁盘，然后右击"磁盘 1"容量的区域，在弹出的快捷菜单中选择"新建带区卷"命令，如图 6-32 所示。

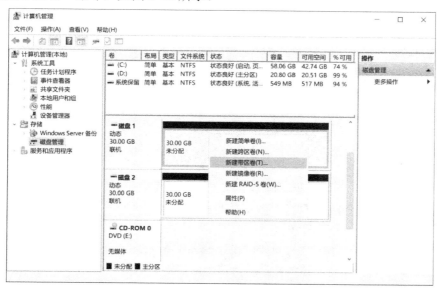

图 6-32　选择"新建带区卷"命令

(5) 在"新建带区卷"对话框的"欢迎使用新建带区卷向导"界面中，点击"下一步"按钮。

(6) 在"选择磁盘"界面中，选择"可用"选区中的"磁盘 2"选项，点击"添加"按钮，将"磁盘 2"移动到"已选的"选区中。

(7) 在"分配驱动器号和路径"界面中，为带区卷分配磁盘驱动器号。本任务使用默认的"F"作为驱动器号，点击"下一步"按钮。

(8) 在"格式化分区"界面中，将"文件系统"设置为 NTFS，勾选"执行快速格式化"复选框，点击"下一步"按钮。

(9) 在"正在完成新建带区卷向导"界面中，点击"完成"按钮。

(10) 返回"计算机管理"窗口的"磁盘管理"选区，可以看到"磁盘 1"和"磁盘 2"共同组成了带区卷"F:"，卷容量为 60 GB，如图 6-33 所示。

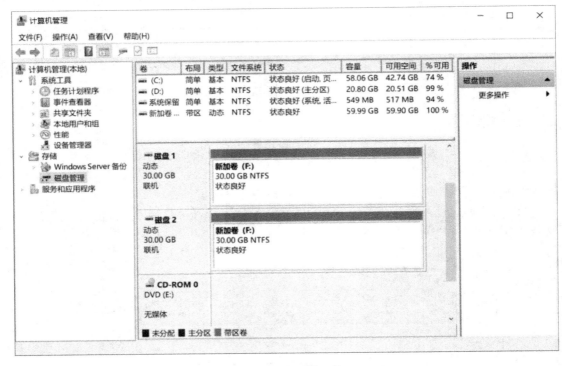

图 6-33　查看带区卷

三、新建镜像卷

(1) 为 Server4 虚拟机添加两块 SCSI 接口的磁盘，容量均为 50 GB。

(2) 将磁盘联机并进行初始化。

(3) 在"磁盘管理"选区中将两块磁盘转换为动态磁盘。

(4) 右击要组成镜像卷的磁盘，然后点击"磁盘 1"容量的区域，在弹出的快捷菜单中选择"新建镜像卷"命令，如图 6-34 所示。

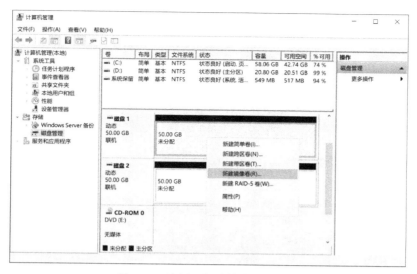

图 6-34 选择"新建镜像卷"命令

(5) 在"新建镜像卷"对话框的"欢迎使用新建镜像卷向导"界面中，点击"下一步"按钮。

(6) 在"选择磁盘"界面中，选择"可用"选区中的"磁盘 2"选项，点击"添加"按钮，将"磁盘 2"移动到"已选的"选区中。

(7) 在"分配驱动器号和路径"界面中，为镜像卷分配磁盘驱动器号。本任务使用默认的"F"作为驱动器号，点击"下一步"按钮。

(8) 在"格式化分区"界面中，将"文件系统"设置为 NTFS，勾选"执行快速格式化"复选框，点击"下一步"按钮。

(9) 在"正在完成新建镜像卷向导"界面中，点击"完成"按钮。

(10) 返回"计算机管理"的"磁盘管理"选区，可以看到"磁盘 1"和"磁盘 2"共同组成了镜像卷"F:"，卷容量为 50 GB，如图 6-35 所示。

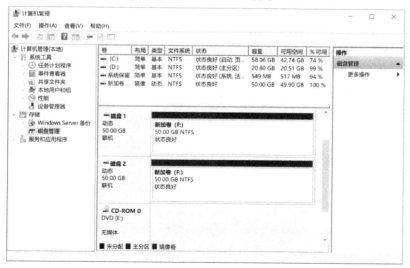

图 6-35 查看镜像卷

四、新建 RAID-5 卷

（1）为 Server5 虚拟机添加 3 块 SCSI 接口的磁盘，容量均为 60 GB。

（2）将磁盘联机并进行初始化。

（3）在"磁盘管理"选区中将 3 块磁盘转换为动态磁盘。

（4）右击要组成 RAID-5 卷的磁盘，然后点击"磁盘 1"容量的区域，在弹出的快捷菜单中选择"新建 RAID-5 卷"命令，如图 6-36 所示。

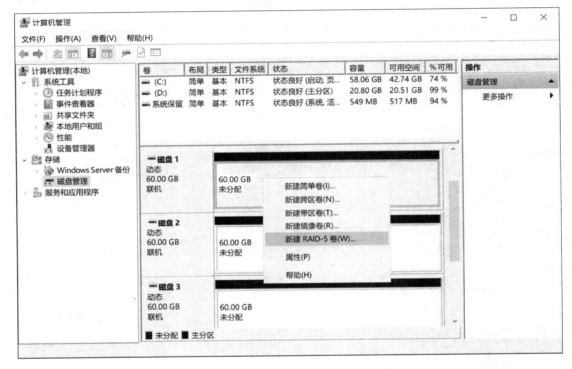

图 6-36　选择"新建 RAID-5 卷"命令

（5）在"新建 RAID-5 卷"对话框的"欢迎使用新建 RAID-5 卷向导"界面中，点击"下一步"按钮。

（6）在"选择磁盘"界面中，选择"可用"选区中的"磁盘 2"选项，点击"添加"按钮，将"磁盘 2"移动到"已选的"选区中。使用相同的操作步骤添加"磁盘 3"。

（7）在"分配驱动器号和路径"界面中，为 RAID-5 卷分配磁盘驱动器号。本任务使用默认的"F"作为驱动器号，点击"下一步"按钮。

（8）在"卷区格式化"界面中，将"文件系统"设置为 NTFS，勾选"执行快速式化"复选框，点击"下一步"按钮。

（9）在"正在完成新建 RAID-5 卷向导"界面中，点击"完成"按钮。

（10）返回"磁盘管理"选区，可以看到由"磁盘 1""磁盘 2""磁盘 3"共同组成的 RAID-5 卷"F:"，卷容量为 120 GB，如图 6-37 所示。

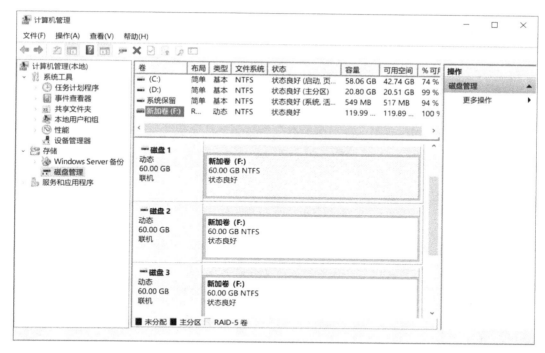

图 6-37　查看 RAID-5 卷

 任务 3　使用 BitLocker 加密驱动器

任务描述

　　公司的网络管理员小赵，为满足公司服务器上的数据加密的需求，将在文件服务器上添加 BitLocker 功能，并为需要加密的驱动器设置解锁密码，以便实现特定驱动器数据的加密存储。

　　Windows Server 2019 提供了 BitLocker 加密功能，使用 BitLocker 加密驱动器可以保障数据的安全。具体要求如下：

　　(1) 安装 BitLocker 对驱动器 E 盘进行加密，并设置解锁密码。

　　(2) 将恢复密钥保存在 F:\key 文件夹中。

　　(3) 使用恢复密钥对驱动器 E 盘进行解锁。

知识衔接

　　BitLocker 驱动器加密是 Windows Vista 中新增的一种数据保护功能，主要用于解决因计算机设备的物理丢失而导致的数据失窃或恶意泄露的问题。与 Windows Server 2008 同发布的有 BitLocker 应用程序，该程序不仅可以通过加密逻辑驱动器来保护重要数据，还可以提供系统启动完整性检查功能。

一、BitLocker 的驱动器类型

在 Windows Server 2019 中，BitLocker 将加密的驱动器分为操作系统驱动器、固定数据驱动器和可移动数据驱动器 3 种类型。

系统所在驱动器(一般 Windows 系统的系统盘驱动器号为 C:)会被识别为操作系统驱动器。如果不是操作系统驱动器，则按磁盘的接口识别，IDE、SATA 接口的磁盘会被识别为固定数据驱动器，NVMe、SCSI 接口的磁盘会被识别为可移动数据驱动器。

二、BitLocker 工作模式

BitLocker 主要有 TPM 模式和 U 盘模式两种工作模式，为了实现更高程度的安全性，我们可以同时启用这两种模式。

1. TPM 模式

如果想要使用 TPM 模式，则要求计算机中必须具备不低于 1.2 版 TPM 芯片。这种芯片是通过硬件提供的，一般只出现在对安全性要求较高的商用计算机或工作站上，而家用计算机或普通的商用计算机通常不会提供。

要想知道计算机是否有 TPM 芯片，可以使用 devmgmt.msc 命令打开"设备管理器"窗口，选择"安全设备"选项，查看该选项下是否有"受信任的平台模块"这类的设备，并确定其版本。

2. U 盘模式

如果想要使用 U 盘模式，则计算机上有 USB 接口，这是因为计算机的 BIOS 支持开机时访问 USB 设备(能够流畅运行 Windows Vista 或 Windows 7 的计算机基本上都应该具备这样的功能)，并且需要有一个专用的 U 盘(U 盘只是用于保存密钥文件，容量不用太大，但是质量一定要好)。使用 U 盘模式后，用于解密系统盘的密钥文件会被保存在 U 盘中，每次重启动系统时都必须在开机之前将 U 盘连接到计算机上,受信任的平台模块是实现 TPM 模式 BitLocker 的前提条件。

三、有关 BitLocker 的密码策略

BitLocker 驱动器加密所涉及的组策略也要按上述驱动器类型分别设置，以"需要对固定数据驱动器使用密码"这一策略为例，如果启用了这个策略，则需要设置密码的复杂性、最小密码长度等。这个设置只作用于被 BitLocker 识别为固定数据驱动器且启用了 BitLocker 加密的驱动器，并不会作用到操作系统驱动器或可移动数据驱动器中。

要使 BitLocker 解锁密码的复杂度策略生效，还要启用组策略中"计算机配置"→"Windows 设置"→"安全设置"→"账户策略"→"密码策略"下的"密码必须符合复杂性要求"策略，但 BitLocker 的最小密码长度要求以自身的单独定义为准，不受账户策略的密码长度策略项的影响。

任务实施

一、安装 BitLocker

（1）在"服务器管理器"中，依次选择"仪表板"→"快速启动"→"添加角色和功能"命令。

（2）打开"添加角色和功能向导"窗口，在"开始之前"界面中，点击"下一步"按钮。

（3）在"选择安装类型"界面中，选中"基于角色或基于功能的安装"选项按钮，点击"下一步"按钮。

（4）在"选择目标服务器"界面中，选中"从服务器池中选择服务器"选项按钮，选择本任务所使用的服务器"server01"，点击"下一步"按钮。

（5）在"选择服务器角色"界面中，点击"下一步"按钮。

（6）在"选择功能"界面中，勾选"BitLocker 驱动器加密"复选框，在弹出"添加 BitLocker 驱动器加密所需的功能？"对话框中点击"添加功能"按钮，返回"选择功能"界面后点击"下一步"按钮，如图 6-38 所示。

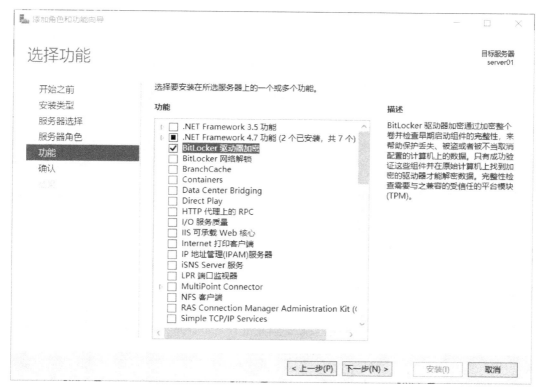

图 6-38　"选择功能"界面

（7）在"确认安装所选内容"界面中，勾选"如果需要，自动重新启动目标服务器"复选框，在弹出的警告对话框中点击"是"按钮，如图 6-39 所示。返回"确认安装所选内容"界面，点击"安装(I)"按钮，如图 6-40 所示。

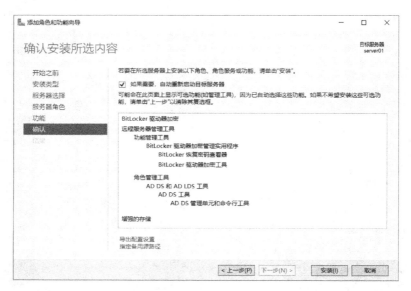

图 6-39　"确认安装所选内容"界面

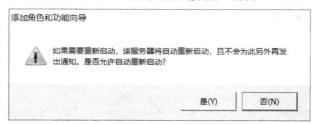

图 6-40　警告对话框

(8) 安装完成且自动重启后，在"安装进度"界面中确认完成后，点击"关闭"按钮，如图 6-41 所示。

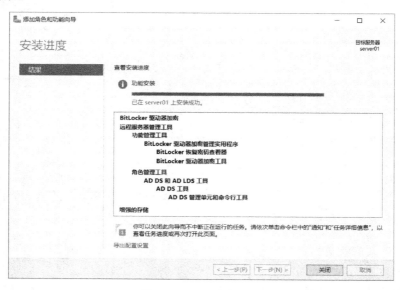

图 6-41　确认安装进度

二、设置 BitLocker 加密服务器自动启动

（1）选择"开始"→"运行"命令，打开"运行"对话框，在"打开"文本框中输入命令"services.msc"，点击"确定"按钮，如图 6-42 所示。

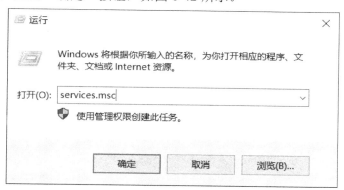

图 6-42　"运行"对话框

（2）打开"服务"窗口，双击"BitLocker Drive Encryption Service"服务，如图 6-43 所示。

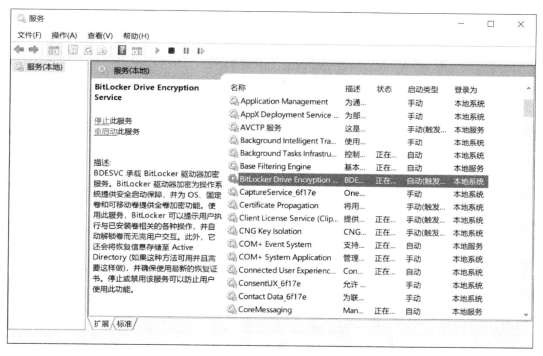

图 6-43　"服务"窗口

（3）在"BitLocker Drive Encryption Service 的属性(本地计算机)"对话框中，将"启动类型"设置为"自动"，使该服务在开机时自动启动，点击"启动"按钮立即启动该服务，待服务启动完成后点击"确定"按钮，如图 6-44 所示。

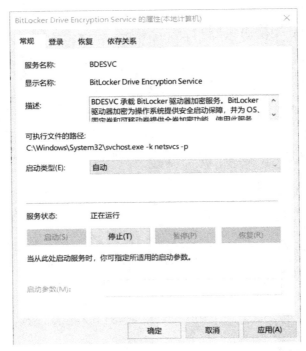

图 6-44　启动 BitLocker 加密服务并设置为自动启动

三、加密驱动器

(1) 打开"控制面板"窗口，点击"系统和安全"文字链接，如图 6-45 所示。

图 6-45　点击"系统和安全"文字链接

(2) 打开"系统和安全"窗口，点击"BitLocker 驱动器加密"文字链接，如图 6-46 所示。若窗口中无此链接，则重启计算机再次尝试。

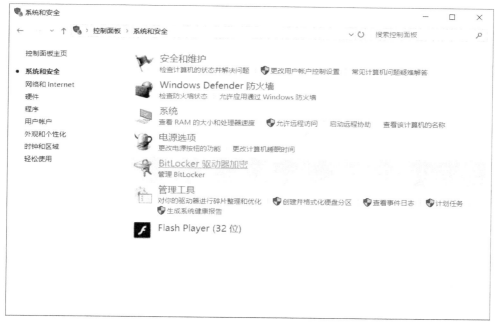

图 6-46　单击"BitLocker 驱动器加密"文字链接

(3) 在"BitLocker 驱动器加密"窗口中，点击"新加卷 E:BitLocker 已关闭"（"E:"为本任务要操作的驱动器)下拉按钮，点击"启用 BitLocker"文字链接，如图 6-47 所示。

图 6-47　启动指定驱动器的 BitLocker 功能

(4) 打开"BitLocker 驱动器加密(E:)"对话框，在"选择希望解锁此驱动器的方式"界面中，勾选"使用密码解锁驱动器"复选框，输入两遍密码后点击"下一步"按钮，如图 6-48 所示。

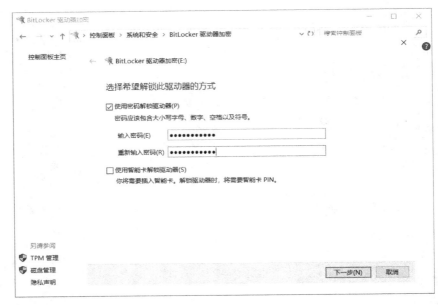

图 6-48　设置解锁驱动器的方式

(5) 在"你希望如何备份恢复密钥?"界面中，选择"保存到文件"选项，如图 6-49 所示。

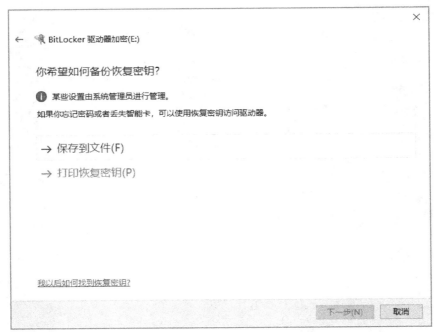

图 6-49　选择备份恢复密钥的方式

(6) 在弹出的"将 BitLocker 恢复密钥另存为"对话框中，设置密钥的保存位置和文件名，点击"保存"按钮，如图 6-50 所示。

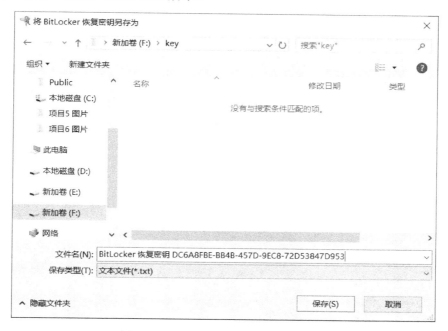

图 6-50 设置密钥的保存位置和文件名

(7) 在"选择要加密的驱动器空间大小"界面中，选中"仅加密已用磁盘空间(最适合于新计算机或新驱动器，且速度较快)"选项按钮，点击"下一步"按钮，如图 6-51 所示。

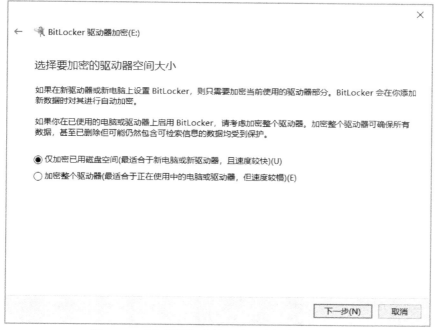

图 6-51 "选择要加密的驱动器空间大小"界面

(8) 在"选择要使用的加密模式"界面中，选中"新加密模式(最适合用于此设备上的固定驱动器)"选项按钮，点击"下一步"按钮，如图 6-52 所示。

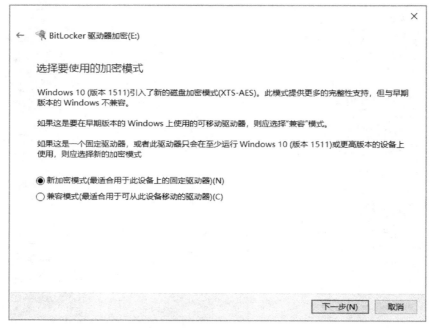

图 6-52 "选择要使用的加密模式"界面

(9) 在"是否准备加密该驱动器？"界面中，点击"开始加密"按钮，如图 6-53 所示。

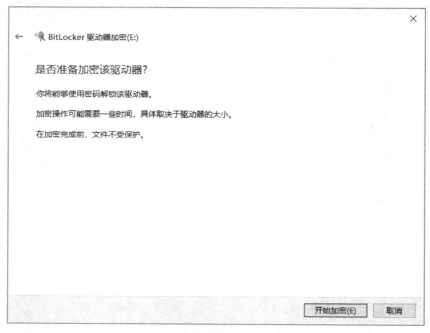

图 6-53 点击"开始加密"按钮

(10) 在弹出的"E:的加密已完成。"提示对话框中，点击"关闭"按钮，如图 6-54 所示。

图 6-54　提示对话框

(11) 打开"此电脑"窗口，如果驱动器的图标中出现了一个打开状态的锁，则表示启用了 BitLocker 功能，但当前处于解锁状态，如图 6-55 所示。

图 6-55　驱动器启动 BitLocker 功能

四、使用密码解锁驱动器

(1) 重新启动操作系统后，打开"此电脑"窗口，可以看到驱动器"E:"的图标中出现一个关闭状态的锁，表示处于加密状态，鼠标双击该驱动器，如图 6-56 所示。

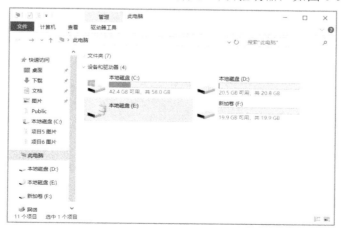

图 6-56　查看驱动器状态

(2) 在弹出的 BitLocker (E:)对话框中，输入解锁密码，点击"解锁"按钮，如图 6-57 所示。

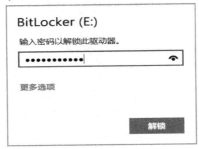

图 6-57 输入解锁密码

(3) 解锁后如图 6-58 所示。鼠标双击打开驱动器可以正常访问数据，如图 6-59 所示。

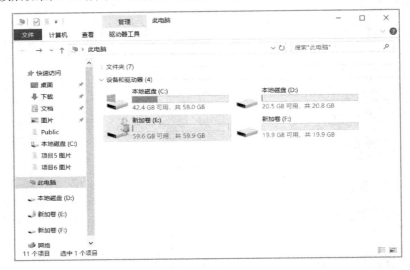

图 6-58 解锁驱动器

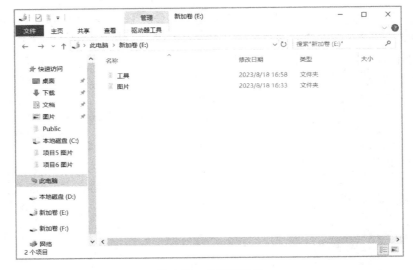

图 6-59 打开驱动器

五、使用恢复密钥解锁驱动器

（1）打开恢复密钥文件，将 48 位恢复密钥内容复制到剪切板，如图 6-60 所示。

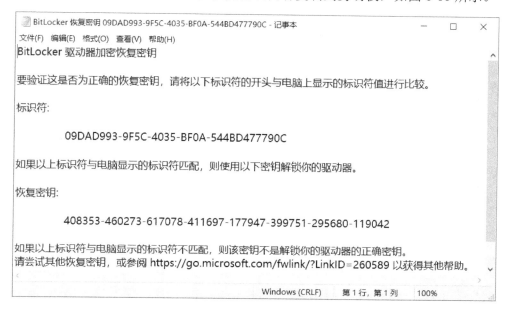

图 6-60　打开恢复密钥文件

（2）鼠标双击处于 BitLocker 加密状态的驱动器，在弹出的对话框中点击"更多选项"文字链接，此时该链接文字会变为"更少选项"，点击"输入恢复密钥"文字链接，如图 6-61 所示。从文本框中粘贴已复制的恢复密钥，点击"解锁"按钮，如图 6-62 所示。

图 6-61　使用恢复密钥解锁驱动器

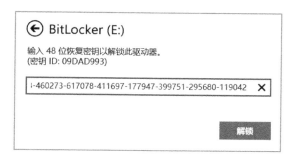

图 6-62　粘贴已复制的恢复密钥

（3）使用恢复密钥解锁成功后，如图 6-63 所示。

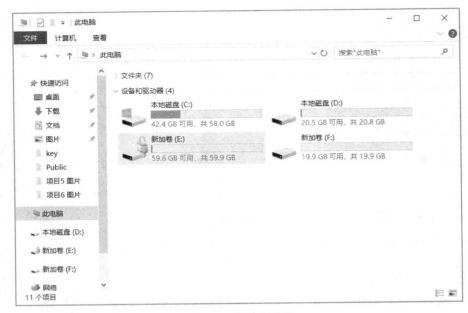

图 6-63　解锁驱动器

提示： 在使用 BitLocker 的过程中，一旦忘记解锁密码，就只能使用恢复密钥解锁驱动器。

六、关闭驱动器的 BitLocker 功能

(1) 若要关闭驱动器的 BitLocker 功能，则可在 "BitLocker 驱动器加密" 窗口中选择对应的驱动器，点击 "关闭 BitLocker" 文字链接，如图 6-64 所示。

图 6-64　"BitLocker 驱动器加密" 窗口

（2）在弹出的对话框中，点击"关闭 BitLocker"按钮，如图 6-65 所示。

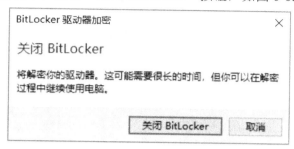

图 6-65　点击"关闭 BitLocker"按钮

（3）若在弹出的提示对话框中出现"E:的解密已完成"的消息提示，则表示已经成功关闭驱动器的 BitLocker 功能，如图 6-66 所示。

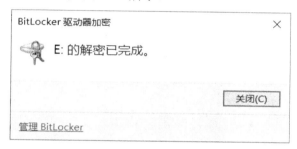

图 6-66　提示对话框

（4）再次打开"此电脑"窗口，可以看到驱动器已关闭 BitLocker 功能，如图 6-67 所示。

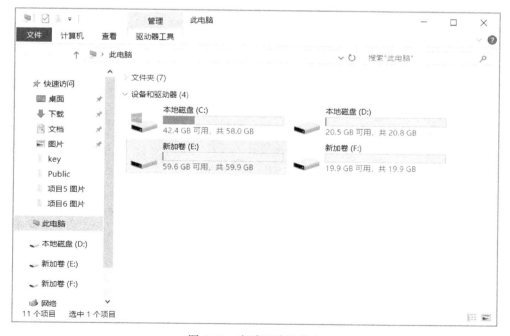

图 6-67　查看驱动器状态

任务 4　管理磁盘配额

任务描述

公司的网络管理员在公司的文件服务器上安装了新的磁盘，因为公司员工将一些和工作无关的数据存放在服务器上，从而导致磁盘空间不够用的情况，于是管理员准备利用磁盘配额技术来解决此问题。

Windows Server 2019 提供了磁盘配额功能，用于限制用户对磁盘空间的无限使用，即通过配置磁盘配额设置用户可以使用的磁盘空间数量，如果发现用户接近或超过限制时，就会发出警告或者阻止该用户对磁盘的写入，具体要求如下：

(1) 启用磁盘配额，设置拒绝将磁盘空间分给超过限额限制的用户。

(2) 设置"用户超出配额限制时记录事件"和"用户超出警告等级时记录事件"。

(3) 对项目 3 中的 Wanger 用户限制可使用的磁盘大小为 200 MB，警告等级大小设置为 180 MB。

(4) 对项目 3 中的 Lishi 用户限制可使用的磁盘大小为 300 MB，警告等级大小设置为 290 MB。

知识衔接

在计算机网络中，网络管理员有一项很重要的任务，就是为访问服务资源的用户设置磁盘配额，也就是限制他们一次性访问服务器资源的卷空间的数量。磁盘配额是用户在计算机指定磁盘的空间限制，即管理员为用户所能使用的磁盘空间进行配额限制，每个用户只能使用最大配额范围内的磁盘空间。

磁盘配额是以文件所有权为基础的，并且不受卷中用户文件的文件夹位置的限制，如果用户在同一个卷的文件夹之间移动文件，则卷空间的余量不变。磁盘配额只适用于卷，且不受卷的文件夹结构及物理磁盘布局的限制，如果卷有多个文件夹，则卷的配额将应用于该卷中的所有文件夹。如果单块磁盘有多个卷，并且配额是针对每个卷的，则卷的配额只适用于特定的卷。

使用磁盘配额可以根据用户所拥有的文件和文件夹来分配磁盘空间，也可以设置磁盘配额、配额上限，以及对所有用户或者单个用户的配额进行阻止，还可以监视用户已经占用的磁盘空间和它们的配额剩余量。当用户安装应用程序时，将文件指定存放到启用配额限制的磁盘中，应用程序检测到的可用容量不是磁盘的最大可用容量，而是用户还可以访问的最大磁盘空间，这就是磁盘配额限制后的结果。Windows Server 2019 的磁盘配额功能在每个磁盘驱动器上是独立的。也就是说，用户在一个磁盘驱动器上使用了多少磁盘空间。对另外一个磁盘驱动器上的配额限制并无影响。

在启用磁盘配额时，可以配置以下两个值：

(1) 磁盘配额空间限制，用于指定允许用户使用的磁盘空间容量。

(2) 磁盘配额警告级别，指定了用户接近其配额限度的值，当用户使用磁盘空间达到磁盘配额限制的警告值时，记录事件，警告用户磁盘空间不足；当用户使用磁盘空间达到磁盘配额限制的最大值时，限制用户继续写入数据并记录事件。系统管理员可以指定用户所能超过的配额限度。如果不想拒绝用户对卷的访问，但想跟踪每个用户的磁盘空间的使用情况，则启用配额管理且不限制磁盘使用。

只有 Administrators 组的用户有权启用磁盘配额，才会不受磁盘配额的限制。磁盘配额限制的大小与卷本身的大小无关。例如，卷的大小是 200 MB，有 100 个用户要使用该卷。却可以为每个用户设置磁盘配额为 100 MB。

如果要在卷上层用磁盘配额，则该卷的文件系统必须是 NTFS 格式。

任务实施

一、启动磁盘配额管理

右击需要启用磁盘配额的卷(本任务使用 F 盘)，在弹出的快捷菜单中选择"属性"命令，打开"新加卷(F:)属性"对话框，选择"配额"选项卡。在"配额"选项卡中，勾选"启用配额管理"和"拒绝将磁盘空间给超过配额限制的用户"复选框，如图 6-68 所示。

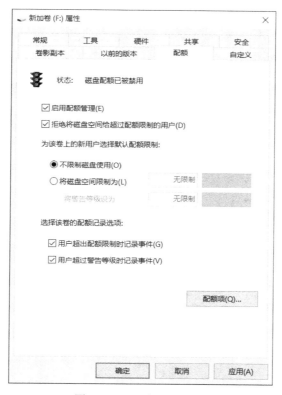

图 6-68　"配额"选项卡

"配额"选项卡各选项的功能如下：

(1) 拒绝将磁盘空间分给超过配额限制的用户：当某个用户占用的磁盘空间达到了配额的限制时，就不能再使用新的磁盘空间，系统会提示"磁盘空间"不足。

(2) 不限制磁盘使用：管理员不限制用户对卷空间的使用，只是对用户的使用情况进行跟踪。

(3) 磁盘空间限制：限制用户使用的磁盘空间的数量和单位，该选项是针对所有用户的默认值。

(4) 警告等级设置：当用户使用的磁盘空间超过警告等级时，系统会及时地给用户警告。警告等级的设置应该不大于磁盘配额的限制。

(5) 用户超出配额限制时记录事件：当用户使用的磁盘空间超过配额限制时，系统会在本地计算机的日志文件中记录该事件。

(6) 用户超出警告等级时记录事件：当用户使用的磁盘容间超过警告等级时，系统会在本地计算机的日志文件中记录该事件。

二、设置单个用户磁盘配额

系统管理员可以为各个用户分别设置磁盘配额，让经常更新应用程序的用户有一定的磁盘空间，而限制其他不经常登录的用户的磁盘空间；也可以对经常超出磁盘空间的用户设置较低的警告等级，这样更有利于管理用户，从而提高磁盘空间的利用率。

(1) 在卷的"配额"选项卡中，点击"配额项"按钮，弹出"新加卷(F:)的配额项"对话框，选择"配额"→"新建配额项"命令，如图 6-69 所示。

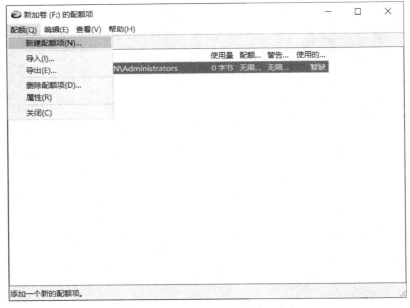

图 6-69　选择"新建配额项"命令

(2) 在"选择用户"对话框中，先点击"高级"按钮，然后点击"立即查找"按钮，在"搜索结果"选区中选择用户"Wanger"，点击"确定"按钮，如图 6-70 所示。

图 6-70　"选择用户"对话框

(3) 打开所选用户的"添加新配额项"对话框,设置 Wanger 用户对磁盘 F 的使用空间最多为 200 MB,警告等级为 180 MB,点击"确定"按钮完成对 Wanger 用户磁盘配额限制的设置,如图 6-71 所示。

图 6-71　用户的配额设置

(4) 按照上面的步骤设置 Lishi 用户对磁盘 F 的使用空间限制。

(5) Wanger 用户和 Lishi 用户磁盘配额限制设置完成后,可以监控每个用户的磁盘空间使用情况,如图 6-72 所示。

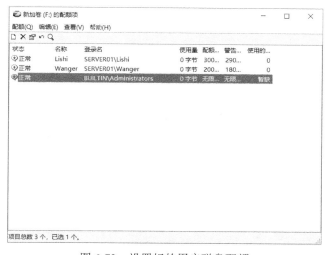

图 6-72　设置好的用户磁盘配额

三、测试用户配额

使用 Wanger 账户登录系统，查看 F 盘可用空间大小，如图 6-73 所示。

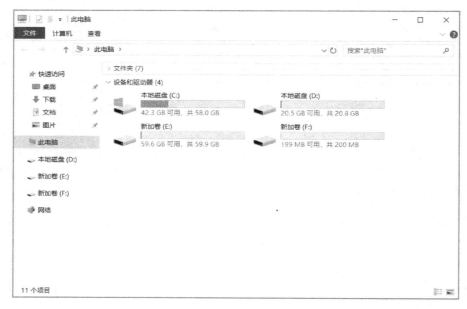

图 6-73　查看 F 盘可用空间大小

小　　结

本章主要介绍 Windows Server 2019 网络操作系统的基本磁盘和动态磁盘的配置，以及使用 BitLocker 加密驱动器保障数据安全。通过配置磁盘配额设置，普通用户进入系统时，可以看到被限制使用的空间的容量。

习　　题

一、选择题

1. 在冗余磁盘阵列中，下列不具有容错技术的是(　　)。

A. RAID 0　　　　　B. RAID 1　　　　C. RAID 3　　　　D. RAID 5

2. 要启用磁盘配额管理，Windows Server 2019 驱动器必须使用(　　)。

A. FAT 文件系统　　　　　　　　B. FAT32 文件系统

C. NTFS 文件系统　　　　　　　D. 所有文件系统都可以

3. 在下列选项中，关于磁盘配额的说法正确的是(　　)。

A. 可以单独指定某个组的磁盘配额容量

B. 不可以指定单个用户的磁盘配额容量

C. 所有用户都会受到磁盘配额的限制

D. Administrators 组内的用户不受磁盘配额的限制

4. 镜像卷的磁盘空间利用率为(　　)。

A. 100%　　　　　B. 75%　　　　　C. 50%　　　　　D. 80%

5. RAID-5 卷中，如果具有 4 个磁盘，则磁盘空间利用率为(　　)。

A. 100%　　　　　B. 75%　　　　　C. 50%　　　　　D. 80%

6. 一个基本磁盘最多有(　　)个主分区。

A. 1　　　　　　B. 2　　　　　　C. 3　　　　　　D. 4

7. 一个基本磁盘最多有(　　)个扩展分区。

A. 1　　　　　　B. 2　　　　　　C. 3　　　　　　D. 4

8. 在下列的动态磁盘类型中，运行速度最快的是(　　)。

A. 简单卷　　　　B. 带区卷　　　　C. 镜像卷　　　　D. RAID-5 卷

9. 在基本磁盘管理中，扩展分区不能用一个具体的驱动器盘符表示，必须在其划分(　　)之后才能使用。

A. 主分区　　　　B. 卷　　　　　　C. 格式化　　　　D. 逻辑驱动器

二、简答题

1. MBR 分区与 GPT 分区相比较有哪些不同？

2. 使用动态磁盘与使用基本磁盘相比有哪些优势？

3. Windows Server 2019 网络操作系统支持的动态磁盘类型有哪些？

项目 7　DNS 服务器的配置与管理

 项目背景

某公司搭建了 Web 网站信息平台和 FTP 信息资源空间。公司员工可以利用 IP 地址访问这些服务器，但 IP 地址不容易被记住。现要求能像访问百度、网易那样，用域名网址的方式来访问这些服务器。

网络管理员查询资料，准备为该公司搭建 DNS 服务器，解决其问题。搭建 DNS 服务器的基本步骤如下：

(1) 安装 DNS 服务器环境。

(2) 配置 DNS 主区域的正向解析和反向解析。

(3) 客户端通过 DNS 协议完成域名解析。

 知识目标

- 理解 DNS 的概念及域名空间结构。
- 掌握 DNS 的工作原理。
- 掌握 DNS 服务器的类型。
- 掌握 DNS 服务器的配置方法。
- 理解 DNS 子域和委派的概念。

 能力目标

- 掌握 DNS 服务器的安装方法。
- 掌握主 DNS 服务器和客户机的配置方法。
- 掌握子域和委派的创建方法。

 素养目标

- 培养自我学习的能力和习惯。
- 培养工匠精神，要求做事严谨、精益求精、着眼细节、爱岗敬业。

 任务 1　安装 DNS 服务

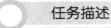 **任务描述**

该公司的网络管理员需要在 server01 服务器上通过 Windows Server 2019 中的"添加角

色和功能向导"窗口安装 DNS 服务，在安装过程中创建一个作用域，最后对该服务器进行授权。

该公司现有 3 台服务器：DNS 服务器的局域网地址为 192.168.10.10，对应主机名为 server01.abc.com；Web 服务器的局域网地址为 192.168.10.9，对应主机名为 www.abc.com；邮件服务器的地址为 192.168.10.8，对应主机名为 mail.abc.com。

知识衔接

域名系统(domain name system，DNS)是一种分布式网络目录服务，用于实现服务域名和 IP 地址之间的映射，它属于 TCP/IP 协议族中的应用层协议。IP 地址对用户来说是一串数字，不方便记忆，而服务器的域名就是为了帮助用户记忆的，因此域名系统用于帮助用户快速访问 Internet 中主机资源提供的服务。当前，对每一级域名，其长度均限制为不超过 63 个字符，域名总长度不能超过 253 个字符。DNS 协议用来将域名转换为 IP 地址(也可以将 IP 地址转换为相应的域名)。

一、域名空间结构

域名系统 DNS 的核心思想是分级的，它是一种分布式的、分层次的、客户机/服务器式的数据库管理系统。它主要用于将主机名或电子邮件地址映射成 IP 地址。一般来说，每个组织都有自己的 DNS 服务器，并维护域的名称映射数据库记录或资源记录。每个登记的域都将自己的数据库列表提供给整个网络复制。

目前负责管理全世界 IP 地址的单位是 InterNIC(Internet Network Information Center)，在 InterNIC 之下的 DNS 结构共分为若干个域(domain)。图 7-1 所示的阶层式树状结构称为域名空间(domain name space)。

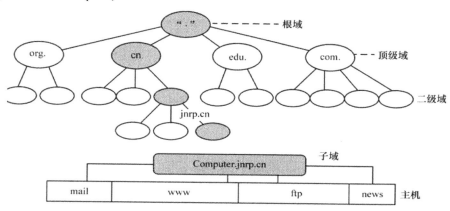

图 7-1 域名空间

注意： 域名和主机名只能用字母 a～z (在 Windows 服务器中大、小写等效，而在 UNIX 中则不同)、数字 0～9 和连线 "-"组成。其他公共字符，如连接符 "&"、斜杠 "/"、句点 "."和下画线 "_"都不能用于表示域名和主机名。

1. 根域

在图 7-1 中，位于层次结构最高端的是域名树的根，它提供根域名服务，用 "."表示。

在 Internet 中,根域是默认的,一般不需要表示出来。全世界共有 13 台根域服务器,它们分布于世界各大洲,并由 InterNIC 管理。根域服务器中并没有保存任何网址,只有初始指针指向第一层域,也就是顶级域(如 com、edu、net)等。

2. 顶级域

顶级域位于根域之下,数目有限,且不能轻易变动。顶级域也是由 InterNIC 统一管理的。在互联网中,顶级域大致分为两类:各种组织的顶级域(机构域)和各个国家地区的顶级域(地理域)。顶级域所包含的部分域名见表 7-1。

表 7-1 顶级域所包含的部分域名

域名	说　　明
.com	商业机构
.edu	教育、学术研究单位
.gov	官方政府单位
.net	网络服务机构
.org	财团法人等非营利机构
.mil	军事部门
.cn	中国
.jp	日本
.aero	航空运输企业
.bjz	公司和企业
.coop	合作团体
.info	适用于各种情况
.museum	博物馆
.name	个人
.pro	会计、律师和医师等自由职业者

3. 子域

在 DNS 中,除了根域和顶级域之外,其他域都称为子域。子域是有上级域的域,一个域可以有多个子域。子域是相对而言的。例如,在 www.jnrp.edu.cn 中,jnrp.edu 是 cn 的子域,jnrp 是 edu.cn 的子域。表 7-2 中给出了域名层次结构中的若干层。

表 7-2 域名层次结构中的若干层

域名	域名层次结构中的位置
.	根是唯一没有名称的域
.cn	顶级域名,中国子域
.edu.cn	二级域名,中国的教育部门
.jnrp.edu.cn	子域名,教育网中的济南铁道职业技术学院

和根域相比,顶级域实际上是处于第二层的域,但它还是被称为顶级域。根域从技术的含义上讲是一个域,但常常不被当作一个域。根域只有很少几个根级成员,它们的存在只是为了支持域名树的存在。

第二层域(顶级域)是属于单位团体或地区的,用域名的最后一部分(即域后缀)来分类。例如,域名 edu.cn 代表中国的教育系统。多数域后缀可以反映使用这个域名的组织的性质,但并不总能够很容易地通过域后缀来确定其所代表的组织、单位的性质。

4. 主机

在域名层次结构中,主机可以存在于根域以下的各层。因为域名树是层次型的,而不是平面型的,因此只要求主机名在每个连续的域名空间中是唯一的,而在相同层中可以有相同的名字。例如,www.163.com、www.263.com 和 www.sohu.com 都是有效的主机名。也就是说,即使这些主机有相同的名字 www,也都可以被正确地解析到唯一的主机,但只要在不同的子域中就可以重名。

二、DNS 的工作原理

DNS 域名的解析方法主要有两种:一种是通过 host 文件进行解析,另一种是通过 DNS 服务器进行解析。

1. 通过 host 文件解析

通过 hosts 文件解析只是 Internet 中最初使用的一种查询方式。当采用 hosts 文件进行解析时,必须由人工输入、删除、修改所有 DNS 名称与 IP 地址的对应数据,即把全世界所有的 DNS 名称写在一个文件中,并将该文件存储到解析服务器上。如果客户机需要解析名称,则要到解析服务器中查询 hosts 文件。

全世界所有解析服务器中的 hosts 文件都需要保持一致。当网络规模较小时,通过 hosts 文件进行解析这种方法还是可以采用的。然而,当网络规模越来越大时,为保持网络中所有服务器的 hosts 文件的一致性,需要进行大量的管理和维护工作。在大型网络中,这将是一项沉重的负担,这种方法显然是不适用的。

在 Windows Server 2019 中, hosts 文件位于%systemroot%system32\drivers\etc 目录下,本例中该文件位于 C:\Windows\system32\drivers\etc 目录下。该文件是一个纯文本文件,如图 7-2 所示。

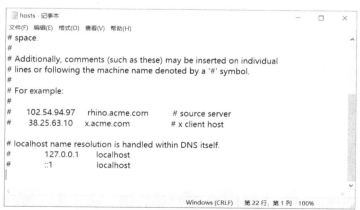

图 7-2　Windows Server 2019 中的 hosts 文件

2. 通过 DNS 服务器解析

通过 DNS 服务器进行解析是目前 Internet 上最常用、最便捷的域名解析方法。全世界众多 DNS 服务器各司其职、协同工作，构成了一个分布式的 DNS 域名解析网络。例如，jnrp.edu.cn 的 DNS 服务器只负责本域内数据的更新，而其他 DNS 服务器并不知道也无须知道 jnrp.edu.cn 域中有哪些主机，但它们知道 jnrp.edu.cn 的 DNS 服务器的位置。当需要解析 jnrp.edu.cn 时，它们就会向 jnrp.edu.cn 的 DNS 服务器发出请求。当采用这种分布式解析结构时，一台 DNS 服务器出现故障并不会影响整个体系，而数据的更新操作也只在其中的一台或几台 DNS 服务器上进行，使得整体的解析效率大幅提高了。

下面介绍 DNS 的查询过程。

(1) 当用户在浏览器地址栏中输入 www.163.com 域名后，操作系统会先检查自己的本地 hosts 文件中是否有这个域名的映射关系，如果有，则直接调用这个映射关系，完成域名解析。

(2) 如果 hosts 文件中没有这个域名的映射关系，则查找本地 DNS 解析器的缓存，查看其中是否有对应的映射关系，如果有，则直接返回，完成域名解析。

(3) 如果 hosts 文件与本地 DNS 解析器缓存中都没有相应的映射关系，则查找 TCP/IP 参数中设置的首选 DNS 服务器(在此称其为本地 DNS 服务器)。当此服务器收到查询请求时，如果要查找的域名包含在本地配置区域资源中，则返回解析结果给客户端，完成域名解析，此解析具有权威性。

(4) 如果要查询的域名未在本地 DNS 服务器区域解析，但该服务器已缓存了此域名的映射关系，则调用这个映射关系，完成域名解析，此解析不具有权威性。

(5) 如果本地 DNS 服务器的本地配置区域资源与缓存解析都失效，则根据本地 DNS 服务器的设置(是否设置转发器)进行查询。如果未使用转发模式，则本地 DNS 服务器会把请求发送至根 DNS 服务器，根 DNS 服务器收到请求后会判断这个域名(.com)是谁授权管理的，并会返回负责该顶级域名的服务器的 IP 地址。本地 DNS 服务器收到 IP 地址信息后，联系负责.com 域的服务器。负责.com 域的服务器收到请求后，如果自己无法解析，则会发送一个管理.com 域的下一级 DNS 服务器的 IP 地址(163.com)给本地 DNS 服务器。当本地 DNS 服务器收到这个地址后，就会查找负责 163.com 域的服务器，重复上面的动作，进行查询，直至找到 www.163.com 的主机。

(6) 如果使用的是转发模式，则此 DNS 服务器会把请求转发至上一级 DNS 服务器，由上一级 DNS 服务器进行解析，如果上一级 DNS 服务器无法解析，则查找根 DNS 服务器或把请求转至上一级，如此循环。不管本地 DNS 服务器使用的是转发模式还是根服务器，最后都要将结果返回给本地 DNS 服务器，再由此 DNS 服务器返回给客户端。

三、DNS 服务器的类型

按照配置和功能的不同，DNS 服务器可分为不同的类型。常见的 DNS 服务器类型有以下 4 种。

1. 主 DNS 服务器

主 DNS 服务器对其所管理区域的域名解析提供最权威和最精确的响应，是所管理区域域名信息的初始来源。搭建主 DNS 服务器需要准备全套配置文件，包括主配置文件、正向解析区域文件、反向解析区域文件、高速缓存初始化文件和回送文件等。正向解析是指从域名到 IP 地址的解析，反向解析则正好相反。

2. 辅助 DNS 服务器

辅助 DNS 服务器也称为从 DNS 服务器，它从主 DNS 服务器中获得完整的域名信息备份，可以对外提供权威和精确的域名解析服务，可以减轻主 DNS 服务器的查询负载。辅助 DNS 服务器的域名信息和主 DNS 服务器的完全相同，它是主 DNS 服务器的备份，提供的是冗余的域名解析服务。

3. 高速缓存 DNS 服务器

高速缓存 DNS 服务器将从其他 DNS 服务器处获得的域名信息保存在自己的高速缓存中，并利用这些信息为用户提供域名解析服务。高速缓存 DNS 服务器的信息都具有时效性，过期后便不可用。高速缓存 DNS 服务器不是权威服务器。

4. 转发 DNS 服务器

转发 DNS 服务器在对外提供域名解析服务时，优先从本地缓存中进行查找，如果本地缓存中没有匹配的数据，则会向其他 DNS 服务器转发域名解析请求，并将从其他 DNS 服务器中获得的结果保存在自己的缓存中。转发 DNS 服务器的特点是可以向其他 DNS 服务器转发自己无法完成的解析请求任务。

四、区域类型

Windows Server 2019 中的 DNS 服务器拥有三种区域类型：主要区域(primary zone)、辅助区域(secondary zone)和存根区域(stub zone)。

1. 主要区域

主要区域用于保存域内所有主机数据记录的正本。一般来说，DNS 服务器的设置就是指设置主要区域数据库的记录，即创建主要区域之后，管理员可直接在此区域内新建、修改和删除记录。若 DNS 服务器是独立服务器，则 DNS 区域内的记录存储在区域文件中，该区域文件名默认是"区域名称.dns"。例如，若区域名称是 abc.com，则区域文件名是 abc.com.dns。当主要区域创建完成后，DNS 服务器就是该区域的主要名称服务器。同时，若 DNS 是域控制器，则区域内数据库的记录会存储在区域文件或 Active Directory 数据库内。当数据库的记录存储在 Active Directory 数据库内时，此区域被称为 Active Directory 集成区域(active directory integrated zone)，并且所有记录都会随着 Active Directory 数据库的复制而被复制到其他域控制器中。

2. 辅助区域

辅助区域用于保存域内所有主机数据记录的副本。辅助区域内的文件是从主要区域传送过来的。保存此副本的文件同样是一个标准的 DNS 区域文件。需要注意的是，辅助区域内的区域文件是只读文件。当 DNS 服务器内创建了一个辅助区域后，这个 DNS 服务器就是这个区域的辅助名称服务器。

3. 存根区域

存根区域是一个区域副本。与辅助区域不同的是，存根区域仅标识该区域内的 DNS 服务器所需的资源记录，包括名称服务器(name server，NS)、主机资源记录的区域副本，存根区域内的服务器无权管理区域内的资源记录。

五、正向解析和反向解析

DNS 系统提供了正向解析和反向解析。正向解析是指将域名转换为 IP 地址。例如，DNS 客户端发起请求解析域名为 www.abc.com 的 IP 地址。要实现正向解析，必须在 DNS 服务器内部创建一个正向解析区域。

反向解析是指将 IP 地址映射为域名。要实现反向解析，必须在 DNS 服务器中创建反向解析区域。反向解析由两部分组成：网络 ID 反向书写与固定的域名 in-addr.arpa。例如，解析 202.100.60.30 的域名，此反向域名需要写成 60.100.202.in-addr.arpa。由此可以看出，in-addr.arpa 是反向解析的顶级域名。

六、nslookup 命令

nslookup 是查询 Internet 域名信息的命令。nslookup 发送域名查询包给指定的(或默认的)DNS 服务器。根据使用的系统(如 Windows 和 Linux)不同，返回的值可能有所不同。默认值可能使用的是服务提供商的本地 DNS 名称服务器、一些中间名称服务器或者整个域名系统层次的根服务器。

1. 命令格式

nslookup 命令的书写格式为 nslookup [主机名/IP 地址][server]。

(1) 可以直接在 nslookup 后面加上待查询的主机名或 IP 地址，[server]是可选参数。

(2) 如果没有在 nslookup 后面加上任何主机名或 IP 地址，那么将进入 nslookup 命令的查询功能界面。在该界面中，可以加入其他参数来进行特殊查询。例如：

```
Set type=any      //列出所有正向解析的配置文件
Set type=A        //列出所有主机的相关信息，type 的值可以为 A、NS、CNAME、MX 等
Set all           //显示当前设置的所有值
```

2. 直接查询实例

利用 Windows 查询时，若没有指定域名，则查询默认的 DNS 服务器，如图 7-3 所示。

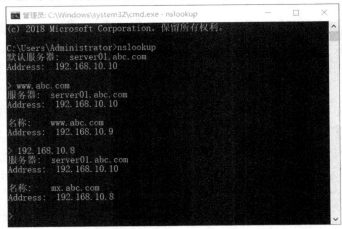

图 7-3　使用"nslookup"命令解析域名

任务实施

在安装 DNS 服务器时，首先要确定计算机是否满足 DNS 服务器的最低要求，然后安装 DNS 服务器角色。另外，每台客户端 PC 在配置时都需要指定 DNS 服务器的 IP 地址，因此 DNS 服务器必须拥有静态 IP 地址。本任务配置 DNS 服务器的 IP 地址为 192.168.10.10，在 VMware 中构建如图 7-4 所示的拓扑结构，域控制器作为 DNS 服务器来提供服务。

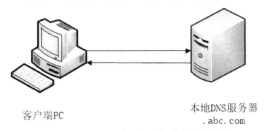

客户端PC　　　　　　　　　本地DNS服务器
　　　　　　　　　　　　　　　.abc.com

图 7-4　DNS 服务器网络的拓扑结构

一、安装 DNS 服务器角色

(1) 由于安装域控制器需要同时安装 DNS 服务器，因此在安装域服务时(参见项目 3)，DNS 服务已经安装完成。下面演示单独安装 DNS 服务器角色的过程。在 WindowsServer 服务器上打开"服务器管理器"窗口，点击"添加角色和功能"链接，打开"选择服务器角色"界面，勾选"DNS 服务器"复选框，在打开的"添加角色和功能向导"对话框中点击"添加功能"按钮，打开"选择服务器角色"界面，如图 7-5 所示。在"选择服务器角色"界面中，若服务器角色前面的复选框没有被勾选，则表示该网络服务尚未被安装。操作完成后，服务器角色前面的复选框呈现被勾选的状态。

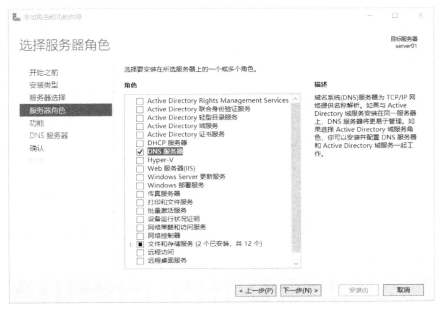

图 7-5　添加服务器角色

（2）点击"下一步"按钮，打开"选择功能"界面，保持默认设置，点击"下一步"按钮，打开"DNS 服务器"界面，同样保持默认设置，点击"下一步"按钮，打开"确认安装所选内容"界面，如图 7-6 所示。

图 7-6 "确认安装所选内容"界面

（3）点击"安装"按钮，等待 DNS 服务器角色安装完成，如图 7-7 所示。用户可以通过"DNS 管理器"窗口对 DNS 服务器进行配置。另外，界面中会提示用户开启"Windows Update"（自动更新）功能。用户可以在"控制面板"的"系统和安全"窗口中找到开启"Windows Update"功能的位置，此处不再赘述。

图 7-7 DNS 服务器角色安装成功

（4）在"服务器管理器"窗口的"工具"下拉菜单中选择"DNS"命令，打开"DNS管理器"窗口。通过"DNS 管理器"窗口进行本地或远程的 DNS 服务器管理，如图 7-8所示。需要注意的是，在图 7-8 中，DNS 服务器没有安装域控制器。若已经安装了域控制器和 DNS 服务器，则正向查找区域中会有域控制器 abc.com 的区域。

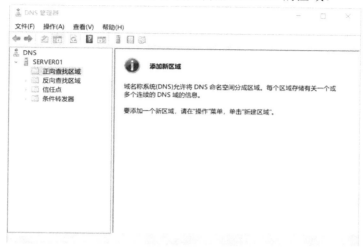

图 7-8　"DNS 管理器"窗口

二、创建正向查找区域

大部分 DNS 客户端 PC 提出的请求是把域名解析成 IP 地址，即正向解析。正向解析是由正向查找区域完成的，创建正向查找区域的步骤如下：

（1）在"DNS 管理器"窗口中，展开左侧窗格中的"DNS"列表，选择"正向查找区域"选项。在本任务中计算机已加入 abc.com 域，因此单击前面的">"图标，就可以看到已经存在的正向查找区域"abc.com"。右击"正向查找区域"选项，在弹出的快捷菜中选择"新建区域"命令，如图 7-9 所示，打开"新建区域向导"对话框，如图 7-10 所示。

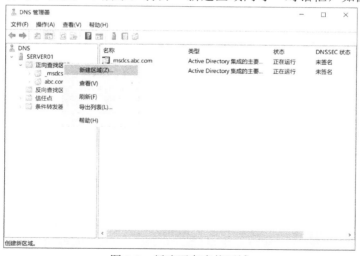

图 7-9　新建正向查找区域

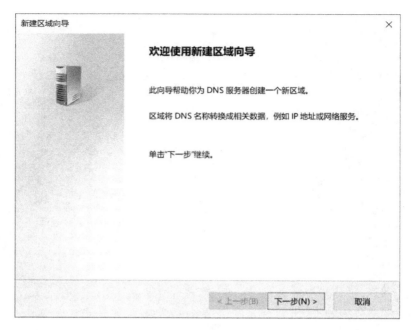

图 7-10 "新建区域向导"对话框

(2) 点击"下一步"按钮，在打开的"区域类型"界面中选中"主要区域"选项按钮（一般默认选中的是"主要区域"选项按钮），如图 7-11 所示。

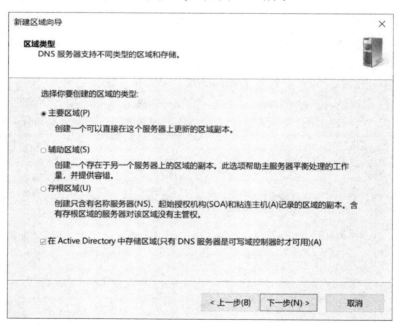

图 7-11 "区域类型"界面

(3) 点击"下一步"按钮，在打开的"Active Directory 区域传送作用域"界面中选中"至此域中域控制器上运行的所有 DNS 服务器"选项按钮，如图 7-12 所示。在一般情况下，若服务器已经加入域管理，则需要选择该项。

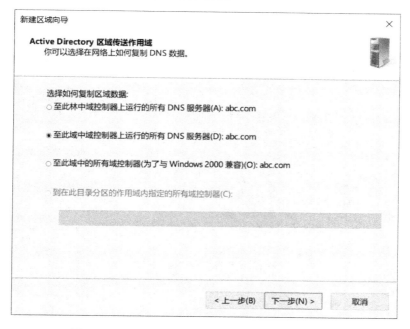

图 7-12 "Active Directory 区域传送作用域"界面

(4) 点击"下一步"按钮，在打开的"区域名称"界面中输入区域名称"abc.com"，如图 7-13 所示。

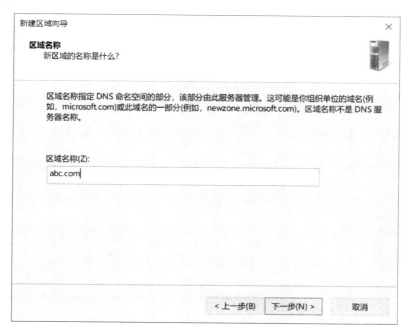

图 7-13 "区域名称"界面

(5) 点击"下一步"按钮，在打开的"动态更新"界面(见图 7-14)中指定该 DNS 区域的安全使用范围。用户可以指定本区域是否接受安全、不安全或动态更新。这里选中"只允许安全的动态更新(适合 Active Directory 使用)"选项按钮。

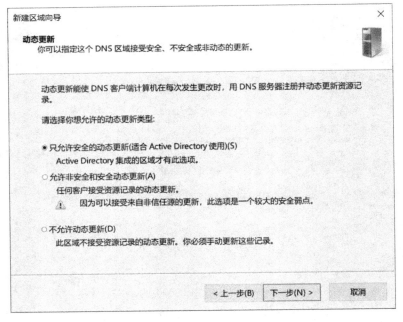

图 7-14　"动态更新"界面

（6）点击"下一步"按钮，在打开的"正在完成新建区域向导"界面中显示了新建区域的信息，若需要调整，则可点击"上一步"按钮返回前面的界面中重新进行配置，点击"完成"按钮结束正向查找区域的创建过程，如图 7-15 所示。

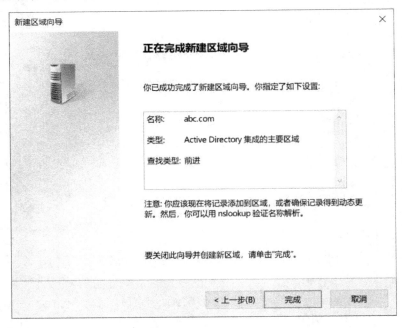

图 7-15　完成正向查找区域的创建

(7) 完成正向查找区域的创建后，接下来在区域内创建主机等相关数据，这些数据被称为资源记录。DNS 服务器支持多种类型的资源记录，包括主机(A)、主机别名(CNAME)、邮件交换器(MX)、域、委派等。图 7-16 和图 7-17 为新建主机资源记录的步骤。

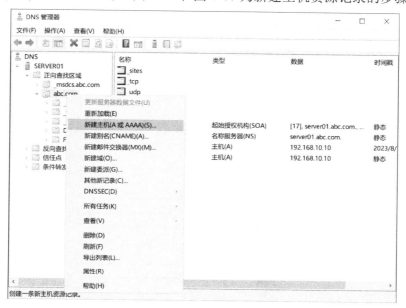

图 7-16　"新建主机(A 或 AAAA)"命令

图 7-17　新建主机资源记录

(8) 用户可以为区域内的主机创建多个名称。Web 服务器的主机名是 www.abc.com，但有时要使用 web.abc.com，这时可以在 DNS 服务器上创建主机别名(CNAME)资源记录。主机别名资源记录允许将多个名字映射到同一台计算机上。新建主机别名资源记录的步骤如下：

① 在"DNS 管理器"窗口的控制台树中右击"abc.com"域名或者名称区域空白处，在弹出的快捷菜单中选择"新建别名(CNAME)"命令，如图 7-18 所示。

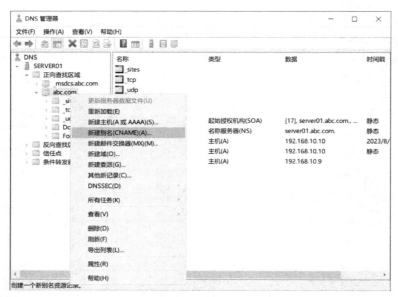

图 7-18　"新建别名(CNAME)"命令

② 在打开的"新建资源记录"对话框中,输入别名 web,点击"浏览"按钮,选择"目标主机的完全合格的域名(FQDN)"为"www.abc.com",点击"确定"按钮,如图 7-19 所示。

图 7-19　新建主机别名资源记录

(9) DNS 服务器使用邮件交换器资源记录(也称为 MX 资源记录)来指定接收此区域电子邮件的主机。要创建 MX 资源记录,首先需要创建一条 A 资源记录,因为 MX 资源记录在描述邮件服务器时不能使用 IP 地址,只能使用完全合格域名。新建邮件交换器资源记录的步骤如下：

① 右击"正向查找区域"选项或名称区域空白处，在弹出的快捷菜单中选择"新建邮件交换器(MX)"命令。

② 在打开的"新建资源记录"对话框中分别设置"主机或子域""邮件服务器的完全限定的域名(FQDN)"和"邮件服务器优先级"参数，然后点击"确定"按钮，邮件交换器资源记录创建完成，如图 7-20 所示。邮件服务器接收格式为"xxx@abc.com"的邮件。"主机或子域"文本框可以不填，在"邮件服务器的完全限定的域名(FQDN)"文本框右侧点击"浏览"按钮找到"mx.abc.com"。所有新建好的资源记录如图 7-21 所示。

图 7-20 新建邮件交换器(MX)资源记录

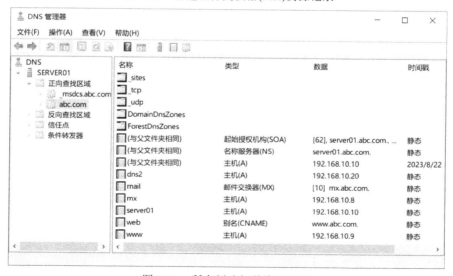

图 7-21 所有新建好的资源记录

注意 邮件服务器的优先级数字越小，优先级越高，0 的优先级最高。

三、创建反向查找区域

DNS 服务器能够提供反向解析功能，这适用于客户机根据 IP 地址查找主机域名的情况，创建反向查找区域的步骤如下：

(1) 在"DNS 管理器"窗口左侧窗格中右击"反向查找区域"选项，在弹出的快捷菜单中选择"新建区域"命令，如图 7-22 所示，打开"新建区域向导"对话框，然后点击"下一步"按钮。

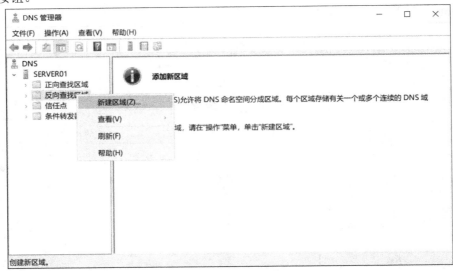

图 7-22   新建反向查找区域

(2) 根据提示依次打开"区域类型"和"Active Directory 区域传送作用域"界面，此处的设置与正向查找区域的设置一样，如图 7-23 和图 7-24 所示。

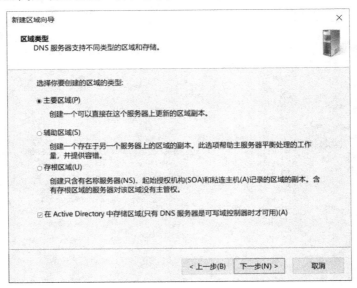

图 7-23   "区域类型"界面

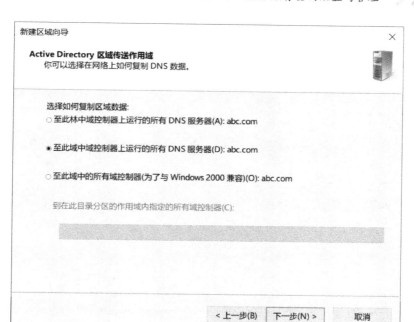

图 7-24　"Active Directory 区域传送作用域"界面

（3）在"反向查找区域名称"界面中可以选择 IPv4 地址或 IPv6 地址来创建反向查找区域，本任务选择 IPv4 地址，如图 7-25 所示，点击"下一步"按钮，在下一个界面中输入"网络 ID"。这里需要注意的是，在"网络 ID"文本框中以正常的网络 ID 顺序填写，输入完成后，在下面的"反向查找区域名称"文本框中将显示"10.168.192.in-addr.arpa"，如图 7-26 所示。设置完毕后，点击"下一步"按钮。

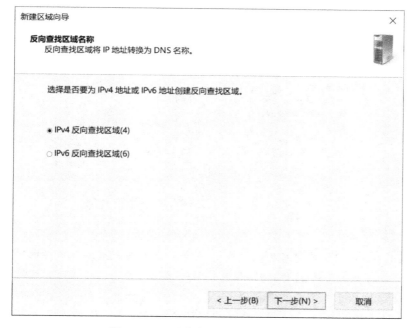

图 7-25　"反向查找区域名称"界面

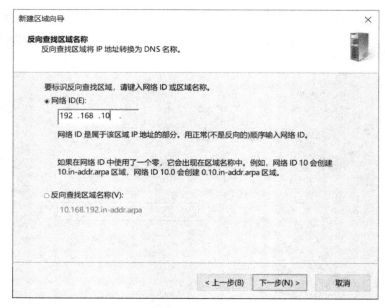

图 7-26　输入"网络 ID"

(4) "动态更新"界面的设置与正向查找区域的设置一样，如图 7-27 所示，此处不再详细解释，点击"下一步"按钮，完成反向查找区域的创建。

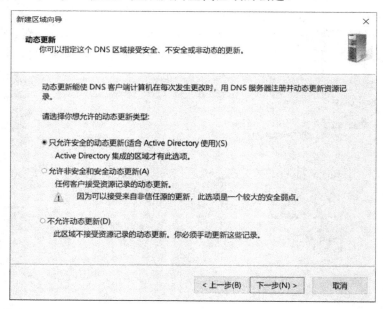

图 7-27　"动态更新"界面

(5) 新建指针(PTR)资源记录。指针资源记录主要用来记录反向查找区域内的 IP 地址及主机，用户可通过该资源记录把 IP 地址映射成域名。

(6) 在"DNS 管理器"窗口左侧窗格中，右击控制台树或名称区域空白处，在弹出的快捷菜单中选择"新建指针"命令，打开"新建资源记录"对话框。在"新建资源记录"

对话框的"主机 IP 地址"文本框中输入主机 IP 地址，在"主机名"文本框右侧点击"浏览"按钮选择 DNS 主机的完全限定的域名(FQDN)，如图 7-28 所示。设置完成后，点击"确定"按钮，所有的指针(PTR)资源记录如图 7-29 所示。

图 7-28　"新建资源记录"对话框

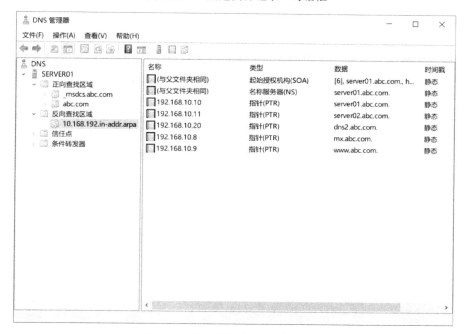

图 7-29　所有的指针(PTR)资源记录

◯ **任务拓展**

安装 Windows Server 2019，进行系统初始化设置，包括加入域、设置 IP 地址等，然后安装 DNS 服务器。

(1) 创建主机记录，勾选"创建相关的指针(PTR)记录"复选框，如图 7-30 所示。

图 7-30　新建主机和相关的指针资源记录

注意： 要先创建好反向查找区域，然后勾选"创建相关的指针(PTR)记录"复选框，才能在相应的反向区域创建指针资源记录，否则系统会给出如图 7-31 所示的警告。

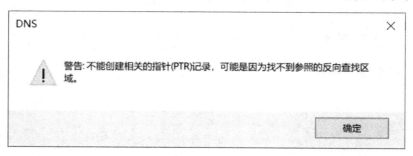

图 7-31　创建指针资源记录警告

(2) 刷新反向查找区域。

选择相关区域的反向查找区域，并单击鼠标右键，在弹出的快捷菜单中选择"刷新"命令，如图 7-32 所示，可以查看新建的主机和相关的指针资源记录。

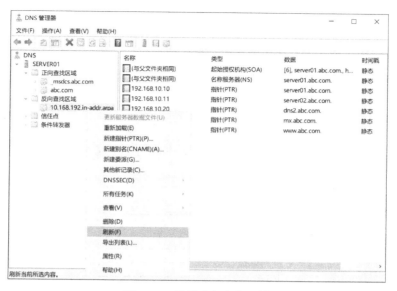

图 7-32　刷新反向查找区域

任务 2　架设 DNS 子域与委派

任务描述

该公司的人力资源部需要有自己的域名，域名是 zy.abc.com，管理员需要在子域服务器(192.168.10.11)上创建子域的区域，在 abc.com 区域下创建子域的委派，将 zy.abc.com 委派给 192.168.10.11 服务器。当然，在子域下创建的所有记录仍然存储在公司的 DNS 服务器内。

知识衔接

一、域和子域

一台服务器所授权的范围叫作区域(zone)。在一个单位中服务器所管理的域如果没有划分更小的范围，那么域可以直接等同于区域。如果服务器将域划分成一些子域，并将子域的部分服务授权并委托给了其他服务器，那么域就和区域不是同一个概念了。域和子域的关系如图 7-33 所示。

客户端PC　　　　　　子域DNS服务器　　　　主域DNS服务器
　　　　　　　　　　 zy. abc. com　　　　　　abc. com

图 7-33　域和子域的关系

二、创建子域和子域资源记录

DNS 服务器除了可以分为主服务器、辅助服务器外，还提供上层、下层的关系。例如，abc.com 公司各个部门都有自己的 DNS 服务器(子域服务器)。如此一来，各个部门的设置会比较灵活。

(1) 主域 DNS 服务器：在主域 DNS 服务器上增加名称服务器并指向子域的域名与 IP 地址的映射。

(2) 子域 DNS 服务器：申请的域名必须是上层 DNS 服务器提供的名称。在主域中，子域申请的域名必须与主域的名称保持一致。

三、子域委派到其他服务器

子域 DNS 服务器除了可以被子域管理员管理外，还可以授权给指定服务器管理。也就是说，子域 DNS 服务器内的所有资源记录均存储在自己的域内，也可以授权给主域 DNS 服务器，在主域 DNS 服务器上同样能找到子域 DNS 服务器内的所有资源记录。

○ 任务实施

一、在 DNS 服务器中创建子域

(1) 将子域 DNS 服务器加入域 abc.com，如图 7-34 所示，并安装 DNS 服务，在 "DNS 管理器" 的 "正向查找区域" 选项上单击鼠标右键，在弹出的快捷菜单中选择 "新建区域" 命令，打开 "区域类型" 界面，选中 "主要区域" 选项按钮，单击 "下一步" 按钮。在打开的 "区域名称" 界面中输入子域的名称 "zy.abc.com"，如图 7-35 所示。

图 7-34　子域服务器加域

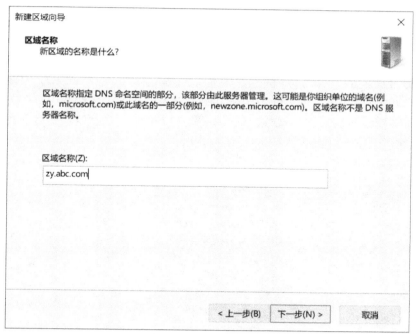

图 7-35　新建 DNS 子域

（2）在子域名称"zy.abc.com"上单击鼠标右键，在弹出的快捷菜单中选择"新建主机
（A 或 AAAA）"命令，在打开的"新建主机"对话框中输入新建的主机名称和 IP 地址，如
图 7-36 所示。在子域内同样可以创建主机别名或邮件交换器资源记录。

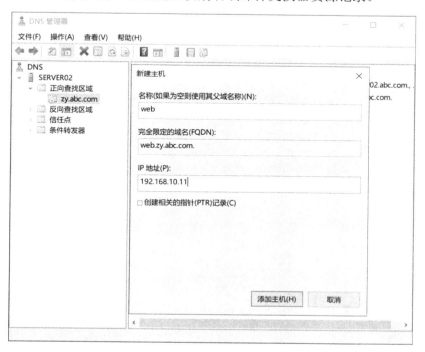

图 7-36　在子域内创建主机资源记录

二、委派区域给其他服务器

创建服务器的子域委派，具体步骤如下：

(1) 修改主域控制器 abc.com 的属性。在"abc.com 属性"对话框的"常规"选项卡中点击"更改"按钮，打开"更改区域传送范围"界面，选中"至此林中域控制器上运行的所有 DNS 服务器(A):abc.com"选项按钮，如图 7-37 所示；在"区域传送"选项卡中，选择"允许区域传送到所有服务器"，如图 7-38 所示。

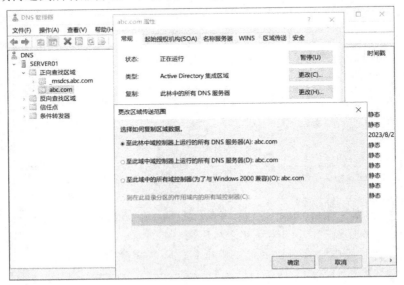

图 7-37　修改主域控制器 abc.com 的属性

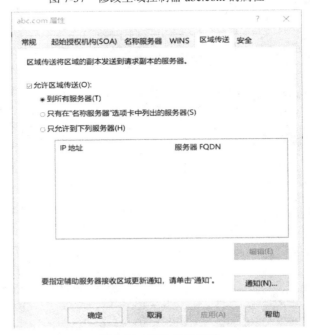

图 7-38　更改传送区域

　　(2) 在"新建委派向导"对话框中点击"下一步"按钮，跳过欢迎向导页，点击"下一步"按钮，在打开的"受委派域名"界面的"委派的域"文本框中输入"zy"，"完全限定的域名"文本框中显示的是"zy.abc.com"，如图 7-39 所示。

图 7-39　"受委派域名"界面

　　(3) 点击"下一步"按钮，在打开的"新建名称服务器记录"对话框中输入子域的计算机主机名(包括域)，点击"解析"按钮，在打开的"名称服务器"界面的 IP 地址列表中出现子域的 IP 地址，如图 7-40 和图 7-41 所示。点击"下一步"按钮，完成新建委派向导。

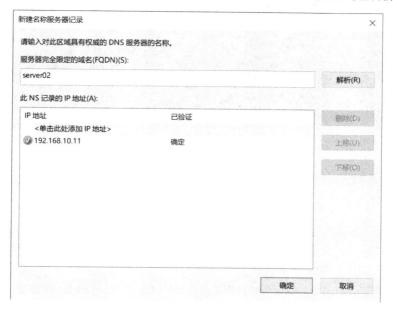

图 7-40　"新建名称服务器记录"对话框

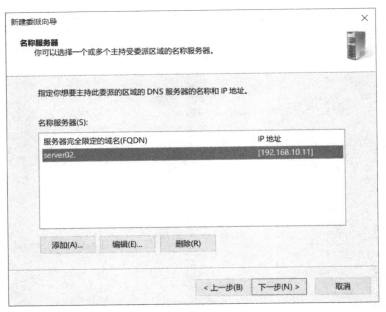

图 7-41　"名称服务器"界面

(4) 在客户端 PC 上使用"nslookup"命令测试 web.zy.abc.com，解析结果为 192.168.10.11 表示测试成功，如图 7-42 所示。

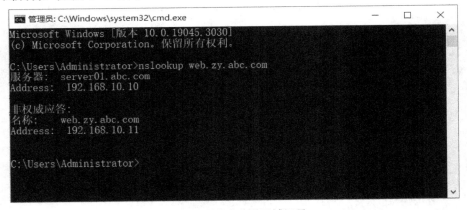

图 7-42　测试委派区域记录

任务拓展

在 zy.abc.com 子域 DNS 服务器上完成如下资源的创建。

(1) 创建 web.zy.abc.com 的别名为 www.zy.abc.com。

(2) 设置邮件交换器资源记录为 mail.zy.abc.com，对应的 IP 地址为 192.168.10.22。

① 创建子域别名资源记录。打开"DNS 管理器"窗口，展开"SERVER02"→"正向查找区域"列表，在"zy.abc.com"选项上单击鼠标右键，在弹出的快捷菜单中选择"新建别名(CNAME)"命令，在打开的"新建资源记录"对话框中填写相应的信息，如图 7-43 所示。

图 7-43　创建子域别名资源记录

②　创建邮件交换器资源记录。展开"SERVER02"→"正向查找区域"列表，在"zy.abc.com"选项上单击鼠标右键，在弹出的快捷菜单中选择"新建邮件交换器(MX)"命令，在打开的"新建资源记录"对话框中填写相应的信息，如图 7-44 所示。

图 7-44　创建邮件交换器资源记录

③ 测试别名资源记录。在客户端打开命令提示符窗口，使用"nslokup"命令测试别名资源记录。

④ 测试邮件交换器资源记录。在客户端打开命令提示符窗口，输入"nslookup"命令，在提示符">"后首先输入"set type = mx"，修改查询类型，然后按回车键，输入"mail.zy.abc.com"。测试邮件交换器资源记录的过程如图 7-45 所示。

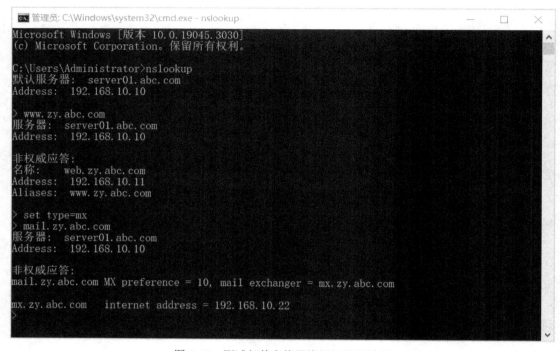

图 7-45 测试邮件交换器资源记录的过程

任务 3 架设 DNS 辅助区域

 任务描述

随着公司内使用网络的人数的增加，管理员发现现有的主 DNS 服务器负荷过重，因此公司决定增加一台 DNS 服务器实现 DNS 解析的负载平衡。该服务器使用的操作系统是 Windows Server 2019，设置主机名为 dns2.abc.com，IP 地址为 192.168.10.20。

知识衔接

DNS 服务器内的辅助区域用来存储本区域内的所有资源记录的副本，辅助区域中的资源记录都是只读的，管理员不能修改。辅助区域拓扑结构如图 7-46 所示。

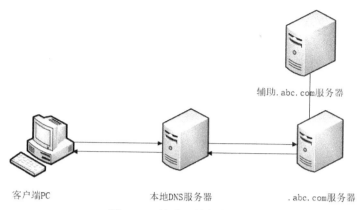

图 7-46　辅助区域拓扑结构

　　辅助区域内的所有信息都是利用区域传送的方式从主 DNS 服务器中复制过来的。执行区域的传送方式可以是手动执行或者通过配置起始授权机构(SOA)周期性地执行，从而将资源记录复制到辅助区域的 DNS 服务器中。在一般情况下，辅助区域每隔 15 分钟就会自动向其主要区域请求执行区域传送操作。

一、手动执行区域传送

　　系统除了周期性地向辅助区域传送资源记录，管理员还可以手动执行区域传送，具体的操作步骤如下：

　　(1) 打开辅助区域的 DNS 服务器。

　　(2) 右击需要手动执行区域传送的选项，在弹出的快捷菜单中选择"从主服务器传输"或"重新加载"命令，如图 7-47 所示。"从主服务器传输"命令仅传输更新的资源记录；"重新加载"命令直接将主 DNS 服务器中所有的资源记录复制过来。

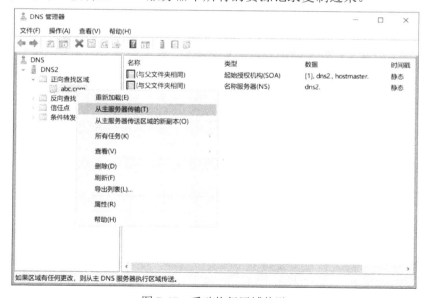

图 7-47　手动执行区域传送

二、通过配置起始授权机构周期性地执行区域传送

DNS 服务器的主要区域会周期性地(默认 15 分钟)执行区域传送操作,将资源记录复制到辅助区域的 DNS 服务器中。起始授权机构资源记录指明了区域的源名称,以及主要区域服务器的名称和基本属性。配置起始授权机构的具体步骤如下:

(1) 在主 DNS 服务器中打开 DNS 服务器。

(2) 右击"正向查找区域"中的主域选项,在弹出的快捷菜单中选择"属性"命令,在打开的"abc.com 属性"对话框中选择"起始授权机构(SOA)"选项卡,如图 7-48 所示。管理员可以根据实际情况修改起始授权机构资源记录的各个字段值,包括序列号、主服务器、负责人、刷新间隔、重试间隔、过期时间、最小(默认)TTL 等。其中要说明的是,刷新间隔的时间是在查询主区域的来源以进行区域更新之前辅助 DNS 服务器等待的时间。重试间隔就是当辅助 DNS 服务器复制失败时,进行重试前需要等待的时间间隔。过期时间是指当辅助 DNS 服务器无法联系主 DNS 服务器时,还可以使用此辅助 DNS 区域答复 DNS 客户端请求的时间。当达到过期时间的限制时,辅助 DNS 服务器会认为此辅助 DNS 区域不可信。此限制的默认值是 86 400 秒(24 小时)。

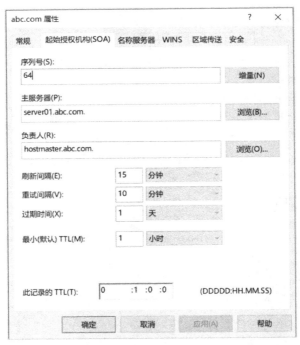

图 7-48　"起始授权机构(SOA)"选项卡

任务实施

(1) 在辅助 DNS 服务器上安装 DNS 服务。在 dns2 .abc.com 中右击"正向查找区域"选项,在弹出的快捷菜单中选择"新建区域向导"命令,在打开的"区域类型"界面中选择区域类型为"辅助区域",单击"下一步"按钮,打开"区域名称"界面,将区域名称与主

域名的区域名称设置为一致，如图 7-49 和图 7-50 所示。

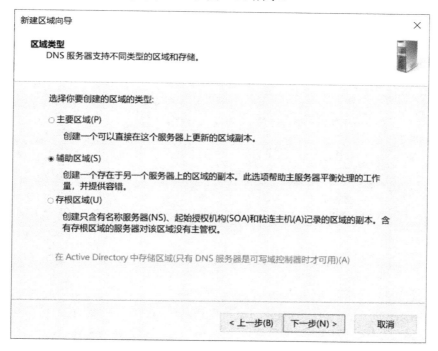

图 7-49　创建辅助区域

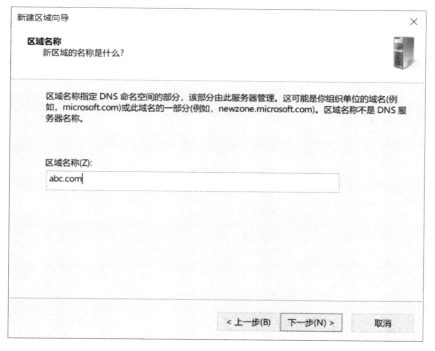

图 7-50　设置辅助区域名称

(2) 在"主 DNS 服务器"界面中输入主 DNS 服务器的 IP 地址"192.168.10.10"，如

图 7-51 所示。点击"下一步"按钮，确认配置信息，如图 7-52 所示。如需改动，则点击"上一步"按钮；若无改动，则点击"完成"按钮，结束辅助 DNS 服务器的安装。

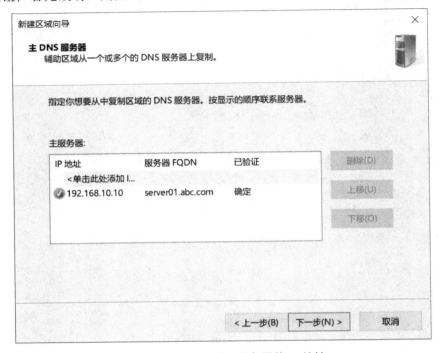

图 7-51　设置主 DNS 服务器的 IP 地址

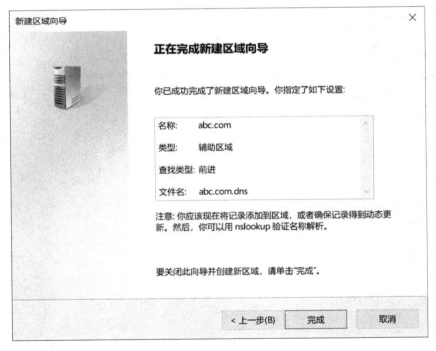

图 7-52　确认配置信息

(3) 在主 DNS 服务器上设置区域传送，如图 7-53 所示。

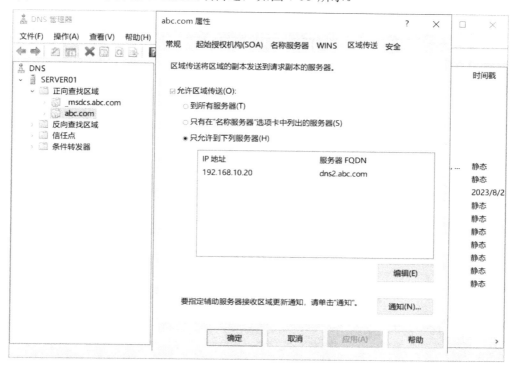

图 7-53 在主 DNS 服务器上设置区域传送

(4) 在辅助 DNS 服务器上查看辅助区域的信息，两台 DNS 服务器上的信息同步后，两者信息应该相同，如图 7-54 和图 7-55 所示。

图 7-54 在主 DNS 服务器上查看主要区域的信息

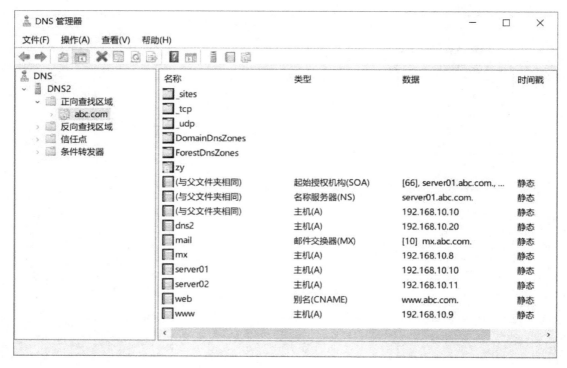

图 7-55 在辅助 DNS 服务器上查看辅助区域的信息

反向区域传送的方法和正向区域传送的方法相似，读者参照正向区域传送的方法进行设置即可。

任务拓展

将主 DNS 服务器的 abc.com 中的资源记录传送到指定的辅助区域 DNS 服务器中。其他未指定的辅助 DNS 服务器不可获得区域传送的请求。

右击"正向查找区域"列表中的"abc.com"选项，在弹出的快捷菜单中选择"属性"命令，在打开的"abc.com 属性"对话框中选择"区域传送"选项卡，勾选"允许区域传送"复选框，并选中"只允许到下列服务器"选项按钮，输入备份服务器的 IP 地址 192.168.10.20，表示只接收 IP 地址为 192.168.10.20 的服务器的区域传送请求，如图 7-56 所示。点击"通知"按钮，在打开的"通知"对话框中可以设置要通知的辅助 DNS 服务器。如此一来，当主 DNS 服务器区域内有更新时，辅助区域会收到更新通知，且一旦收到通知，辅助 DNS 服务器就可以提出传送请求了。

若选中"只有在'名称服务器'选项卡中列出的服务器"选项按钮，表示只接收名称服务器中列出的辅助区域的传送请求，如图 7-57 所示。

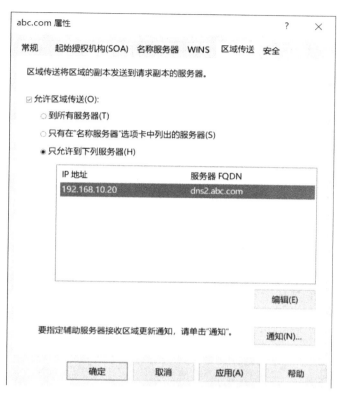

图 7-56　允许区域传送到指定服务器

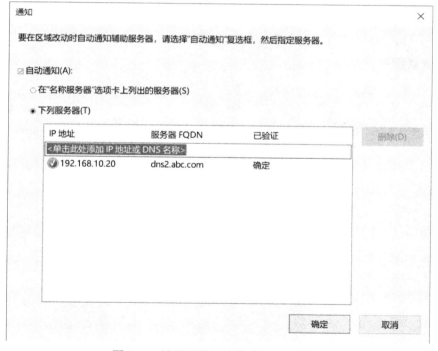

图 7-57　设置要通知的辅助 DNS 服务器

小　结

域名系统是 Internet 上解决主机命名的一种系统。它是 Internet 的一项核心服务，提供了网络域名和 IP 地址相互映射的一个分布式数据库，使人们能够更方便地访问 Internet，而不用记住能够被计算机直接读取的 IP 地址。

习　题

一、单项选择题

1. DNS 协议主要用于实现的网络服务功能是(　　)。
A. 物理地址与 IP 地址的映射　　　　B. 用户名与物理地址的映射
C. 主机域名与 IP 地址的映射　　　　D. 主机域名与物理地址的映射
2. 在下列选项中，(　　)是 DNS 客户端测试命令。
A. ipconfig　　　　B. netstat　　　　C. trace　　　　D. nslookup
3. DNS 顶级域名中表示学院的是(　　)。
A. .org　　　　B. .edu　　　　C. .com　　　　D. .cn
4. 将 DNS 客户端请求的完全合格的域名解析为对应的 IP 地址的过程称为(　　)。
A. 正向解析　　　B. 反向解析　　　C. 递归解析　　　D. 迭代解析
5. 将 DNS 客户端请求的 IP 地址解析为对应的完全合格的域名的过程称为(　　)。
A. 正向解析　　　B. 反向解析　　　C. 递归解析　　　D. 迭代解析

二、填空题

1. DNS 是＿＿＿＿＿＿。
2. DNS 正向解析是指＿＿＿＿，反向解析是指＿＿＿＿。
3. Windows Server 2019 中的 DNS 服务器有 3 种区域类型，分别是＿＿＿、＿＿＿、＿＿＿。
4. 域名系统是一种＿＿＿目录服务。
5. 在 DNS 名称服务器中，别名资源记录表示＿＿＿。

三、解答题

1. 简述在 Windows Server 2019 中安装 DNS 服务器角色的过程。在安装 DNS 服务器角色前需要做哪些准备？
2. 简述 DNS 创建主域的过程。常用的 DNS 资源记录有哪些？
3. 简述 DNS 创建子域的过程，以及将子域委派给其他服务器的过程。

项目 8 DHCP 服务器的配置与管理

 项目背景

随着公司规模不断扩大，联网计算机的数量也越来越多，由原来的几十台增加到几百台，经常出现计算机的 IP 地址冲突的现象，影响网络的正常使用。另外，有的员工需要用笔记本电脑在家或单位上网，这样就要不断修改 IP 地址、网关等参数，很不方便。公司安排管理员解决上述问题，网络管理员通过查询资料，准备为公司部署 DHCP 服务器，为计算机动态分配 IP 地址，搭建 DHCP 服务器的基本步骤如下：

(1) 添加并授权 DHCP 服务。

(2) 配置 DHCP 作用域和作用域参数。

(3) 客户端通过 DHCP 协议动态获取 IP 地址。

 知识目标

- 了解 DHCP 服务器在网络中的作用。
- 掌握 DHCP 服务器的工作原理。
- 理解 DHCP 服务器作用域的概念。
- 掌握 DHCP 服务器地址分配类型。
- 理解 DHCP 服务器中继服务的原理。

 能力目标

- 掌握安装 DHCP 服务器的方法。
- 能够正确创建与管理 DHCP 作用域。
- 掌握配置 DHCP 中继代理的方法。

 素养目标

- 培养工匠精神，要求做事严谨、精益求精、着眼细节、爱岗敬业。
- 树立团队互助、进取合作的意识。

任务 1　添加并授权 DHCP 服务

任务描述

公司的管理员需要在服务器上通过 Windows Server 2019 中的"添加角色和功能向导"安装 DHCP 服务，在安装过程中可以创建一个作用域，最后对该服务器进行授权。公司共分为 3 个部门，其 IP 地址规划如表 8-1 所示。

表 8-1　3 个部门的 IP 地址规划

部门	规划网段	预留主机	DNS 服务器
销售部	192.168.10.11/24～ 192.168.10.210/24	192.168.10.11 192.168.10.210	192.168.10.10
技术部	192.168.20.11/24～ 192.168.20.210/25	192.168.20.11 192.168.20.210	192.168.10.10
人力资源部	192.168.30.11/24～ 192.168.30.210/26	192.168.30.11 192.168.30.210	192.168.10.10

知识衔接

DHCP(dynamic host configuration protocol，动态主机配置协议)提供了即插即用联网(plug-and-play networking)机制。这种机制允许一台计算机加入新的网络并获取 IP 地址，而不用用户手动参与。通过 DHCP 服务，网络中的设备可以从 DHCP 服务器中获取 IP 地址和其他信息。DHCP 协议自动分配 IP 地址、子网掩码、默认网关、DNS 服务器地址等参数。

在大型网络中，使用 DHCP 分配 IP 地址是首选方法，否则对庞大的网络手动分配地址既花费时间又容易出错。DHCP 分配的 IP 地址并不是永久的，而是在一段时间内租用给主机的。如果主机关闭或者离开网络，该主机地址就可以返回地址池中供其他主机使用，由此可以满足现在移动用户办公的需求。

一、IP 地址分配方式

在一个企业的网络内分配 IP 地址时会考虑多种情况，比如，网络中的 IP 地址可以动态分配给用户，也可以静态设定；可以按照 IP 地址的类别分配给不同的用户，可以根据设备的不同特点与作用分配给不同的用户等。

1. 静态分配地址

当采用静态分配 IP 地址方式时，网络管理员必须给设备设定 IP 地址、子网掩码，默认网关、DNS 服务器地址参数。图 8-1 所示为给一台计算机分配静态 IP 地址的界面，各个参数都是手动输入的。

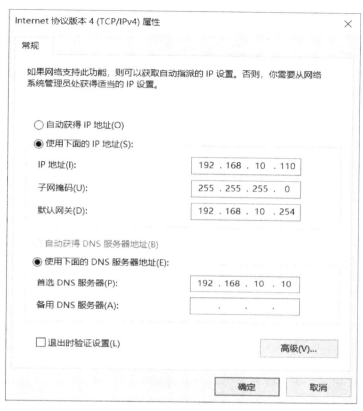

图 8-1　静态分配 IP 地址

当采用静态分配 IP 地址方式时，网络管理员必须知道网络中的各种参数，如网关的地址、DNS 服务器的地址等。静态 IP 地址一般会提供给一些固定的服务器去使用，如 DNS 服务器、Web 服务器、打印机等设备。如果服务器的 IP 地址经常改变，就会导致一些功能无法正常使用。

与动态 IP 地址相比，静态 IP 地址有其自身的优点，但对于大规模的局域网来说，静态分配 IP 地址是一件非常耗时的事情，而且分配用户的数量越多，越容易出错(重复使用、输入错误等)，所以在分配静态地址时需要做好文档记录，列出分配清单。

2. 动态分配地址

由于静态分配 IP 地址的工作量繁重，而且容易出错，因此在大型网络中，通常使用动态主机配置协议(DHCP)为终端设备分配 IP 地址。

DHCP 协议可以为用户自动分配 IP 地址、子网掩码、默认网关和 DNS 服务器地址等参数。在大型网络中，DHCP 协议是为用户分配 IP 地址的首选，而且网络管理员可以使用 DHCP 协议设置各种安全策略，如 ARP 攻击检测、IP 地址合法性检测等。图 8-2 所示为用户主机 A 通过 DHCP 服务器获得 IP 地址的界面。

图 8-2　用户主机 A 获得 IP 地址的界面

二、DHCP 的优缺点

DHCP 服务优点不少：网络管理员可以验证 IP 地址和其他配置参数，而不用去检查每个主机；DHCP 不会同时租借相同的 IP 地址给两台主机；DHCP 管理员可以约束特定的计算机使用特定的 IP 地址；可以为每个 DHCP 作用域设置很多选项；客户机在不同子网间移动时不需要重新设置 IP 地址等。

但同时其也存在不少缺点：DHCP 不能发现网络上非 DHCP 客户机已经在使用的 IP 地址；当网络上存在多个 DHCP 服务器时，一个 DHCP 服务器不能查出已被其他服务器租出去的 IP 地址；DHCP 服务器不能跨路由器与客户机通信，除非路由器允许 BOOTP 转发。

三、DHCP 的工作过程

1. DHCP 客户机第一次登录网络

当 DHCP 客户机启动登录网络时，通过以下步骤从 DHCP 服务器获得租约：

(1) DHCP 客户机在本地子网中先发送 DHCP Discover 报文。此报文以广播的形式发送，因为客户机现在不知道 DHCP 服务器的 IP 地址。

（2）在 DHCP 服务器收到 DHCP 客户机广播的 DHCP Discover 报文后，它向 DHCP 客户机发送 DHCP Offer 报文，其中包括一个可租用的 IP 地址。

如果没有 DHCP 服务器对 DHICP 客户机的请求作出反应，可能发生以下几种情况。

（1）如果 DHCP 客户使用的是 Windows 2000 及后续版本 Window 操作系统，且自动设置 IP 地址的功能处于激活状态，那么 DHICP 客户机将自动从保留的 IP 地址集中选择一个自动私有地址(automatic private ip address，APIPA)作为自己的 IP 地址。自动私有 IP 地址的范围是 169.254.0.1～169.254.255.254。使用自动私有 IP 地址可以确保在 DHCP 服务器不可用时，DHCP 客户机之间仍然可以利用私有 IP 地址进行通信。所以，即使在网络中没有 DHCP 服务器，计算机之间也能通过"网上邻居"发现彼此。

（2）如果使用其他操作系统或自动设置 IP 地址的功能被禁止，则 DHCP 客户机无法获得 IP 地址，初始化失败。但 DHCP 客户机在后台每隔 5 分钟发送 4 次 DHCP Discover 报文直到 DHICP 客户机收到 DHCP Offer 报文。

（3）一旦 DHICP 客户机收到 DHCP Offer 报文，它就发送 DHCP Request 报文到 DHCP 服务器，表示它将使用 DHCP 服务器所提供的 IP 地址。

（4）DHCP 服务器在收到 DHCP Request 报文后，文即发送 DHCP YACK 报文，以确定此租约成立，且此报文还包含其他 DHCP 选项信息。

DHCP 客户机收到确认信息后，利用其中的信息配置它的 TCP/IP 并加入网络。上述过程如图 8-3 所示。

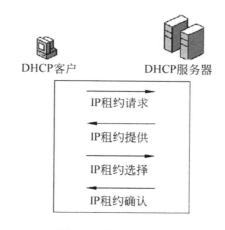

图 8-3   过程解析示意

2. DHCP 客户机第二次登录网络

DHCP 客户机获得 IP 地址后再次登录网络时，就不需要再发送 DHCP Discover 报文了，而是直接发送包含前一次所分配的 IP 地址的 DHCP Request 报文。DHCP 服务器收到 DHCP Request 报文，会尝试让客户机继续使用原来的 IP 地址，并回答一个 DHCP YACK(确认信息)报文。

如果 DHCP 服务器无法分配给 DHCP 客户机原来的 IP 地址，则回答一个 DHCP NACK 报文。当 DHCP 客户机接收到 DHCP NACK 报文后，就必须重新发送 DHCP Discover 报文来请求新的 IP 地址。

3. DHCP 租约的更新

DHCP 服务器将 IP 地址分配给 DHCP 客户机后，有租用时间的限制，DHCP 客户机必须在该次租用过期前对它进行更新。客户机在 50%的租借时间过去以后，每隔一段时间就开始请求 DHCP 服务器更新当前租借。如果 DHCP 服务器应答，则租用延期；如果 DHCP 服务器始终没有应答，则在有效租借期的 87.5%时，客户机应该与任何一个其他 DHCP 服务器通信，并请求更新它的配置信息。如果客户机不能和所有的 DHCP 服务器取得联系，租借时间到期后，它必须放弃当前的 IP 地址，并重新发送一个 DHCP Discover 报文开始上述 IP 地址获得过程。

DHCP 客户机可以主动向 DHCP 服务器发出 DHCP Release 报文，将当前的 IP 地址租约释放。

四、DHCP 作用域参数

用作 DHCP 服务器的计算机需要安装 TCP/IP 协议，并需要设置静态 IP 地址、子网掩码、默认网关等参数。

DHCP 作用域常用的基本参数如下：

(1) 作用域名称：要确保局域网内所有地址都能分配到一个 IP 地址，首先要创建一个作用域。

(2) 地址分发范围(地址池)：确定 DHCP 地址池的范围，其中可以排除网关地址等。比如地址池范围从 192.168.10.11～192.168.10.210。

(3) 路由器(默认网关)：编号为"003"是网络的出口网关 IP 地址。

(4) DNS 服务器：编号为"006"是客户端使用的 DNS 服务器地址。

(5) DNS 域名：编号为"015"是客户端使用的 DNS 名称。

(6) 租约时间：默认将客户端获取的 IP 地址使用期限限制为 8 天。

五、DHCP 服务器授权

在网络中安装了 DHCP 服务器后，网络中的客户端就可以通过 DHCP 服务器获取 IP 地址，如果网络中的 DHCP 服务器不止一台，客户端就可能从非法的 DHCP 服务器中获取错误的 IP 地址，从而导致网络故障。

为了解决这种问题，Windows 在 DHCP 服务器中引入了"授权"功能。它要求加入 Active Directory 的 DHCP 服务器必须在 Active Directory 中经过"授权"，才能提供地址分配服务；但如果 DHCP 服务器没有加入 Active Directory，那么仍然可以在"未授权"的情况下分配 IP 地址。

在部署 DHCP 服务器之前应该先进行规划，明确 IP 地址的分配方案。在此任务中，IP 地址范围为 192.168.10.11/24～192.168.10.210/24 被用于自动分配，并将 IP 地址 192.168.10.11/24、192.168.10.210/24 排除，预留给指定的终端设备使用。DHCP 服务器网络的拓扑结构如图

8-4 所示，域控制器作为 DHCP 服务器提供服务。

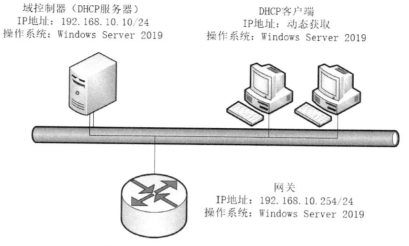

图 8-4 DHCP 服务器网络的拓扑结构

1. 安装 DHCP 服务器角色

（1）将 Windows Server 2019 虚拟机设置成 DHCP 服务器，最简单的方法是通过"添加角色和功能向导"窗口添加 DHCP 服务器角色，通过"开始"菜单打开"添加角色和功能向导"窗口， 选择目标服务器并添加 DHCP 服务器角色，如图 8-5 和图 8-6 所示。

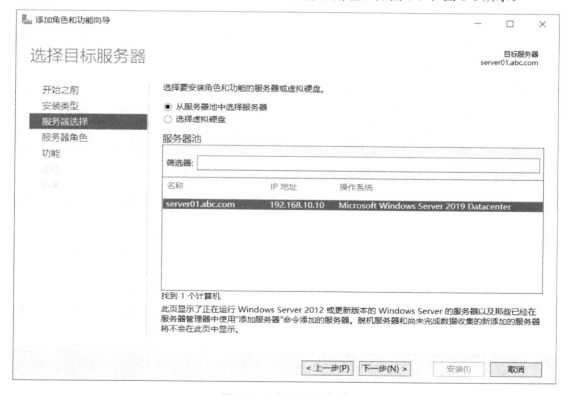

图 8-5 选择目标服务器

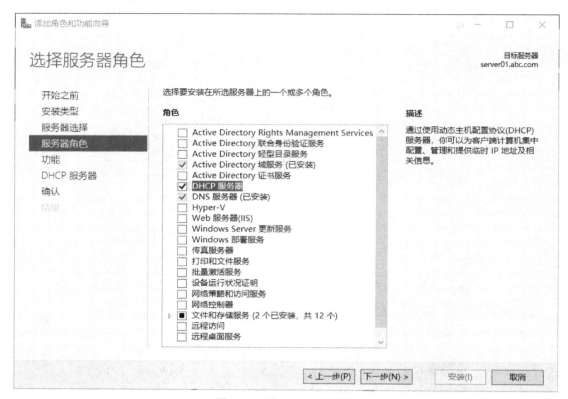

图 8-6　添加 DHCP 服务器

(2) 完成 DHCP 服务器角色的安装以后,在"服务器管理器"窗口中可以看到 DHCP 服务器角色的信息,如图 8-7 所示。

图 8-7　在"服务器管理器"窗口中查看添加的 DHCP 服务器角色

(3) 在"服务器名称"列表中找到 DHCP 服务器，单击鼠标右键，在弹出的快捷菜单中选择"DHCP 管理器"命令，打开"DHCP"窗口，如图 8-8 所示。

图 8-8　"DHCP"窗口

2. 配置 DHCP 服务器作用域和作用域选项

(1) 在"DHCP"窗口的左侧窗格中，右击"IPv4"选项，在弹出的快捷菜单中选择"新建作用域"命令，打开"作用域名称"界面，如图 8-9 所示。

图 8-9　新建 DHCP 作用域

(2) 在"IP 地址范围"界面中设置起始 IP 地址、结束 IP 地址、长度、子网掩码等参数，如图 8-10 所示。

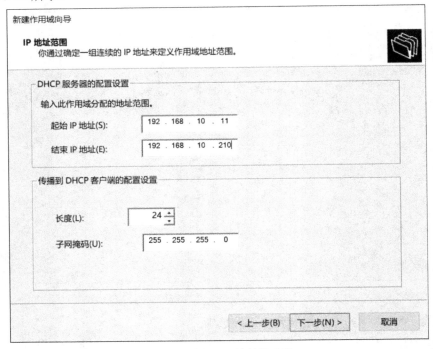

图 8-10　设置 IP 地址等参数

(3) 在"添加排除和延迟""租用期限""路由器(默认网关)"界面中分别设置排除的地址范围、租用期限、默认网关等参数，如图 8-11～图 8-13 所示。

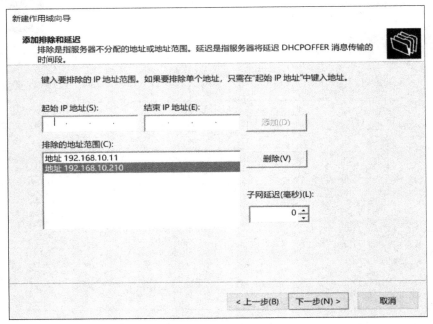

图 8-11　"添加排除和延迟"界面

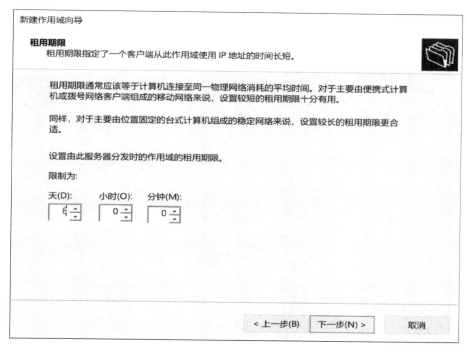

图 8-12　"租用期限"界面

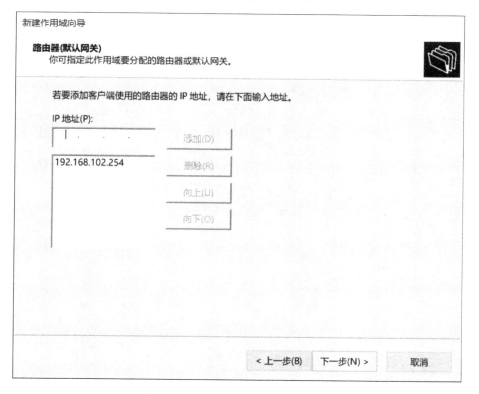

图 8-13　"路由器(默认网关)"界面

（4）配置域名称和 DNS 服务器，如图 8-14 所示，点击"下一步"按钮，之后不需要输入 WINS 服务器信息，一直点击"下一步"按钮，直至完成。

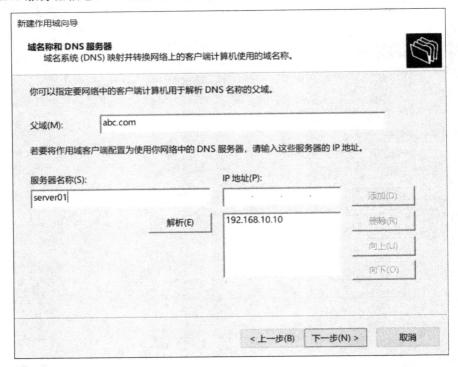

图 8-14　配置域名称和 DNS 服务器

（5）若 DHCP 服务器已经加入了域，则需要对 DHCP 服务器进行授权操作，对 DHCP 服务器的授权必须具有域管理员权限。

（6）安装完毕之后，用户可以在"服务器管理器"窗口的"角色"列表下看到 DHCP 服务器和相关的作用域，也可以通过管理工具打开"DHCP"窗口进行查看，如图 8-15 所示。

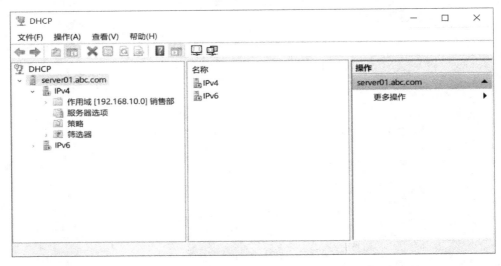

图 8-15　通过"DHCP"窗口查看 DHCP 服务器和相关的作用域

3. 授权 DHCP 服务器

(1) 重启 Windows Server 2019 虚拟机后用域账户登录系统，然后打开"DHCP"窗口，右击要授权的 DHCP 服务器，在弹出的快捷菜单中选择"授权"命令，如图 8-16 所示。

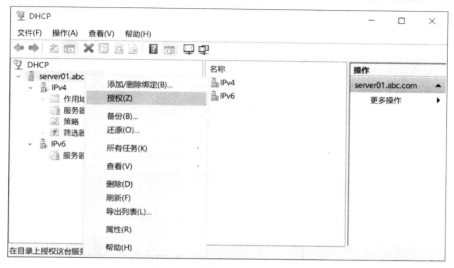

图 8-16 授权 DHCP 服务器

(2) 授权后的 DHCP 服务器图标出现了一个对钩，如图 8-17 所示。若要解除授权，只需再次右击 DHCP 服务器，在弹出的快捷菜单中选择"撤销授权"命令即可。

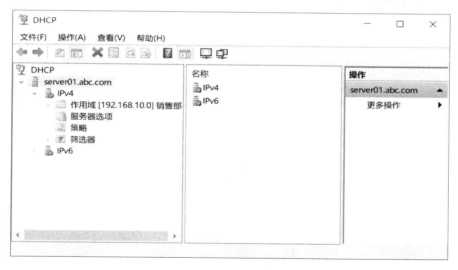

图 8-17 已授权 DHCP 服务器

4. 配置 DHCP 客户机和测试

目前常用的操作系统均可以作为 DHCP 客户端，本任务使用 Windows 平台作为客户端进行配置。在客户端计算机上打开"Internet 协议版本 4(TCP/IPv4)"对话框，选中"自动获得 IP 地址"和"自动获得 DNS 服务器地址"选项按钮，如图 8-18 所示。随后打开"网络连接详细信息"对话框，如图 8-19 所示。

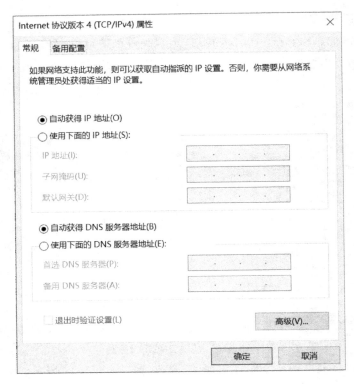

图 8-18 配置 DHCP 客户端

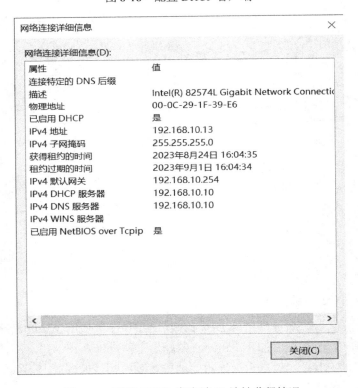

图 8-19 查看 DHCP 客户端 IP 地址获得情况

　　用户可以通过命令提示符窗口，输入"ipconfig/all"和"ping"命令对 DHCP 客户端进行测试，如图 8-20 和图 8-21 所示。手动释放 DHCP 客户端 IP 地址租约可以使用"iconfig/release"命令，手动更新 DHCP 客户端 IP 地址租约可以使用"ipconfig/renew"命令，如图 8-20 和图 8-21 所示。

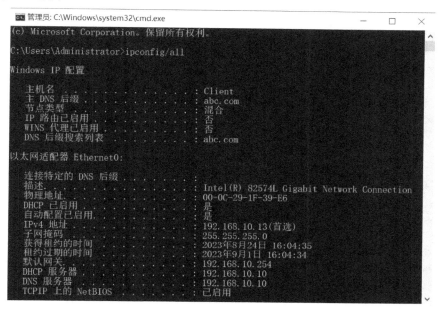

图 8-20　DHCP 客户端测试(一)

图 8-21　DHCP 客户端测试(二)

　　继续登录 DHCP 服务器，打开"DHCP"窗口，在左侧窗格中用鼠标双击 DHCP 服务器，在展开的控制台树中双击作用域，然后选择"地址租用"选项，可以看到当前 DHCP 服务器的作用域中租用 IP 地址的客户机信息，如图 8-22 所示。

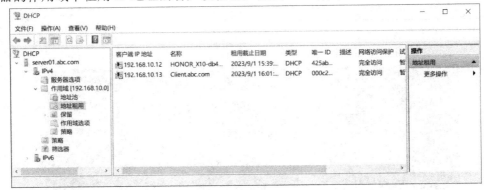

图 8-22　IP 地址租约

5. 配置 DHCP 选项

DHCP 服务器既可以为 DHCP 客户机提供 IP 地址，还可以设置 DHCP 客户机启动时的工作环境，如可以设置客户机登录的域名称、DNS 服务器、WINS 服务器、路由器、默认网关等。在客户机启动或更新租约时，DHCP 服务器可以自动设置客户机启动后的 TCP/IP 环境。

在 DHCP 服务器上可以从以下几个不同的级别管理 DHCP 选项。

(1) 配置服务器选项。

服务器选项是默认应用于所有 DHCP 服务器作用域中的客户和类选项。服务器选项在安装完 DHCP 服务之后就存在了，在这个选项上点击鼠标右键，在弹出的快捷菜单中选择"配置选项"命令，打开如图 8-23 所示的"服务器选项"对话框，在该对话框中可以配置 DHCP 服务器的服务器选项类型。

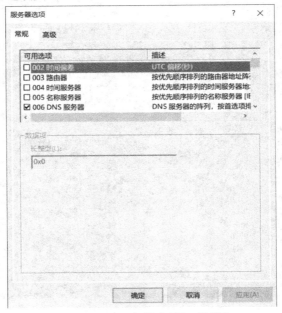

图 8-23　"服务器选项"对话框

（2）保留选项。

保留选项用于给特定的 DHCP 客户端预留指定的 IP 地址。在保留地址时首先需要在 DHCP 服务器的作用域中添加保留，如图 8-24 所示，这些保留的地址预留给作用域中单独的 DHCP 客户端使用。

图 8-24　保留选项

（3）应用 DHCP 选项冲突的优先级。

如果不同级别的 DHCP 选项出现冲突，则 DHCP 客户机应用 DHCP 选项的完整优先级顺序由高到低为 DHCP 客户端手动配置、保留选项、作用域选项、服务器选项。

任务 2　架设 DHCP 中继代理服务器

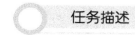 任务描述

DHCP 中继代理可以将 DHCP 请求发送到远程网络中的 DHCP 服务器上。公司网络中存在多个子网，而 DHCP 服务器与客户端处于不同的子网中，这样就需要配置 DHCP 中继代理，让 DHCP 中继代理来转发 DHCP 报文到 DHCP 服务器。

知识衔接

一、DHCP 中继代理

DHCP Relay(DHCPR) 也被称为 DHCP 中继。中继可以实现跨越物理网段处理和转发 DHCP 信息的功能。并不是每个网络上都有 DHCP 服务器，因为这样会使用大量的 DHCP 服务器。比较推荐的方式是每个网络至少有一个 DHCP 中继代理，它配置了 DHCP 服务器的 IP 地址信息。当 DHCP 中继代理收到主机发送的 DHCP Discovery 报文后，就以单播方

式向 DHCP 服务器转发此报文并等待其回答，如图 8-25 所示。收到 DHCP 服务器回答的
DHCP Offer 报文后，DHCP 中继代理再将此报文发回主机。

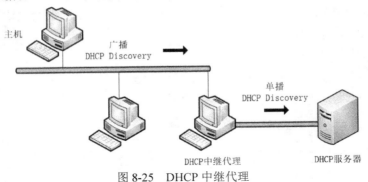

图 8-25   DHCP 中继代理

二、DHCP 中继的工作过程

DHCP 中继的工作过程如下：

(1) 当 DHCP 客户端启动并进行 DHCP 初始化时，它会在本地网络上广播配置请求报文。

(2) 如果本地网络存在 DHCP 服务器，则可以直接进行 DHCP 配置，不需要设置 DHCP
中继。

(3) 如果本地网络不存在 DHCP 服务器，则与本地网络相连的具有 DHCP 中继功能的网
络设备收到该广播报文后，将其进行适当处理并转发给指定的其他网络上的 DHCP 服务器。

(4) DHCP 客户端向指定的 DHCP 服务器发送请求获取 IP 地址的报文。

任务实施

在本任务中，DHCP 服务器需要完成 2 个作用域的创建，然后配置 DHCP 中继代理服
务器并进行测试。本任务构建了如图 8-26 所示的拓扑结构(在 VMware 中开启 3 台虚拟机)，
其中子网 2 属于跨网段的网络，所以需要 DHCP 中继代理转发 DHCP 报文。

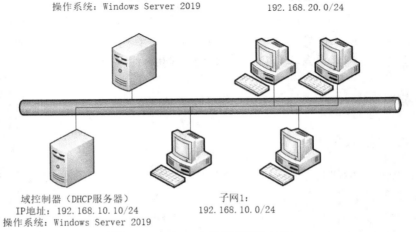

图 8-26   DHCP 中继代理拓扑结构

一、DHCP 中继代理网络连接

(1) 在 DHCP 服务器中，按照之前的方法添加新的作用域，如图 8-27 所示。

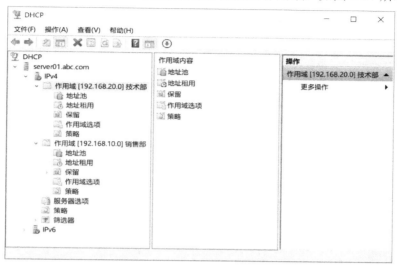

图 8-27　添加新的作用域

(2) 在"虚拟机设置"对话框中为 DHCP 中继代理添加一个网卡，如图 8-28 所示。需要注意，要将第一个网卡设置为"桥接模式"，将新增的网卡设置为"VMnet1(仅主机模式)"。

图 8-28　DHCP 中继代理双网卡设置

(3) 分别设置两个网卡的 IP 地址为 DHCP 服务器作用域 1 和作用域 2 的网关(路由器)地址，如图 8-29 所示。

图 8-29 设置网卡的 IP 地址

二、安装"远程访问服务"角色服务

(1) 打开 DHCP 中继代理服务器的"服务器管理器"窗口，单击"添加角色和功能"链接，然后在"选择服务器角色"界面中勾选"远程访问"复选框，如图 8-30 所示。

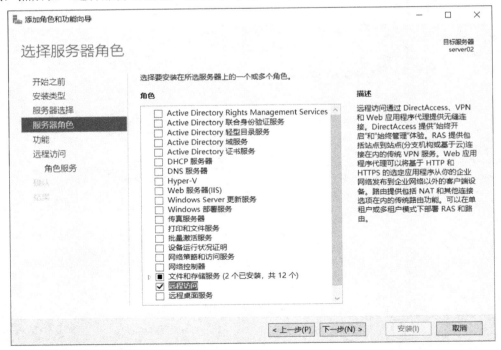

图 8-30 "选择服务器角色"界面

(2) 单击"下一步"按钮，在打开的"选择角色服务"界面中勾选"路由"复选框，安装相应的角色服务，如图 8-31 所示。

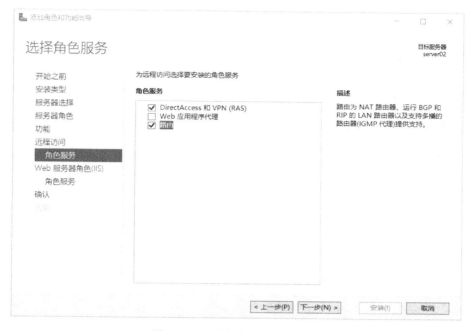

图 8-31　"选择角色服务"界面

如果"远程访问"和"路由"服务之前已经安装，则可以省略上述操作。

三、增加 LAN 路由功能

(1) 通过"开始"菜单，打开"服务器管理器"窗口，在右上角的"工具"下拉菜单中，选择"路由和远程访问"命令，打开"路由和远程访问"窗口，如图 8-32 所示。

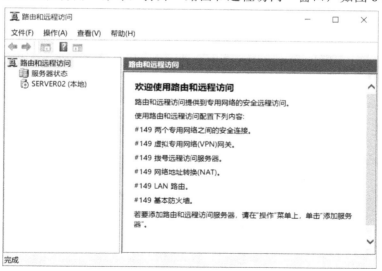

图 8-32　"路由和远程访问"窗口

(2) 右击"SERVER02(本地)"选项，在弹出的快捷菜单中选择"配置并启动路由和远程访问"命令，打开"配置"对话框，单击"下一步"按钮，在打开的"配置"界面中选中"自定义配置"选项按钮，如图 8-33 所示。

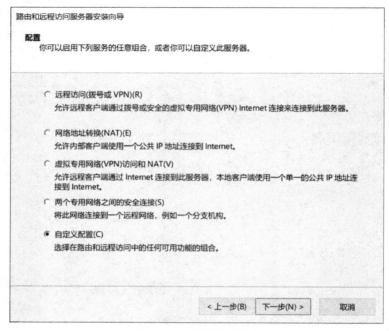

图 8-33　"配置"界面

(3) 点击"下一步"按钮，在打开的"自定义配置"界面中勾选"LAN 路由"复选框，如图 8-34 所示。

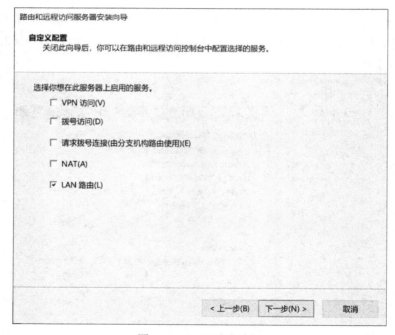

图 8-34　LAN 路由选择

（4）点击"下一步"按钮，打开"启动服务"界面，点击"启动服务"按钮即可启动服务，如图 8-35 所示。

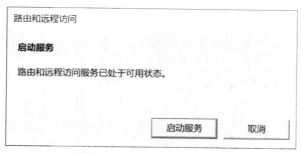

图 8-35　"启动服务"界面

四、添加 DHCP 中继代理程序

（1）在"路由和远程访问"窗口中展开控制台树，在"IPv4"列表的"常规"选项上单击鼠标右键，在弹出的快捷菜单中选择"新增路由协议"命令，打开"新路由协议"对话框，选择"DHCP Relay Agent"选项，如图 8-36 所示。

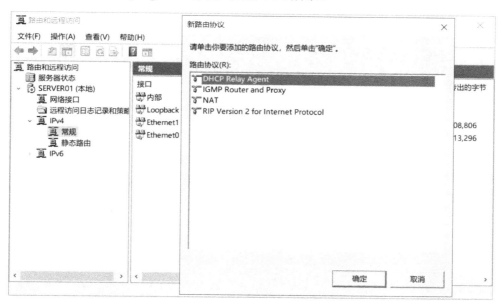

图 8-36　新增 DHCP 中继代理程序

（2）在"路由和远程访问"窗口中，找到新增的"DHCP 中继代理"选项并右击，在弹出的快捷菜单中选择"新增接口"命令，打开"DHCP Relay Agent 的新接口"对话框，选择本地连接中"Ethernet1"的网卡接口，如图 8-37 所示。

（3）点击"确定"按钮，打开如图 8-38 所示的"DHCP 中继属性 Ethernet1 属性"对话框，检查"中继 DHCP 数据包"复选框是否已经勾选，还可以设置跃点计数阈值(DHCP 中继代理转发的 DHCP 报文经过多少台路由器后会丢弃)和启动阈值(DHCP 中继代理收到 DHCP 报文后经过多长时间才会将数据包转发出去)参数，然后点击"确定"按钮。

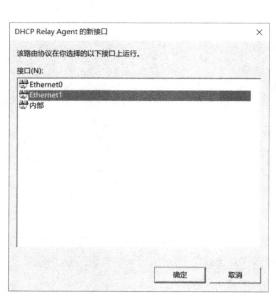

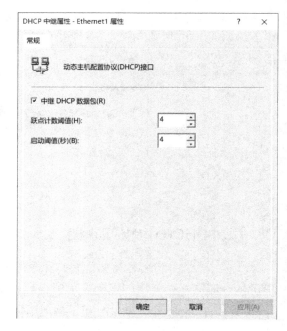

图 8-37　新增接口　　　　　　　　　　图 8-38　子网接口属性

五、指定 DHCP 服务器的 IP 地址

返回"路由和远程访问"窗口后,继续右击"DHCP 中继代理"选项,在弹出的快捷菜单中选择"属性"命令,打开"DHCP 中继代理属性"对话框,在该对话框中指定 DHCP 服务器的 IP 地址,如图 8-39 所示。

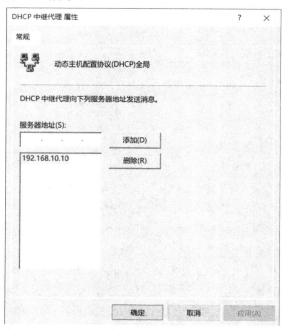

图 8-39　指定 DHCP 服务器的 IP 地址

六、测试 DHCP 中继代理

此时开启第 3 台虚拟机，将虚拟机网卡设定为"VMnet1(仅主机模式)"。保证它在子网 2 中，同时在"虚拟网络编辑器"对话框中编辑虚拟网络，把 VMnet1 的本地 DHCP 取消，如图 8-40 所示。然后测试客户端网络连接，设置自动获取 IP 地址，如图 8-41 所示，可以看出用户计算机通过 DHCP 中继代理向 DHCP 服务器申请到了 IP 地址，而获取的 IP 地址和 DHCP 服务器的 IP 地址是属于不同网段的。

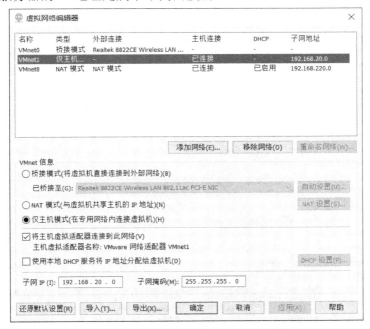

图 8-40   取消 VMnet1 的本地 DHCP 服务

图 8-41   跨网段获取 IP 地址

此时，我们再次查看 DHCP 服务器的作用域，可以看到 192.168.20.0/24 作用域中地址租用的情况，如图 8-42 所示。查看 DHCP 中继代理，可以看到网卡 Ethernet1 转发了 DHCP 的请求信息，如图 8-43 所示。

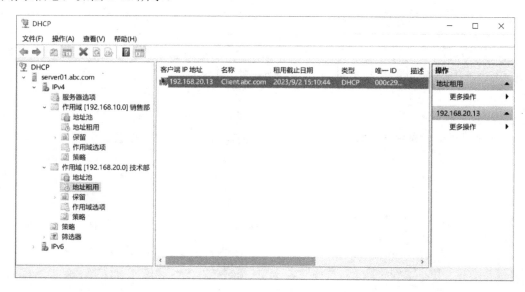

图 8-42   192.168.20.0/24 作用域中地址租用的情况

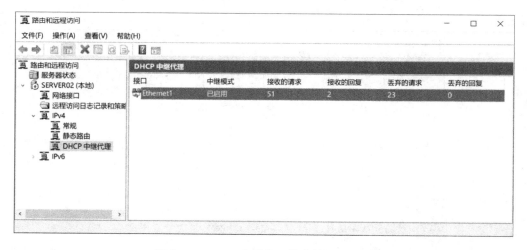

图 8-43   DHCP 中继代理转发数据包统计

七、DHCP 服务器的数据库

在一般情况下，DHCP 服务器的数据库存放在 Windows/System32/dhcp 目录内，如图 8-44 所示。其中，dhcp.mdb 是主数据文件；子文件夹 backup 是 DHCP 数据库的备份。在默认情况下，DHCP 数据库每隔 1 小时自动备份一次，网络管理员也可以手动备份和还原 DHCP 库。在"DHCP"窗口中，右击 DHCP 服务器图标，在弹出的快捷菜单中可以选择"备份"和"还原"命令来备份和还原 DHCP 数据库，如图 8-45 所示。

图 8-44　DHCP 服务器的数据库的存放位置

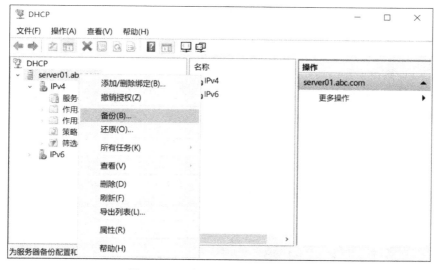

图 8-45　"备份"和"还原"命令

小　　结

随着网络规模的不断扩大，网络的复杂程度也在逐渐增加，动态主机配置协议为大型网络分配 IP 地址提供了极大的便利。随着移动终端和无线网络的广泛使用，IP 地址的变化与更新也是经常发生的，DHCP 协议就是为满足这些需求而发展起来的。

习　题

一、单项选择题

1. DHCP 服务器不可以配置的信息是(　　)。

A. WINS 服务器 　　　　　　　　B. DNS 服务器

C. 计算机主机名 　　　　　　　　D. 域名

2. 使用下列(　　)命令可以查看网络适配器的 DHCP 类别信息。

A. ipconfig/renew 　　　　　　　B. ipconfig/release

C. show dhcp 　　　　　　　　　D. ipconfig/all

3. 在 Windows Server 2019 中，DHCP 服务中的客户端租用地址的期限超过约 50%时，客户端会向服务器发送(　　)报文来更新租约。

A. DHCP Discovery 　　　　　　B. DHCP Offer

C. DHCP Request 　　　　　　　D. DHCP Ack

4. 在一个局域网中利用 DHCP 服务器动态分配 IP 地址。DHCP 服务器的 IP 地址是 192.168.10.222/24，在服务器中创建一个作用域 192.168.10.1/24-192.168.10.200/24 并激活，在服务器选项中设置 003 路由器的 IP 地址为 192.168.10.254. 在作用域选项中设置 003 路由器的 IP 地址为 92.168.10.253，则客户端获取的默认网关为(　　)。

A. 192168.10.1 　　　　　　　　B. 192.168.10253

C. 192168.10254 　　　　　　　　D. 无法获取

5. 如果需要为一台服务器设定固定的 IP 地址,那么可以在 DHCP 服务器上为其设置(　　)。

A. IP 作用域 　　　　　　　　　B. IP 地址保留

C. DHCP 中继代理 　　　　　　　D. 延长租期

二、填空题

1. DHCP 采用了客户端/服务器模式，使用 UDP 传输，从 DHCP 客户端到达 DHCP 服务器的报文使用目的端口_____,从 DHCP 服务器到达 DHCP 客户端使用源端口_____。

2. 在 Windows Server 2019 环境中，使用_____命令可以查看 IP 地址配置，释放 IP 地址使用_____命令，重新获得 IP 地址使用_____命令。

3. 当 DHCP 服务器上有多个作用域时，就可组成_____，作为单个实体来管理。

4. DHCP 服务器默认会每隔_____分钟自动将 DHCP 数据库文件备份到_____文件夹中，其中最重要的文件是_____。

三、简答题

1. 简述 DHCP 的优势。

2. 简述 DHCP 的工作过程。

3. 简述 DHCP 中继代理的工作原理。

项目 9　Web 服务器的配置与管理

 项目背景

　　某公司是一家集计算机软/硬件产品、技术服务和网络工程于一体的信息技术企业，该公司已经部署了 DNS 等基本的服务器来满足网络的应用需求。为了对外宣传和扩大影响，公司决定架设 Web 服务器，并委托设计公司进行网站设计。目前，需要公司的网络管理员搭建 Web 服务器发布简单网站，供公司内部使用，基本步骤如下：

　　(1) 安装 Web 服务器角色。

　　(2) Web 网站的创建和基本属性的设置，包括主目录设定、IP 地址和端口绑定。

　　(3) Web 站点安全配置，提高 Web 网站的安全性。

知识目标

- 了解 Web 服务的应用场景、工作原理。
- 掌握安装和配置 IIS 的方法。
- 理解 WWW、HTTP、URL 的基本概念。
- 掌握 Web 网站的配置和管理。
- 理解 Web 网站虚拟站点的实现原理。
- 掌握在同一台 IIS 服务器上部署不同网站的方法。

能力目标

- 掌握 Web 服务器角色的安装方法。
- 掌握 Web 网站的架设和安全配置方法。
- 掌握 Web 网站虚拟站点的创建和配置方法。

素养目标

- 培养自我学习的能力和习惯。
- 树立团队互助、进取合作的意识。

任务 1   安装 Web 服务器

任务描述

公司的网络管理员按照公司的业务要求搭建 Web 服务器。管理员要先了解如何创建基于 Windows Server 2019 网络操作系统下的 Web 服务器，以及如何安装 Web 服务器，为后续发布网站做好准备。

知识衔接

一、Web 服务器概述

随着互联网的不断发展和普及，Web 服务早已成为人们日常生活中必不可少的组成部分，只要在浏览器的地址栏中输入一个网址，即可进入网络世界，获得海量资源。Web 服务已经成为人们工作、学习、娱乐和社交等活动的重要工具，对于绝大多数的普通用户而言，万维网(world wide web，WWW)几乎就是 Web 服务的代名词。Web 服务提供的资源多种多样，可以是简单的文本，也可以是图片、音频和视频等多媒体数据。如今，随着移动网络的迅猛发展，智能手机逐渐成为人们访问 Web 服务的入口，不管是使用计算机还是使用智能手机，Web 服务的基本原理都是相同的。

(一) Web 服务器的工作原理

WWW 中信息资源主要是以 Web 文档(或称 Web 页)为基本元素所构成的。这些 Web 页采用超文本(hyper text)的格式，即可以含有指向其他 Web 页或其本身内部特定位置的超链接(简称链接)。可以将链接理解为指向其他 Web 页的"指针"。链接使得 Web 页交织为网状。这样，如果 Internet 上的 Web 页和链接非常多，就构成了一个巨大的信息网。

Web 通过以下 3 种机制保证信息资源可被世界范围内的访问者所访问。

(1) 在 Web 上定位资源的统一命名规则，如 URL(uniform resource locator，统一资源定位地址)。

(2) 通过 Web 访问命名资源的协议，如 HTTP(hypertext transfer protocol，超文本传送协议)。

(3) 在资源间轻松导航的超文本语言，如 HTML(hypertext markup language，超文本标记语言)。

当用户通过 URL 定位 Web 资源并利用 HTTP 访问 Web 服务器获取该 Web 资源后，需要在自己的屏幕上将其正确无误地显示出来。由于 Web 服务器并不知道将来阅读这个文件的用户到底会使用哪一种类型的计算机或终端，因此要保证每个用户在屏幕上都能读到正确显示的文件，必须以各类型的计算机或终端都能"看懂"的方式来描述文件，于是就产生了 HTML。HTML 对 Web 页的内容、格式及 Web 页中的超链接进行描述。而 Web 浏览器的作用就在于读取 Web 页上的 HTML 文档,再根据此类文档中的描述组织并显示相应的 Web 页面。

(二) URL

URL 也被称为网页地址,是互联网上标准资源的地址。统一资源定位地址的标准格式如下:

协议类型: //主机名(必要时需加上端口号) /路径/文件名

下面对 URL 的格式做具体说明。

1. 协议类型

在 URL 中,冒号前面的部分指出资源的访问协议类型。可用的协议类型包括 HTTP、HTTPS、Gopher、FTP、Mailto、Telnet、File 等。使用这些协议,就可以在浏览器中访问 HTTP、FTP 或 Gopher 服务器资源,也可以在浏览器中使用 Telnet、电子邮件,还可以直接在浏览器中访问本地的文件。

2. 主机名

主机名指存有资源的主机名字,可以用它的域名,也可以用它的 IP 地址表示。例如,http://www.edu.cn/index.asp 的主机名为 www.edu.cn。

3. 端口号

端口号指进入服务器的通道,一般为默认端口,如 HTTP 协议的端口号为 80,FTP 协议的端口号为 21。如果输入时省略,则使用默认端口号。有时候为了安全,不希望任何人都能访问服务器上的资源,就可以在服务器上对端口号重新定义,即使用非标准端口号,此时访问 URL 时就不能省略该端口号。例如,"http://www.edu.cn/"和"http://www.edu.cn:80"效果是一样的,因为 80 是 HTTP 服务的默认端口号。再如"http://www.edu.cn:8080"和"http://www.edu.cn"是不同的,因为两个 URL 的端口号不同。

4. 路径/文件名

路径/文件名指明服务器上某资源的位置,其格式通常由"目录/子目录/文件名"这样的结构组成。

(三) HTTP 协议

HTTP(hypertext transfer protocol,超文本传输协议)是浏览器和 Web 服务器通信时所采用的应用层协议,使用 TCP 传递数据,默认监听的端口为 80。HTTP 使用 HTML(hyper text markup language,超文本标记语言)表示文本、图片、表格等。超文本是指使用超链接方法将位于不同位置的信息组成一个网状的文本结构,使用户可以通过 Web 页面中的文字、图片等所包含的超链接来跳转访问其他位置的信息资源。

1. HTTP 协议的主要特点

(1) 支持客户端/服务器模式。

(2) 简单快速。客户端向服务器请求服务时,需传输请求方法和路径。常用的请求方法有三种，分别是 GET、HEAD 和 POST。

(3) 灵活。HTTP 协议允许传输任意类型的数据对象。正在传输的类型由 Content-Type 加以标记。

(4) 无连接。无连接的含义是限制每次连接只处理一个请求。服务器处理完客户端的请求，并收到客户端的应答后，即断开连接。

(5) 无状态。HTTP 是无状态协议。无状态是指协议对于事务处理没有记忆能力。

2. HTTP 常见功能

(1) 静态内容："静态内容"允许 Web 服务器发布静态 Web 文件格式，如 HTML 页面和图像文件。在 Web 服务器上可以使用"静态内容"发布用户随后可使用 Web 浏览器查看的文件。

(2) 默认文档："默认文档"允许配置用户在未请求 URL 中指定文件的情况下，Web 服务器返回一个默认的文件作为响应。"默认文档"使用户可以更加轻松、便捷地访问网站。

(3) 目录浏览："目录浏览"允许用户查看 Web 服务器上目录的内容。当用户未在 URL 中指定文件及禁用或未配置默认文档时，"目录浏览"在目录中提供自动生成的所有目录和文件的列表。

(4) HTTP 错误：利用"HTTP 错误"，管理员可以自定义 Web 服务器，当检测到故障情形时返回用户浏览器的错误消息。

(5) HTTP 重定向："HTTP 重定向"支持将用户请求重定向到特定目标。

(四) Web 服务器

Web 服务器也被称为 WWW 服务器，主要用于提供网络信息浏览服务。WWW 是 Internet 的多媒体信息查询工具，是 Internet 上近些年发展起来的服务，也是发展最快和目前应用最广泛的服务。WWW 工具的出现促进了 Internet 的迅速发展，且其用户数量飞速增长。

Web 服务器是可以向发出请求的浏览器提供文档的程序。

(1) 当 Internet 上运行客户端 PC 的浏览器发出的请求时，服务器可以响应或拒绝请求，因此服务器被视为一种被动程序。

(2) 常用的 Web 服务器是 Apache 和 Microsoft 的 Internet 信息服务器(Internet information services，IIS)。Windows Server 2019 的 IIS 的版本是 IIS10。

(3) Internet 上的服务器也被称为 Web 服务器。它是一台在 Internet 上具有独立 IP 地址的计算机，可以向 Internet 上的客户机提供 WWW、E-mail 和 FTP 等各种 Internet 服务。

(4) Web 服务器使用 HTTP 协议与客户端浏览器进行信息交流，这就是人们经常将其称为 HTTP 服务器的原因。

(5) Web 服务器不仅能存储信息，还能在用户通过 Web 浏览器提供的信息的基础上运行脚本和程序。

(五) Web 客户端

Web 服务器采用客户端/服务器工作模式。客户端是指为用户提供本地服务的程序，如浏览器。Web 浏览器使用一个 URL 来请求服务器的相关页面或文档，并负责解释和回显服务器传送过来的 Web 资源。Web 资源通常包括网页、图片、文档等内容。Web 客户端涉及的技术主要包括 HTML、Java 小程序、脚本程序、CSS.DHTML、插件及 VRML(用于实现虚拟现实效果)。Web 浏览器利用这些技术来展示服务器的信息。

常见的浏览器包括由微软系统自带的 IE(Internet Explorer)、由 Google 在开源项目的基础上独立开发的 Chrome、同样是开源开发的 Firefox 和苹果公司为 macOS 量身打造的 Safari 等。

二、Web 网站配置

Web 服务器是 Web 资源的宿主，也就是说，Web 网站信息的发布依托于 Web 服务器。一台 Web 服务器上存储了一个或多个网站的所有信息。Web 网站上包含了 Web 服务器文件系统中的静态文件，通常我们把这些静态文件看成 Web 网站的资源。这些静态文件包括文本文件、HTML 文件、图片文件、视频和音频格式的文件。随着技术的发展，Web 网站资源的形式越来越多样化，不仅可以是静态文件，也可以是根据需要生成内容的软件程序。它可以根据请求信息的状态来生成内容，如人脸识别、股票交易等。

(一) Web 站点的属性

HTTP 协议工作在 TCP/IP 协议栈的应用层。Web 客户端向 Web 服务器发送请求报文之前，需要先通过 IP 地址和端口号在 Web 客户端和 Web 服务器之间建立 TCP/IP 连接，具体步骤如下：

(1) 浏览器从 URL 中解析出 Web 服务器的主机名。

(2) 通过域名解析将主机名转换成相应的 IP 地址和端口号，若没有端口号，则默认端口号为 80。

(3) 浏览器与 Web 服务器之间建立 TCP 连接。

(4) 浏览器向 Web 服务器发送 HTTP 报文。

(5) Web 服务器向浏览器回显 HTTP 报文。

(6) 连接关闭，浏览器显示文档。

(二) Web 站点的结构组件

Web 客户端和 Web 服务器属于 Web 应用程序的重要组件。在复杂的网络环境(如 Internet)中，Web 应用程序除了包括客户端(浏览器)和服务器，还包括代理(web proxy server)、缓存(web cache/http cache)、隧道(http tunnel)、网关(gateway)等。

1. 代理

代理是客户端和服务器之间的 HTTP 中间实体，是网络信息的中转站。代理程序一般会绑定在浏览器上作为插件使用，代理程序一旦找到目标服务器，就立刻将网站数据返回用户的浏览器客户端。若当前服务器没有该目标服务器的缓存，则代理程序会自动读取远程网站，并将远程网站的资料提交给客户端，同时将资料进行缓存以满足下一次的浏览需求。代理程序会根据缓存的时间、大小和提取记录自动删除缓存。

2. 缓存

Web 缓存(或 HTTP 缓存)是用于临时存储 Web 文档(如 HMIL 页面和图像)，以缩短服务器延迟的一种信息技术。Web 缓存就像 HTTP 的仓库，通过保存页面副本来提高页面显示的速度。Web 缓存系统既可以指设备，又可以指计算机程序。

3. 隧道

隧道允许用户通过 HTTP 连接发送非 HTTP 报文格式的数据，这样就可以在 HTTP 报文中附带其他协议数据，也就是说，它可以通过 HTTP 应用程序访问非 HTTP 协议的应用程序。隧道是对 HTTP 通信报文进行盲转发的特殊代理。

4. 网关

网关是种特殊的 Web 服务器，可以用来连接其他应用程序。网关通常用于将 HTTP 流量转换成其他协议。网关对于客户端来说是透明的，在包含网关的网络中，客户端并不知道主机在与网关通信，网关接收请求时把主机当成是资源的源端服务器。

任务实施

一、安装 Web 服务器角色

在安装 Web 服务器(IIS)角色之前，用户需要先做一些必要的准备工作，HTTP 服务采用客户端/服务器工作模式，如图 9-1 所示。

图 9-1　Web 服务器网络的拓扑结构

Web 服务器需要有一个静态的 IP 地址，笔者不建议使用 DHCP 自动获取 IP 地址。一般服务器的 IP 地址都被设置成静态。

Web 服务器需要在 DNS 服务器上设置一个域名。在本任务中，管理员在 abc.com 域中设置的 Web 服务器局域网地址为 192.168.10.10，对应的域名为 www.abc.com(为了便于读者的操作，将 IIS 服务部署在 server01 上，在"DNS 管理器"窗口中设置 server01.abc.com 的别名为 www.abc.com，并在"DNS 管理器"窗口中删除与本任务冲突的资源设置)。

(1) 将 Windows Server 2019 虚拟机设置成 IIS 服务器。在"服务器管理器"窗口中依次选择"管理"→"添加角色和功能"命令，打开"选择服务器角色"界面，选择"服务器角色"选项，然后勾选"Web 服务器(IIS)"复选框，添加 Web 服务器角色，如图 9-2 所示。若"Web 服务器(IIS)"复选框没有被勾选，则表示该网络服务尚未被安装。

(2) "选择功能"界面显示了服务器的功能及其描述，如图 9-3 所示，点击"下一步"按钮，打开"选择角色服务"界面，该界面默认选择安装 Web 服务器所必需的组件。在本任务中，管理员考虑到 Web 服务器的安全等设置，选择了大部分组件，如图 9-4 所示。若不需要，则读者可以根据实际情况进行选择，点击"安装"按钮，开始安装 Web 服务器角色。

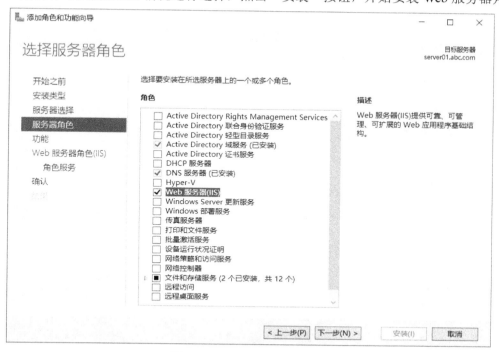

图 9-2　添加 Web 服务器角色

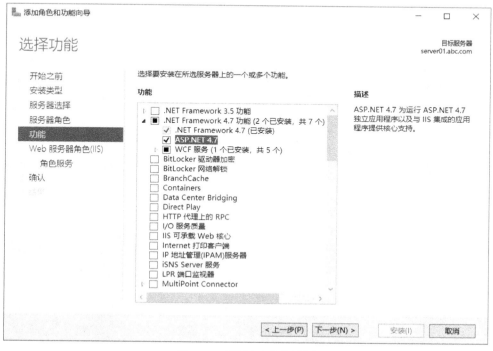

图 9-3　"选择功能"界面

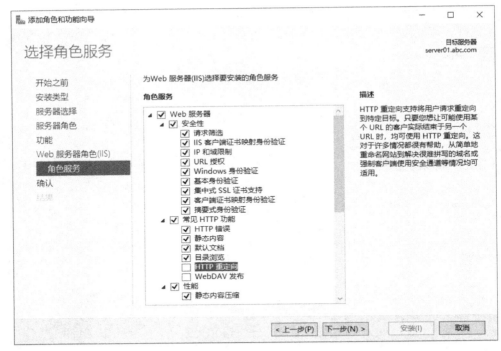

图 9-4 "选择角色服务"界面

(3) 在"安装进度"界面中，显示了 Web 服务器角色的安装过程，安装完成后的界面如图 9-5 所示。

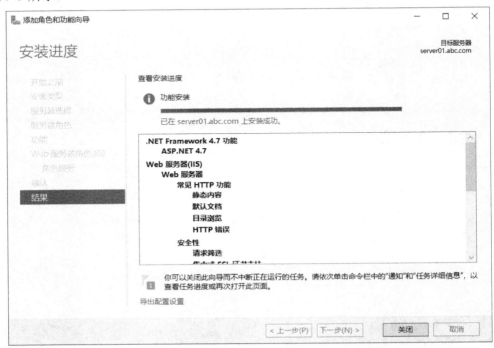

图 9-5 Web 服务器角色安装完成后的界面

　　(4) 打开"Internet Information Services (IIS)管理器"窗口的入口有两个，如图 9-6 和图 9-7 所示。IIS 管理器的主页如图 9-8 所示。

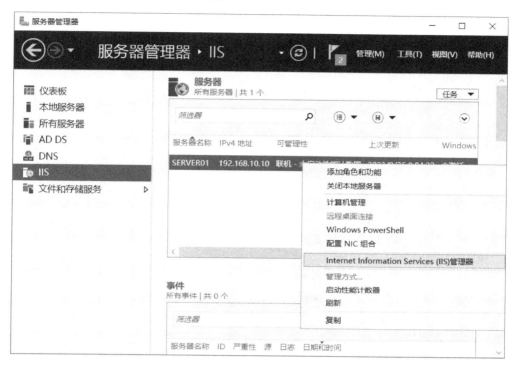

图 9-6　打开 IIS 管理器入口一

图 9-7　打开 IIS 管理器入口二

图 9-8　IIS 管理器的主页

(5) 选择"网站"列表下的"Default Web Site"选项，然后点击右侧"操作"窗格中的"浏览*:80(http)"链接，打开测试页面，如图 9-9 所示。至此，Web 服务器安装完毕，并且测试后能正常访问。

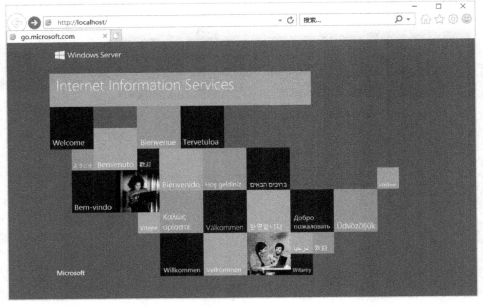

图 9-9　测试页面

二、在 Web(IIS)服务器中配置站点

(1) 在图 9-8 中，先停掉 Default Web Site 网站，然后通过新建网站的方式，创建公司

的 Web 站点。右击"网站"选项，在弹出的快捷菜单中选择"添加网站"命令，如图 9-10
所示。

图 9-10　选择"添加网站"命令

(2) 网站"操作"动作命令如下，详细选项如图 9-11 所示。

图 9-11　网站"操作"动作命令

① 浏览。在资源管理器中打开网站的文件，用户可以查看网站的源文件。

② 编辑权限。管理员可以对网站目录的权限进行设置。

③ 绑定。点击"绑定"链接，打开"网站绑定"对话框，在该对话框中，管理员可
以添加、编辑和删除网站绑定。

④ 基本设置。点击"基本设置"链接，打开"编辑网站"对话框，在该对话框中，管
理员可以编辑创建选定网站时指定的设置。

⑤ 查看应用程序。点击"查看应用程序"链接，打开"应用程序"窗格，管理员可以从中查看属于网站的应用程序。

⑥ 查看虚拟目录。点击"查看虚拟目录"链接，打开"虚拟目录"窗格，管理员可以从中查看属于网站根应用程序的虚拟目录。

⑦ 重新启动、启动、停止。启动、停止选定的网站。停止并重新启动选定的网站。重新启动网站将会使网站暂时不可用，直至重新启动完成为止。

⑧ 浏览网站。在 Internet 浏览器中打开选定的网站，若网站有多个绑定，则会显示多个浏览链接。

⑨高级设置。点击"高级设置"链接，打开"高级设置"对话框，管理员可以从中编辑选定网站的高级设置。

⑩ 限制。点击"限制"链接，打开"编辑网站限制"对话框，在该对话框中，管理员可以为选定的网站配置带宽和连接限制。

(3) 设置网站发布主目录。当用户访问网站时，服务器会从主目录中调取相应的文档。网站主目录默认为"%Systemdrive%\inetpub\wwwroot"。管理员可以根据实际情况(如磁盘的大小、安全的特殊需要)来自定义目录。在本任务中，将"添加网站"对话框的"内容目录"选区中的"物理路径"设置为"C:\web"，点击"连接为"按钮，在打开的"连接为"对话框中选中"特定用户"选项按钮，并点击"设置"按钮，在打开的"设置凭据"对话框中输入管理员的用户名和密码，点击"确定"按钮，如图 9-12 所示。

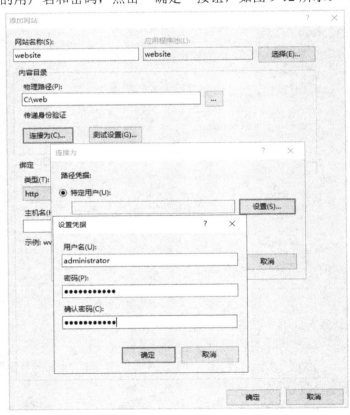

图 9-12　设置网站发布主目录

(4) 在图 9-12 中点击"测试设置"按钮，打开"测试连接"对话框，如图 9-13 所示，在该对话框中显示了测试结果，测试结果表示身份认证和授权成功。

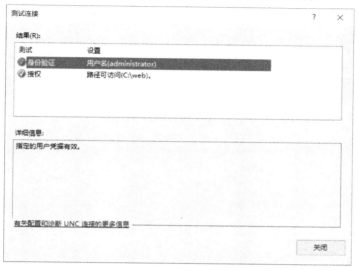

图 9-13   "测试连接"对话框

(5) 在"添加网站"对话框的"绑定"选区中设置"类型"为"http"，从"IP 地址"下拉列表中选择"192.168.10.10"选项，并设置"端口"为"80"，如图 9-14 所示。

图 9-14   设置绑定主机参数

(6) 默认文档一般是目录的主页或包含网站文档目录列表的索引。在通常情况下，Web 网站需要有一个默认页面，在"Internet Information Services (IIS)管理器"窗口的左侧窗格中选择"website"选项，在中间"website 主页"窗格的"IIS"选区中选择"默认文档"选项，如图 9-15 所示。

图 9-15　选择"默认文档"选项

(7) 打开"默认文档"窗格，如图 9-16 所示，在下面的列表框中定义了多个默认文档。服务器中的默认文档是有前后顺序的，在右侧"操作"窗格中，可以"删除"某个默认文档，也可以"上移"或"下移"某个默认文档来调整其顺序。

图 9-16　"默认文档"窗格

(8) 点击"操作"窗格中的"添加"链接，打开"添加默认文档"对话框，添加自定义的默认文档，如图 9-17 所示。在本任务中，管理员已创建 website 主页，存储在物理路径"C:\web"下。

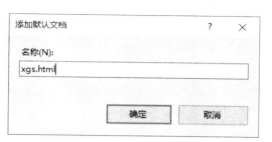

图 9-17　添加自定义的默认文档

(9) 如图 9-18 所示,点击右侧"操作"窗格中的"浏览 192.168.10.10:80(http)"链接进入默认页面。网站在创建时默认是启动状态,直接点击它会进入默认页面。管理员可以通过"操作"窗格上的"管理网站"栏来启动或停止网站。客户端在测试网站页面是否可以访问时,若打开失败,则可以先关闭服务器的防火墙,再进行访问;或者在服务器防火墙中添加规则,允许服务端口通过。访问成功的网站页面如图 9-19 所示。

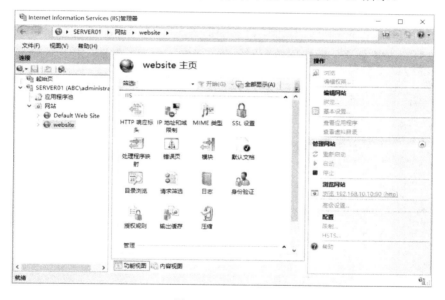

图 9-18　浏览网站

图 9-19　访问成功的网站页面

○ **任务拓展**

考虑到公司内部网络的安全，管理员需要对公司的服务器进行安全和性能方面的设置。公司有两个网站需要发布，管理员打算在公司的一台 IIS 服务器上部署两个不同的网站。

一、设置网络限制

网站在实际运行中，可能会由于访问人数过多而出现死机等情况，为了保证网站可以正常工作，管理员应对它进行一定的限制，如限制带宽使用等。点击"操作"窗格的"配置"栏中的"限制"链接，打开"编辑网站限制"对话框，如图 9-20 所示。"编辑网站限制"对话框中包括三个选项，含义如下：

(1) 限制带宽使用(字节)。该选项的含义是多个 Web 站点同时运行时，不能让某一个站点独占带宽而导致其他站点不能运行。

(2) 连接超时(秒)。HTTP 连接在一段时间内没有反应，服务器会自动断开释放被占用的系统资源和网络带宽，默认将连接超时设置为 120 s，管理员可以根据实际情况来设置。

(3) 限制连接数。通过设置"限制连接数"，可以防止因大量客户端请求而造成 Web 服务器负载的恶意攻击。这种恶意攻击被称为拒绝服务攻击(denial of service，DOS)。

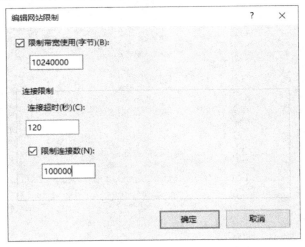

图 9-20　"编辑网站限制"对话框

二、禁用匿名身份验证

在默认情况下，Web 服务器启用匿名访问，当用户访问 Web 站点时，系统提供 IIS_USERS 这个特殊的匿名用户账号自动登录。为了提高服务器的访问安全性，系统只允许授权的用户访问，具体操作步骤如下：

打开"Internet Information Services (IIS)管理器"窗口，选择"身份验证"选项，在打开的"身份验证"界面中，找到"匿名身份验证"选项，单击鼠标右键，在弹出的快捷菜单中选择"禁用"命令，如图 9-21 所示。设置完毕后，返回"Internet Information Services

(IIS)管理器"窗口，重启网站使设置生效。

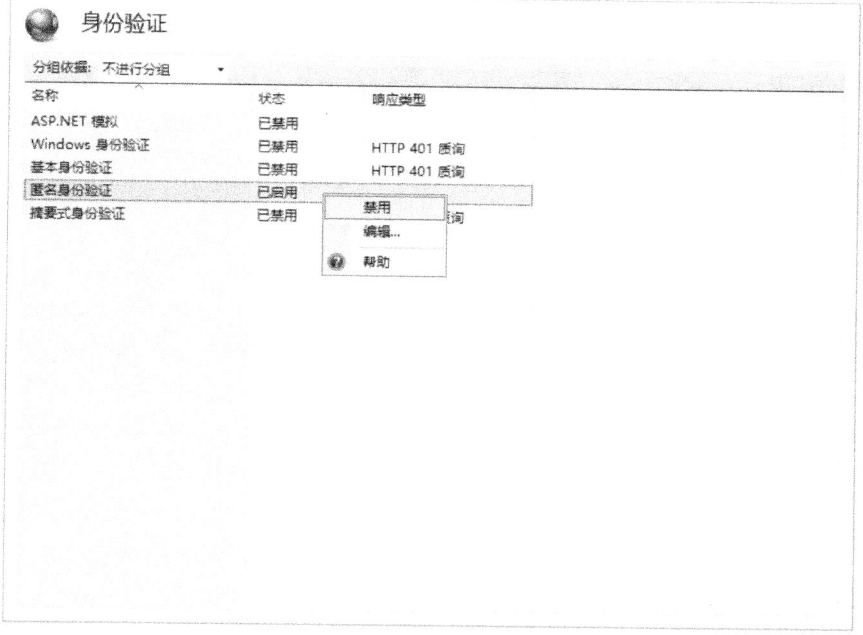

图 9-21　禁用匿名身份验证

三、身份验证

身份验证有 5 种方法。基本身份验证、摘要式身份验证、Windows 身份验证、ASP.NET 模拟身份验证、匿名身份验证。下面简单介绍这 5 种验证方法的主要特点。

1. 基本身份验证

使用基本身份验证可以要求用户在访问内容时提供有效的用户名和密码。所有主流的浏览器都支持该身份验证方法，它可以跨防火墙和代理服务器工作。基本身份验证的缺点是使用弱加密方式在网络中传输密码。只有当确认客户端与服务器之间的连接是安全连接时，才能使用基本身份验证。若使用基本身份验证，则禁用匿名身份验证。所有浏览器向服务器发送的第一个请求都是匿名访问服务器内容；若不禁用匿名身份验证，则用户可以采用匿名方式访问服务器上的所有内容，包括受限制的内容。

2. 摘要式身份验证

使用摘要式身份验证比使用基本身份验证更安全。另外，目前所有浏览器都支持摘要式身份验证，摘要式身份验证通过代理服务器和防火墙服务器来工作。要成功使用摘要式身份验证，必须先禁用匿名身份验证。

3. Windows 身份验证

仅在局域网环境中使用 Windows 身份验证。此身份验证允许用户在服务器域上使用身份验证来对客户端连接进行验证。因此，实际在域工作过程中，用户会优先考虑使用 Windows 身份验证，因为它可以提供更便捷的访问方式。

4. ASP.NET 模拟身份验证

针对 ASP.NET 应用程序启用了模拟身份验证，则该应用程序可以运行在以下两种不同的上下文中：作为已通过 IIS 身份验证的用户或作为用户设置的任意账户。例如，如果使用的是匿名身份验证，并选择作为已通过 IIS 身份验证的用户运行 ASP.NET 应用程序，那么该应用程序将在为匿名用户设置的账户(通常为 IUSR)下运行；同样，如果选择作为用户设置的任意账户运行 ASP.NET 应用程序，那么该应用程序将运行在为该账户设置的任意安全上下文中。

5. 匿名身份验证

当启用匿名身份验证访问站点时，系统不要求用户提供经过身份验证的用户凭据。当访问的网站信息没有安全要求时，管理员可设置启用匿名身份验证。IIS 创建 IUSR 账户用来在匿名用户请求 Web 内容时对他们进行身份验证。用户可以为不同的网站、虚拟目录、物理目录和文件建立不同的匿名账户。若该服务器是基于 Windows 的网站的独立服务器，则 IUSR 账户位于本地服务器上；若该服务器是域控制器，则 IUSR 账户是针对该域进行定义的。

四、在同一台 IIS 服务器上部署多个网站

在同一台 IIS 服务器上部署多个网站可以使用不同标识 IP 地址、不同标识端口、不同标识域名的方式，下面来使用域名不同标识的方式在同一台 IIS 服务器上部署多个网站的步骤。

(1) 192.168.10.10 已有一个别名 www.abc.com，下面在 DNS 服务器上新增两个别名，即 web1.abc.com、web2.abc.com，如图 9-22 所示。

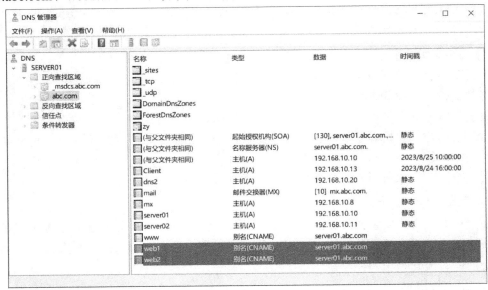

图 9-22　在 DNS 服务器上新增两个别名

(2) 预置两个网站目录，对应的文档位置分别为"C:\web1"和"C:\web2"，同时在两个网站目录中新建不同的首页，然后新建两个网站 web1 和 web2，所需参数如图 9-23 和图 9-24 所示。

图 9-23　web1 网站设置

图 9-24　web2 网站设置

(3) 在浏览器地址栏中分别输入 "http//web1.abc.com." 和 "http://web2.abc.com" 进行网站测试，如图 9-25 和图 9-26 所示。

图 9-25   web1 网站测试

图 9-26   web2 网站测试

任务 2   创建 Web 虚拟目录

任务描述

随着公司业务的扩大，公司网站的内容越来越多，网络管理员将网页及相关文件进行分类，分别按功能放在 website 主目录的子目录下，这些子目录称为实际目录(physical directory)。网络管理员考虑到网站信息的安全性和内容目录的复杂性，除了设置实际目录，他还决定对部分资料设置虚拟目录。

知识衔接

虚拟目录是指向存储在本地计算机或远程计算机上实际物理内容的指针。如果希望包括实际上没有包含在网站目录中或应用程序目录中的内容，那么网络管理员可以创建虚拟目录，该虚拟目录包括来自 Web 服务器中其他位置或网络中其他计算机上的内容。

一、虚拟目录的属性

通过"虚拟目录"窗格可以管理应用程序中虚拟目录的列表。虚拟目录的属性包括以下元素。

(1) 应用程序路径：显示包含每个虚拟目录的应用程序。

(2) 虚拟路径：显示 URL 中用来访问虚拟目录的虚拟路径。

(3) 物理路径：显示用来存放虚拟目录内容的目录的物理路径。

(4) 标识：显示自定义标识(如果已配置)的用户名，该用户名用于从映射到虚拟目录的物理目录中访问内容。若将该标识留空，则使用传递身份验证方式来访问内容。

二、虚拟目录的配置

使用"添加虚拟目录"和"编辑虚拟目录"对话框，可以在网站和应用程序中添加和编辑虚拟目录，具体过程如下所示。

(1) 网站名称：显示包含虚拟目录的网站名称。

(2) 路径：显示包含虚拟目录的应用程序。若在网站级别创建虚拟目录，则该文本框将显示"/"；若在应用程序级别创建虚拟双目录，则该文本框将显示该应用程序的名称，如"/myXUNI"。

(3) 别名：虚拟目录的名称，客户端可以使用该名称从 Web 浏览器中访问内容。例如，若网站地址为 http://www.abc.com/并且该网站创建了一个名为/xuni 的虚拟目录，则用户可以通过输入 http://www.abc.com/xuni/从 Web 浏览器中访问该虚拟目录。

(4) 物理路径：存储虚拟目录内容的物理路径。内容既可以存储在本地计算机上，又可以来自远程共享。若内容存储在本地计算机上，则输入物理路径，如 D:\XUNI；若内容来自远程共享，则输入 UNC 路径，如\\Server01\Share。用户指定的路径必须存在，否则可能收到配置错误。点击"连接为"按钮，以便为账户提供凭据(可选)，该账户经授权可以访问物理路径中的内容。

(5) 连接为：点击"连接为"按钮，打开"连接为"对话框，在该对话框中，管理员可以选择如何连接到在"物理路径"文本框中输入的路径。在默认情况下，"应用程序用户(通过身份验证)"选项按钮处于选中状态。

(6) 测试设置：点击"测试设置"按钮，打开"测试设置"对话框，在该对话框中，管理员可以查看测试结果，以评估路径设置是否有效。

三、虚拟 Web 主机

在一台 Web 服务器上创建多个 Web 站点，可以认为这台 Web 服务器是虚拟 Web 主机。虚拟 Web 主机有以下主要特点。

(1) 节约服务器资源。使用虚拟主机，可以大大减少服务器的硬件资源的投入。在物理设备上虚拟多个站点，既可以节约成本又方便管理。

(2) 可控、可管理。使用虚拟主机，与使用真实主机没有差异。同时，用户可以使用 Web 方式远程管理虚拟主机，而且虚拟主机之间互不影响,既能独立管理又能提高管理效率。

(3) 数据安全性高。利用虚拟主机，可以分离敏感数据，从内容到站点都能相互隔离。

(4) 分级管理。不同的站点可以指派给不同的人进行管理，只有权限的管理员才可以配置站点。因此，每个部门可以根据需要指派专门人员来管理站点。

(5) 网络性能和带宽调节。管理员可以根据实际情况为不同站点设置相应的网络带宽，以保证物理 Web 服务器可以正常工作。

任务实施

(1) 网络管理员需要在服务器的根目录(D 盘)中创建一个名称为"Xuni"的文件夹，将测试虚拟目录的网页文件"test.html"保存在"Xuni"文件夹中，如图 9-27 所示。

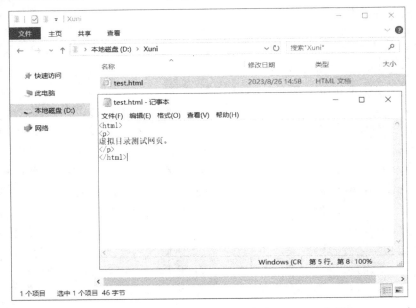

图 9-27　将网页文件"test.html"保存在"Xuni"文件夹

(2) 打开"Internet Information Services (IIS)管理器"窗口，右击"website"选项，在弹出的快捷菜单中选择"添加虚拟目录"命令，如图 9-28 所示。

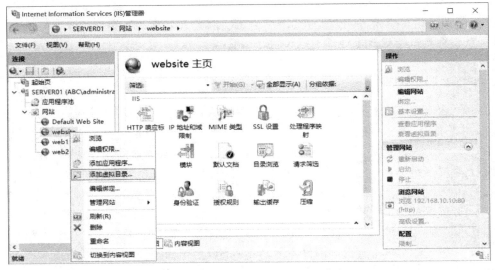

图 9-28　选择"添加虚拟目录"命令

（3）打开"添加虚拟目录"对话框，在"别名"文本框中输入"Xuni"，在"物理路径"文本框中输入虚拟目录的实际路径"D:\Xuni"，连接用户使用 administrator，输入管理员密码，如图 9-29 所示，点击"测试设置"按钮，查看是否连接成功，如图 9-30 所示。设置结束后，点击"确定"按钮保存设置，并在网站默认首页中添加"test.html"网页文件。

图 9-29　连接设置

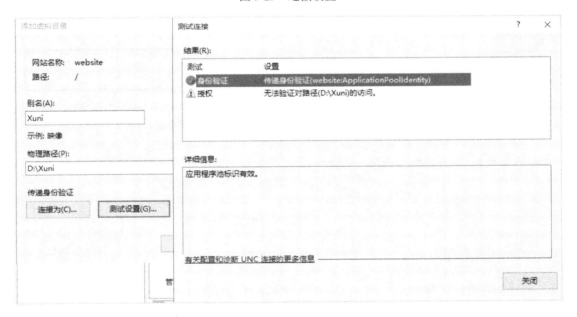

图 9-30　测试连接设置

（4）打开浏览器，在地址栏中输入"http://192.168.10.10/Xuni/"，测试虚拟目录页面是否可以正常访问，如图 9-31 所示。

图 9-31　访问虚拟目录页面

(5) 查看虚拟目录的实际路径。点击"操作"窗格中的"高级设置"链接，在打开的"高级设置"对话框中查看指定的虚拟目录的实际路径，如图 9-32 所示。

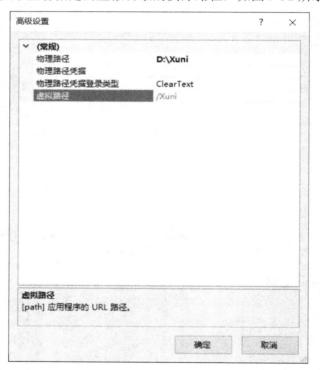

图 9-32　查看虚拟目录的实际路径

任务拓展

　　网络管理员发现随着网站业务量的增加，Web 服务器因访问量过大或者网络硬件故障导致无法连接或访问，甚至服务器直接拒绝连接或出现死机等问题。为了不影响正常访问，小陈决定为两台服务器安装网络负载平衡。两台服务器使用的操作系统均为 Windows Server 2019，静态 IP 地址分别设置为 192.168.10.10 和 192.168.10.30，群集 IP 地址均为 192.168.10.5，对应的域名均为 web.abc.com.，如图 9-33 所示。

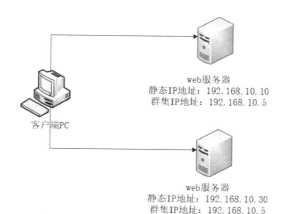

图 9-33   网络负载平衡拓扑结构

一、网络负载平衡

网络负载平衡(network load balance，NLB)通过将多台 Web 服务器(IIS)组成 Web 集群的方式，提供一个具备排错、负载平衡的高可用性网站。当 Web 集群收到多个不同用户的连接请求时，这些请求会被分散地送到 Web 集群的不同 Web 服务器中，以此来提高访问效率。若 Web 集群中的某台 Web 服务器因为故障而无法继续提供服务，则会由其他仍然能够正常运行的 Web 服务器来继续为用户提供服务，因此 Web 集群还具有故障转移的功能。

二、网络负载平衡的安装

(1) 打开"服务器管理器"窗口，点击"添加角色和功能"链接，打开"添加角色和功能向导"窗口，连续点击"下一步"按钮，直到打开"选择功能"界面，在该界面中选"网络负载平衡"复选框，如图 9-34 所示。

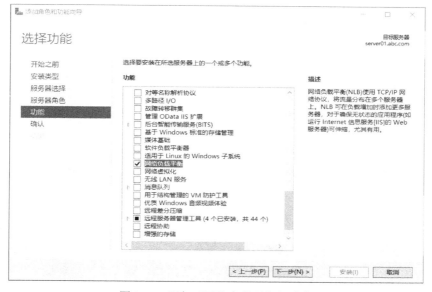

图 9-34   添加"网络负载平衡"功能

（2）其他界面按照默认设置，直到安装完成。

三、网络负载平衡的配置

（1）在"服务器管理器"窗口的"工具"下拉菜单中选择"网络负载平衡管理器"命令，打开"网络负载平衡管理器"窗口，如图 9-35 所示。

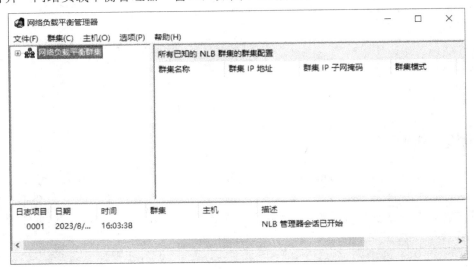

图 9-35　"网络负载平衡管理器"窗口

（2）右击"网络负载平衡群集"选项，在弹出的快捷菜单中选择"新建群集"命令，如图 9-36 所示。

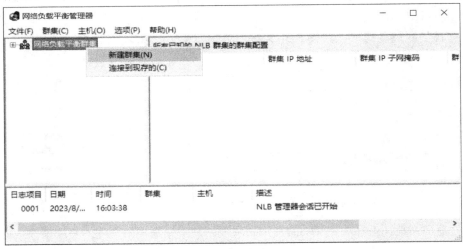

图 9-36　选择"新建群集"命令

（3）打开"新群集：连接"对话框，在"主机"文本框中输入主机的 IP 地址"192.168.10.10"，若主机有多个 IP 地址，则优先选择群集网段中的 IP 地址，点击"连接"按钮，连接成功的主机的信息显示在"可用于配置新群集的接口"列表框中，如图 9-37 所示。点击"下一步"按钮，确认主机参数，如图 9-38 所示。

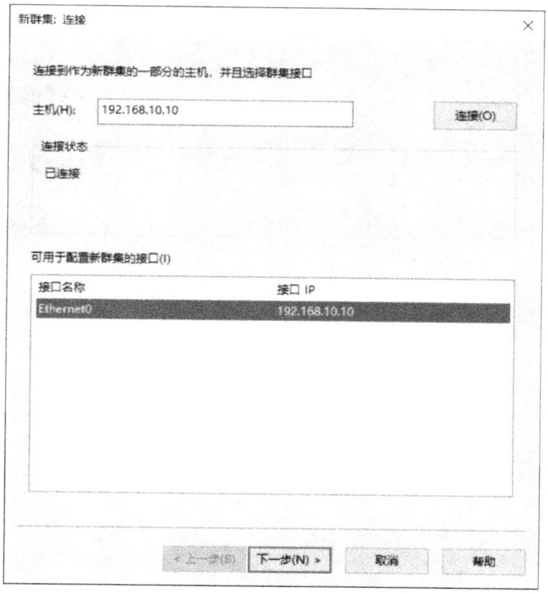

图 9-37　"新群集：连接"对话框

图 9-38　确认主机参数

（4）点击图 9-38 中的"编辑"按钮，查看主机参数，如图 9-39 所示。

图 9-39　编辑主机参数

(5) 点击"确定"按钮，在打开的"新群集：群集 IP 地址"界面中，输入群集成员共享的 IP 地址，如图 9-40 所示。

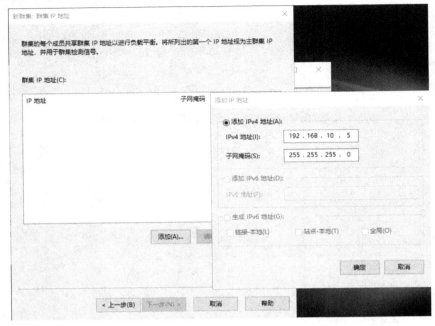

图 9-40　设置群集 IP 地址

(6) 确认群集参数，并在"完整 Internet 名称"文本框中输入完整的域名"web.abc.com"，如图 9-41 所示。

图 9-41　确认群集参数并输入完整域名

(7) 确认端口规则，可以按照默认设置，也可以点击"编辑"按钮，在打开的"添加/编辑端口规则"对话框中设置端口范围，设置完毕后，依次点击"确定"和"完成"按钮，如图 9-42 和图 9-43 所示。

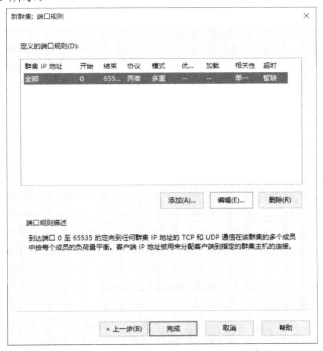

图 9-42　"新群集：端口规则"对话框

图 9-43　确认编辑端口规则

（8）打开"网络负载平衡管理器"窗口，刷新并等待"web.abc.com"加载完毕，发现 NLB 群集的配置状态为已聚合，如图 9-44 所示。

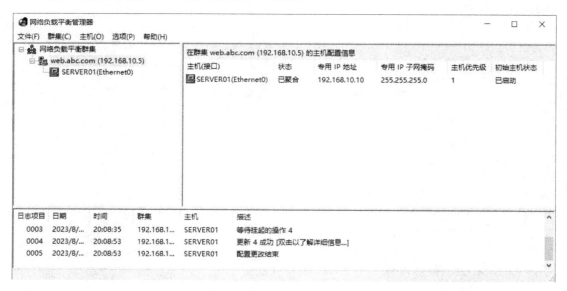

图 9-44 "网络负载平衡管理器"窗口

（9）若有新的主机要加入，则可以右击"web.abc.com(192.168.10.5)"选项，在弹出的快捷菜单中选择"添加主机到集群"命令，将 server02 加入群集，结果如图 9-45 所示。

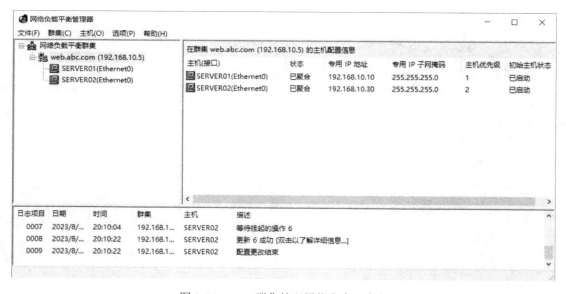

图 9-45 NLB 群集的配置状态为已聚合

（10）检查两台主机的 IP 地址配置，192.168.10.5 已加到两台服务器上，如图 9-46 和图 9-47 所示。

图 9-46　确认 server01 的 IP 地址

图 9-47　确认 server02 的 IP 地址

(11) 在 192.168.10.10 和 12.168.10.30 上新建网站，IP 地址都选择 192.168.10.5，如图 9-48 所示。为方便测试，本任务在两台服务器上分别设置不同的网站(在实际中，两台服务器上部署的网站都是相同的)。

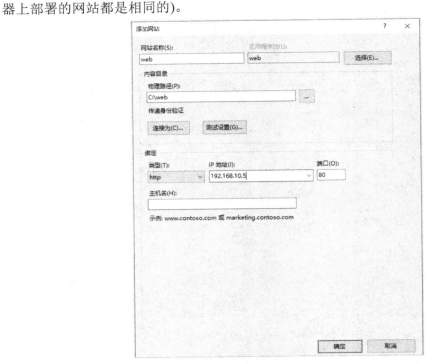

图 9-48　新建网站

(12) 在"DNS 管理器"窗口中，建立 192.168.10.5 对应 web.abc.com 的主机，如图 9-49 所示。

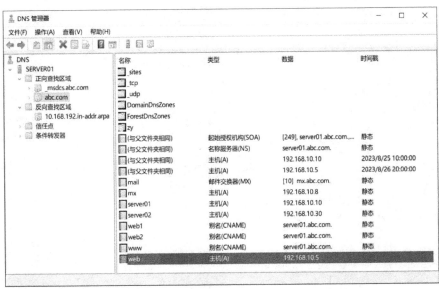

图 9-49　在"DNS 管理器"窗口中建立主机

(13) 测试"网络负载平衡"功能。在客户端 PC 上多次打开浏览器，分别输入"http://web.abc.com/"，发现会循环出现如图 9-50 和图 9-51 所示的网站信息。若停止 server01 服务器上的网站，然后反复刷新，则只会出现如图 9-51 所示的网站信息。

图 9-50　显示 server01 服务器上的网站信息

图 9-51　显示 server02 服务器上的网站信息

小　　结

　　Web 服务器提供了用户与局域网和 Internet 的共享信息。它是 Internet 的一项核心服务，Windows Server 2019 提供了 IIS 10，它是一个集成了 IIS、ASP.NET、Windows 的统一 Web 平台。在 Windows Server 2019 中使用 IIS 管理工具(如 IIS 管理器)可以配置 Web 服务器、网站和应用程序。

习　　题

一、单项选择题

1. HTTP 协议的作用是(　　　)。

A. 将域名转换成 IP 地址

B. 提供一个地址池，可以让同一网段的设备自动获取地址

C. 提供网络传输的文本、图片、声音、视频等资源

D. 传送邮件消息

2. Windows Server 2019 服务器管理器安装(　　)角色来提供 Web 服务。

A. Active Directory 域服务　　　　　B. DNS 服务器

C. Web 服务器(IIS)　　　　　　　　D. DHCP 服务器

3. Windows Server 2019 Web 服务器(IIS)主目录的默认站点是(　　)。

A. C:\　　　　　　　　　　　　　B. \inetpub\wwwroot

C. \inetpub　　　　　　　　　　　D. C:\wwwroot

4. HTTP 服务默认的网站端口是(　　)。

A. 53　　　　　B. 21　　　　　C. 20　　　　　D. 80

二、填空题

1. HTTP 协议是_____。它使用_____端口提供服务。HTTP 协议使用传输层的_____协议进行连接。

2. _____是指 Internet 上资源的位置和访问 Internet 的一种简洁的表示,是 Internet 上标准资源的地址。

3. Web 应用程序的两个重要组件是_____和_____。

4. HTTPS 协议是指_____,以便对在 Web 服务器与客户端之间发送的数据进行加密。

5. 在一台 Web 服务器上创建多个 Web 站点,则这台 Web 服务器被视为_____主机。

三、解答题

1. 简述在 Windows Server 2019 中安装 Web 服务器角色的过程。在安装 Web 服务器角色之前需要做哪些准备?

2. 简述 Web 服务器的工作原理。Web 应用程序由哪些组件构成?其中必须有的组件是什么,它们的作用是什么?

3. 简述虚拟目录和虚拟主机的作用及区别,以及在一台 Web 服务器上创建虚拟目录和虚拟主机的过程。

项目 10　FTP 服务器的配置与管理

项目背景

　　某公司搭建网络平台后，在使用过程中需要利用网络解决以下问题：① 在公司内部网上可以轻松地得到需要的一些工具软件、常用资料等；② 员工能够把自己的一些数据、资料很方便地存储和传递；③ 员工出差或回家后能方便地使用这些软件、资料等。网络管理员根据任务要求准备搭建 FTP 服务器，基本步骤如下：

　　(1) 安装 FTP 服务器角色。

　　(2) 配置 FTP 服务器和管理站点。

　　(3) 配置用户隔离模式的 FTP 站点。

知识目标

- 了解 FTP 的应用场景。
- 了解 FTP 协议的数据传输原理。
- 理解 FTP 服务器的基本工作原理。
- 掌握 FTP 服务器的安装及配置方法。
- 理解 FTP 服务器用户隔离模式的工作原理和特点。

能力目标

- 掌握 FTP 服务器的搭建和客户端软件的使用方法。
- 掌握在 Windows Serve 2019 环境下 FTP 服务器的安装及配置方法。
- 掌握创建用户隔离模式的 FTP 站点的方法。

素养目标

- 培养自我学习的能力和习惯。
- 树立团队互助、进取合作的意识。

任务 1　添加 FTP 服务

任务描述

　　该公司的网络管理员通过 Windows Server 2019 中的"添加角色和功能向导"窗口来

安装 FTP 服务器角色，FTP 服务器的 IP 地址为 192.168.10.10，域名为 ftp.abc.com。

知识衔接

　　FTP 服务器使用文件传输协议(file transfer protocol，FTP)在客户端与服务器之间传输文件。FTP 服务器使用客户端/服务器工作模式。用户使用支持 FTP 协议的 FTP 客户机程序连接到远程主机上的 FTP 服务器程序，用户通过 FTP 客户机程序向 FTP 服务器程序发出命令，FTP 服务器程序执行用户的命令，并将执行结果返回 FTP 客户机程序。FTP 协议最初由 Abhay Bhushan 编写，并于 1971 年 4 月 16 日作为 RFC114 发布。该协议在 1985 年 10 月被 RFC959 取代。RFC959 提出了若干修改标准，先后经历了以下几次修改。

　　(1) RFC1579(1994 年 2 月)使 FTP 能够穿越 NAT 与防火墙(被动模式)。

　　(2) RFC2228(1997 年 6 月)提出了安全扩展。

　　(3) RFC2428(1998 年 9 月)增加了对 IPv6 的支持，并定义了一种新型的被动模式。

一、FTP 服务器的基本功能

　　FTP 服务器除了可以实现文件管理，还提供了以下几种功能。

1. 用户的身份权限管理

　　用户的身份包括用户(user)、访客(guest)、匿名用户(anonymous)。这三种身份的用户在系统的使用权限上差异非常大。用户的权限大于访客的权限，访客的权限大于匿名用户的权限。用户的权限最完整，所以可以执行的操作也最多。匿名用户，顾名思义就是匿名登录的用户账户，由于这类用户的信息没有安全验证，因此不允许其访问过多资源。

2. 命令和日志文件记录

　　日志记录的数据包括服务器上所有用户登录后的全部操作痕迹，包括服务器连接、用户数据传输等。

3. 隔离用户目录

　　FTP 用户隔离模式将用户限制在自己的目录中，从而防止用户查看或覆盖其他用户的内容。由于用户的顶级目录显示为 FTP 服务的根目录，因此用户无法沿目录树再向上导航。用户在其目录内可以创建、修改或删除文件和文件夹。

二、FTP 服务器的工作原理

　　FTP 的目标是提高文件的共享性，提供非直接使用的远程计算机，使存储介质对用户透明、可靠，能高效地传送数据，它能操作任何类型的文件而不需要进一步处理。但是，FTP 有着极高的时延，从开始请求到第一次接收需求数据之间的时间非常长，且必须完成一些冗长的登录过程。

　　FTP 是基于客户端/服务器模式设计的，其在客户端与 FTP 服务器之间建立了两条连接。在开发任何基于 FTP 的客户端软件时，都必须遵循 FTP 的工作原理。FTP 的独特优势是它在两台通信的主机之间使用了两条 TCP 连接：一条是数据连接，用于传送数据；另一条是控制连接，用于传送控制信息(命令和响应)。这种将命令和数分开传送的思想大大提高了 FTP 的效率，而其他客户端/服务器应用程序一般只有一条 TCP 连接。

　　FTP 大大简化了文件传输的复杂性，它能够使文件通过网络从一台主机传送到另外一台计算机上却不受计算机和操作系统类型的限制。无论是 PC、服务器、大型机，还是 IOS、Linux、Windows 操作系统，只要双方都支持协议 FTP，就可以方便、可靠地进行文件的传输。FTP 服务器的具体工作过程如图 10-1 所示。

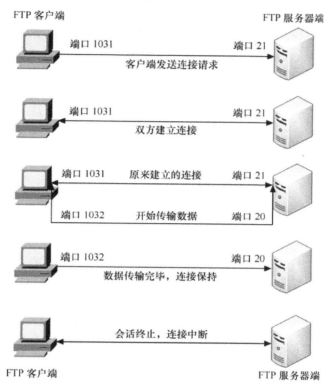

图 10-1　FTP 服务器的工作过程

　　(1) 客户端向服务器发出连接请求，同时客户端系统动态地打开一个大于 1024 的端口等候服务器连接(比如端口 1031)。

　　(2) 若 FTP 服务器在端口 21 监听到连接请求，则会在客户端端口 1031 和服务器的端口 21 之间建立起一个 FTP 会话连接。

　　(3) 当需要传输数据时，FTP 客户端再动态地打开一个大于 1024 的端口(比如端口 1032)连接到服务器的端口 20，并在这两个端口之间进行数据的传输。当数据传输完毕后，这两个端口会自动关闭。

　　(4) 当 FTP 客户端断开与 FTP 服务器的连接时，客户端上动态分配的端口将自动释放。

三、匿名用户

　　FTP 服务不同于 WWW，它首先要求登录到服务器上，然后进行文件的传输，这对于很多公开提供软件下载的服务器来说十分不便，于是匿名用户访问就诞生了，即通过使用一个用户名为 anonymous、密码不限的管理策略(一般使用用户的邮箱作为密码)，让任何用户都可以很方便地从这些服务器上下载软件。

任务实施

(1) 打开"服务器管理器"窗口，FTP 组件添加入口如图 10-2 所示。在"SERVER01"选项上单击鼠标右键，在弹出的快捷菜单中选择"添加角色和功能"命令，打开"选择服务器角色"界面，添加 FTP 组件，如图 10-3 所示。

图 10-2　FTP 组件添加入口

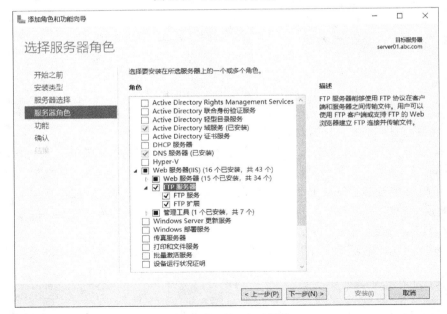

图 10-3　添加 FTP 组件

(2) 其他按照默认设置，直至 FTP 组件安装完成。

(3) 打开"Internet Information Services (IIS)管理器"窗口，FTP 站点添加入口如图 10-4

所示。用户可以通过右侧的"操作"窗格启动和停止服务器。在默认情况下，FTP 服务器是启动的。

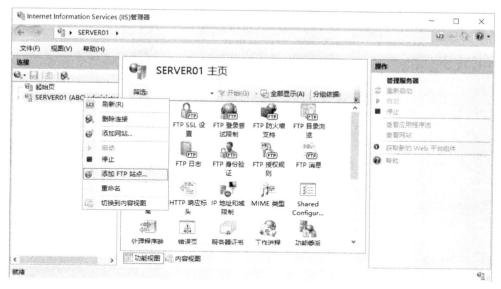

图 10-4　FTP 站点添加入口

(4) FTP 主目录的默认安装路径是"C:\inetpub\ftproot"，如图 10-5 所示。

图 10-5　FTP 主目录的默认安装路径

任务拓展

在安装完 FTP 服务器后，一般情况下不需要用户手动启动，但如果 FTP 服务器在运行过程中出现问题，则需要用户手动启动。利用"Internet Information Services (IIS)管理器"窗口手动启动服务器的具体步骤如下：

打开"Internet Information Services (IIS)管理器"窗口，右击左侧窗格中已经建立的站点，在弹出的快捷菜单中选择"管理 FTP 站点"→"重新启动"命令，手动启动服务器，如图 10-6 所示。

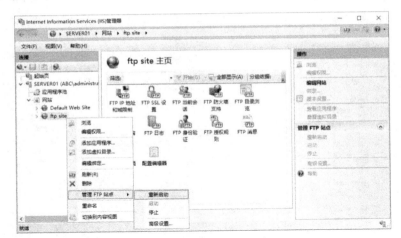

图 10-6　手动启动 FTP 服务器

任务 2　配置与管理 FTP 站点

任务描述

网络管理员在完成 FTP 服务器角色的创建之后，下一步要针对 FTP 服务器进行站点创建和配置。他主要通过创建站点、配置主目录、创建用户访问、设置 FTP 服务器属性等操作来创建和管理站点。

知识衔接

Windows Server 2019 环境下的 FTP 服务是委托在 IIS 下工作的。打开"Internet Information Services (IIS)管理器"窗口，选择"网站"列表下的"ftp site"站点，打开"ftp site 主页"，通过右侧的"操作"窗格可以启动或停止服务器，如图 10-7 所示。

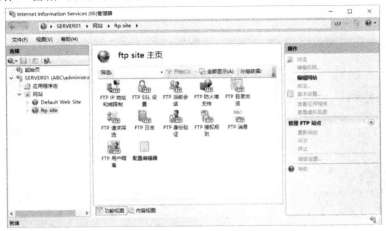

图 10-7　FTP 站点

一、FTP 服务器的属性

FTP 服务器主要包括以下几个属性。

(1) FTP IP 地址和域限制：定义和管理允许或拒绝访问特定 IP 地址、IP 地址范围域名的相关内容的规则。它的规则类型就是允许和拒绝。

(2) FTP SSL 设置：管理 FTP 服务器与客户端之间控制通道和数据通道传输的加密方式。

(3) FTP 当前会话：监视 FTP 站点的当前会话。

(4) FTP 防火墙支持：FTP 客户端连接开启防火墙的 FTP 服务器时修改被动连接的设置。

(5) FTP 目录浏览：修改在 FTP 服务器上浏览目录的内容的设置，指定列出目录的内容时使用的格式。目录格式包括 MS-DOS 或 UNIX。该属性还可以显示虚拟目录。FTP 虚拟目录的概念和 Web 虚拟目录的一样，建立虚拟目录的操作步骤也是完全一样的。

(6) FTP 请求筛选：为 FTP 站点定义请求筛选功能。FTP 请求筛选是一种安全功能，通过此功能，Internet 服务提供商(ISP)和应用服务提供商可以限制协议和内容行为。

(7) FTP 日志：配置服务器或站点级别的日志记录功能以及配置日志记录。

(8) FTP 身份验证：配置 FTP 客户端可用于获得内容访问权限的身份验证方法。身份验证方法有两种类型：内置和自定义。匿名身份验证和基本身份验证都是内置类型。自定义身份验证方法通过可安装的组件来实现。

(9) FTP 授权规则：管理"允许"或"拒绝"规则的列表，这些规则用于控制用户对内容的访问。

(10) FTP 消息：用户连接到 FTP 站点时所发送的消息。每个用户可以设置不一样的消息。

(11) FTP 用户隔离：可以定义 FTP 站点的用户隔离模式，可以为每个用户提供单独的FTP 目录来上传个人资源。

二、FTP 客户端

用户想要连上 FTP 服务器，就要使用 FTP 的客户端软件。Windows 自带了"ftp"命令，用户可以直接在命令提示符窗口中运行"ftp"命令，如图 10-8 所示。另外，用户还经常利用浏览器和资源管理器来连接 FTP，格式是"ftp://IP 地址或者域名"。除此之外，还有一些专门的 FTP 客户端软件，如 FileZilla、CuteFTP 等。

当使用"ftp"命令连接 FTP 服务器时，首先在命令提示符窗口中输入"ftp"，然后根据提示输入 FTP 服务器的 IP 地址，接着输入访问的用户名(anonymous 表示匿名用户登录)。登录服务器后，可以利用 DOS 的目录浏览命令访问服务器，退出服务器使用"quit"命令，如图 10-9 所示。

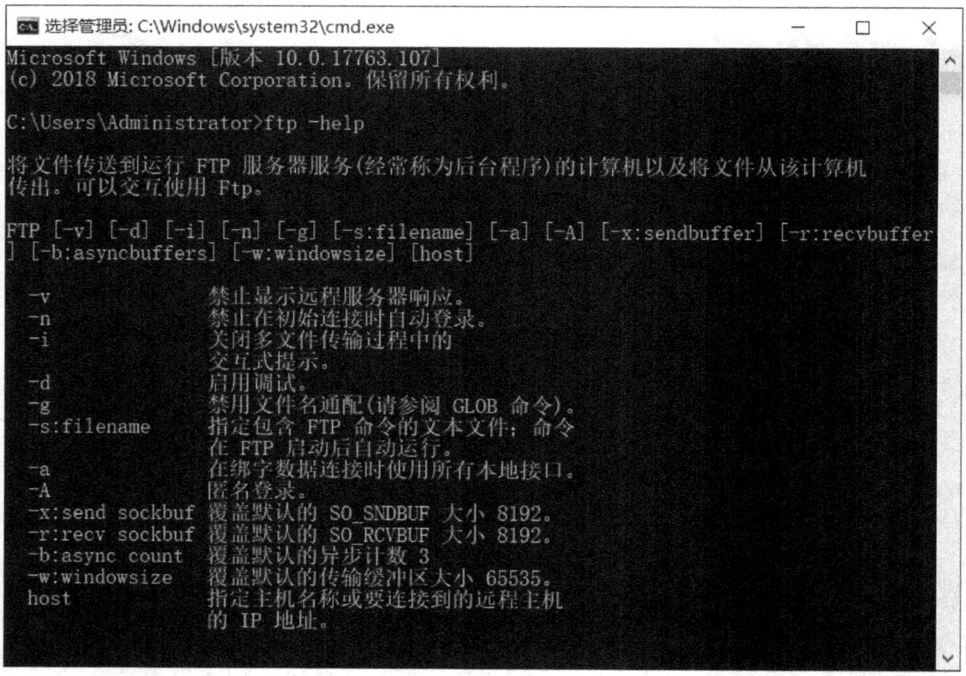

图 10-8 "ftp"命令

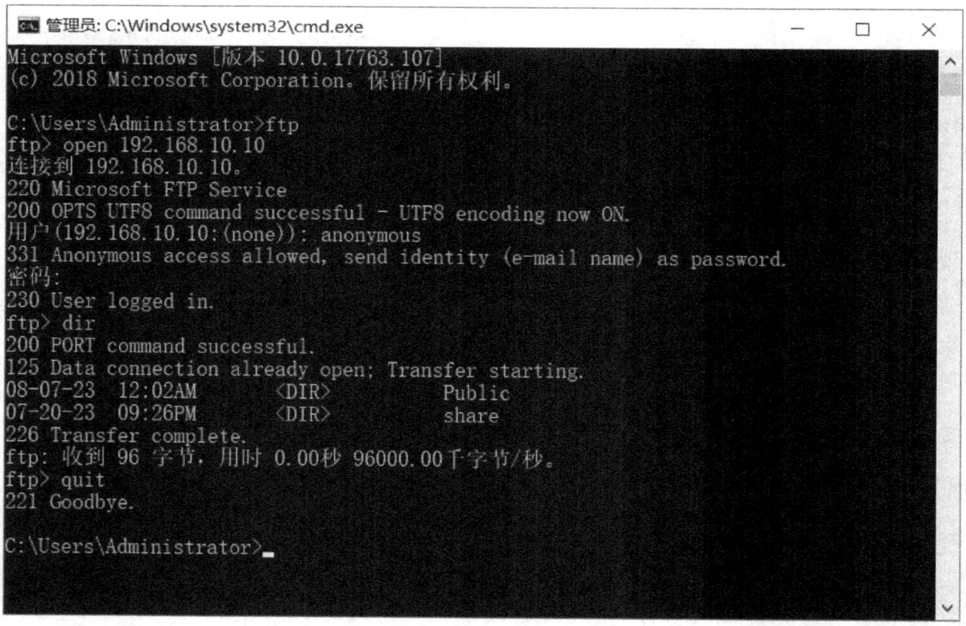

图 10-9 使用"ftp"命令连接 FTP 服务器

任务实施

(1) 在"Internet Information Services (IIS)管理器"窗口中，右击"SERVER01"选项，

在弹出的快捷菜单中选择"添加 FTP 站点"命令，打开"站点信息"界面。在该界面中输入 FTP 站点名称和物理路径，分别是"ftp_abc"和"D:\ftp"，如图 10-10 所示。

图 10-10　添加 FTP 站点信息

(2) 点击"下一步"按钮，打开"绑定和 SSL 设置"界面，选中"无 SSL"选项按钮，如图 10-11 所示。

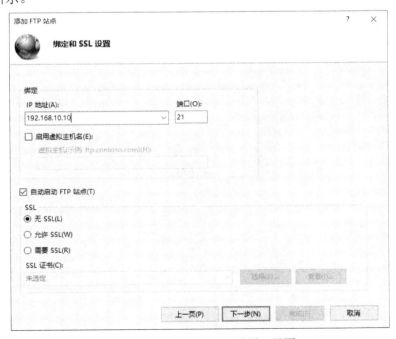

图 10-11　"绑定和 SSL 设置"界面

（3）点击"下一步"按钮，打开"身份验证和授权信息"界面。在"身份验证"选区中勾选"匿名"和"基本"复选框，在"允许访问"下拉列表中选择"所有用户"选项，在"权限"选区中勾选"读取"复选框，如图 10-12 所示。本任务只测试匿名用户访问，基本用户访问设置需要在 FTP 主页中修改。

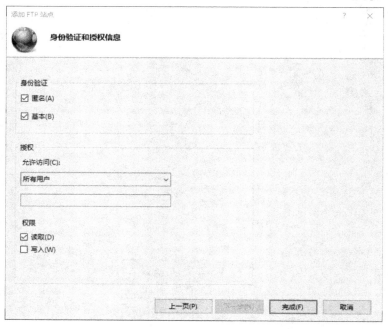

图 10-12　"身份验证和授权信息"界面

（4）点击"完成"按钮，可以看到"Internet Information Services (IIS)管理器"窗口左侧"网站"列表下已经有了"ftp_abc"站点，如图 10-13 所示。

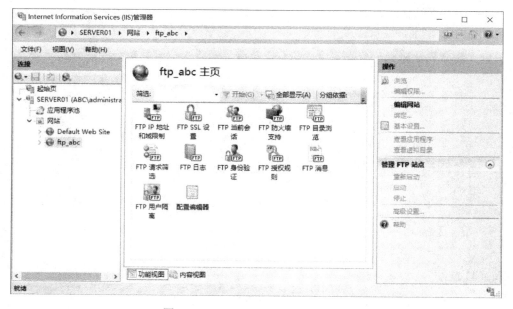

图 10-13　"ftp_abc"站点添加成功

（5）选择"ftp_abc 主页"窗格中的"FTP 身份验证"选项，然后选择"匿名身份验证"选项，点击"操作"窗格中的"启用"链接以允许匿名身份访问，如图 10-14 所示。

图 10-14 启用匿名身份验证

（6）右击"匿名身份验证"选项，在弹出的快捷菜单中选择"编辑"命令，打开"编辑匿名身份验证凭据"对话框，确认匿名身份"用户名"为"IUSR"，后面要给这个用户增加读取 FTP 站点目录的权限，管理员也可以根据需要修改权限，如图 10-15 所示。

图 10-15 确认匿名身份"用户名"为"IUSR"

（7）选择"ftp_abc"站点，在"ftp_abc 主页"窗格中单击"FTP 授权规则"链接，打开"编辑允许授权规则"对话框，单击添加允许授权规则按钮，并勾选"读取"复选框，如图 10-16 所示。

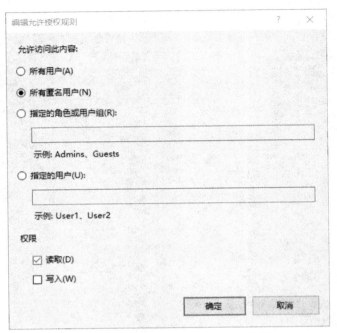

图 10-16　"编辑允许授权规则"对话框

(8) 打开"Internet Information Services (IIS)管理器"窗口，右击"ftp_abc"站点，在弹出的快捷菜单中选择"编辑权限"命令，打开"ftp 的权限"对话框，选择"安全"选项卡，添加"IUSR"或者"IIS_IUSRS(ABC\IIS_IUSRS)"用户，并将其权限设置为"读取和执行""列出文件夹内容""读取"，如图 10-17 所示。

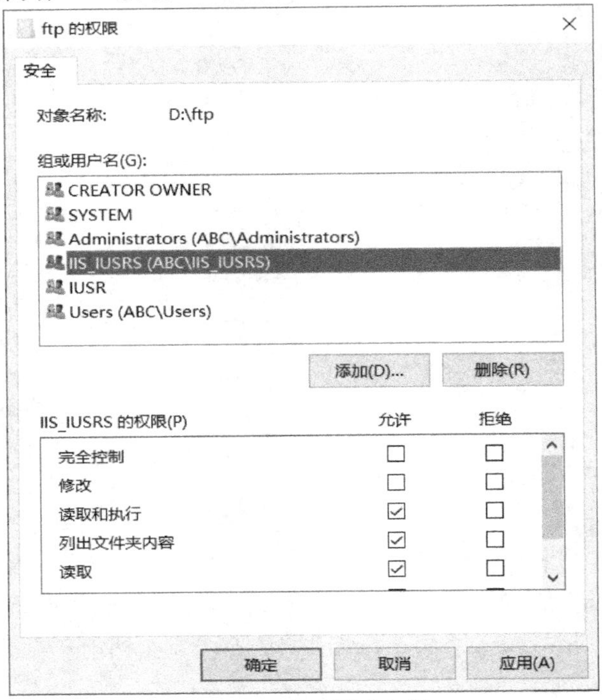

图 10-17　设置用户权限

　　(9) FTP 客户端测试。管理员预先在 FTP 服务器主目录下新建一个"share.txt"文件夹用作测试。使用域内一台客户端打开浏览器，在地址栏中输入"ftp://192.168.10.10"，或者直接选择"开始"菜单，在搜索框中输入服务器地址，输入的地址可以是服务器的域名或IP 地址，如图 10-18 所示，表示 FTP 服务器连接成功。

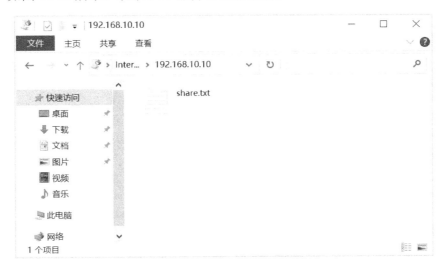

图 10-18　FTP 客户端测试

　　匿名用户可以查看当前文件，但无法对文件进行修改等操作，如图 10-19 所示。如果服务器在连接时出现"连接超时"等问题，则用户可点击"网络和共享中心"来关闭防火墙。

图 10-19　匿名用户无法下载文件

　　(10) 查看 FTP 当前会话。选择"ftp_abc"站点，然后选择"FTP 当前会话"选项。当前登录对象是匿名用户，"FTP 当前会话"窗格显示了当前用户的用户名、客户端 IP 地址、会话开始时间、当前命令、前一命令、命令开始时间、发送的字节数、接收的字节数、会话 ID，如图 10-20 所示。

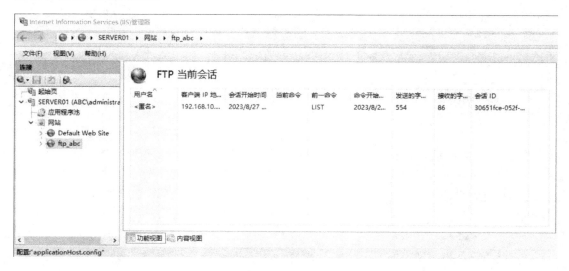

图 10-20　查看 FTP 当前会话

(11) 查看 FTP 站点日志。在"ftp_abc 主页"窗格中选择"FTP 日志"选项。"FTP 日志"窗格中显示了 FTP 日志设置信息。当 FTP 服务器不能正常工作时，用户可以使用日志文件进行分析。日志是排错时常用的工具之一。日志包含了客户端的连接信息，如连接时间、主机 IP 地址、端口、操作命令、操作状态等，如图 10-21 所示。

图 10-21　查看 FTP 站点日志

任务拓展

　　网络管理员考虑到站点的安全性问题，决定将 FTP 站点设置成只允许域用户访问，并且禁止匿名用户登录 FTP 站点。

　　(1) 选择"ftp_abc 主页"窗格中的"FTP 身份验证"选项，启用"基本身份验证"模式，禁用"匿名身份验证"模式，如图 10-22 所示。

图 10-22　设置 FTP 站点安全账户

　　(2) 在域服务上新建用户 user1 和 user2，选择"ftp_abc 主页"窗格中的"FTP 授权规则"选项，允许用户 user1 读、写，允许用户 user2 读取，如图 10-23 所示。

图 10-23　设置基本身份用户的权限

(3) 添加域用户 Users 的权限，将权限设置为最高，如图 10-24 所示。

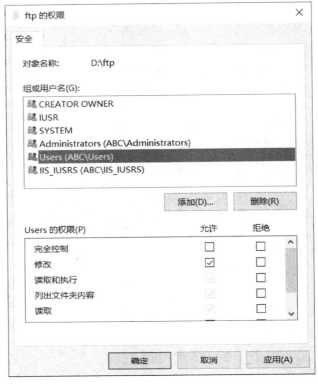

图 10-24　设置域用户 Users 的权限

(4) 以测试用户的身份登录 FTP 服务器。分别以用户 user1 和 user2 的身份登录 FTP 服务器，测试结果如图 10-25～图 10-28 所示。

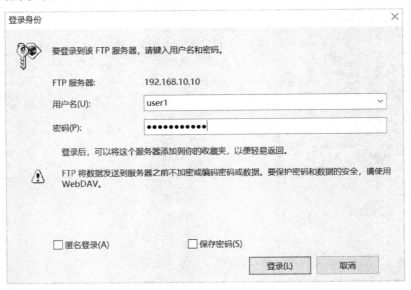

图 10-25　以用户 user1 的身份登录 FTP 服务器

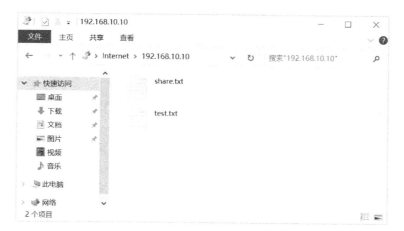

图 10-26　用户 user1 的测试结果

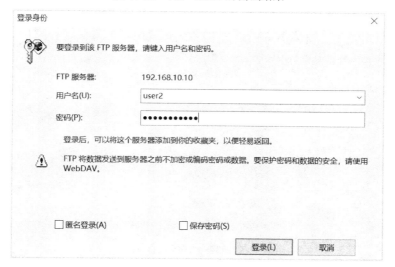

图 10-27　以用户 user2 的身份登录 FTP 服务器

图 10-28　用户 user2 的测试结果

任务 3　配置 FTP 隔离用户

任务描述

考虑到 FTP 服务器文件的安全性，网络管理员要为 FTP 服务器配置隔离用户。成功创建用户隔离模式的 FTP 站点，并规划好符合要求的目录结构以后，用户即可使用合法的用户账户登录属于自己的私人目录。隔离用户的设置有效地解决了公司公共资源的访问安全性问题。

知识衔接

在"FTP 用户隔离"窗格中可以定义 FTP 站点的用户隔离模式。FTP 站点可以为用户提供单独的 FTP 目录用于编辑个人内容。

一、隔离用户的功能

"FTP 用户隔离"窗格，如图 10-29 所示。

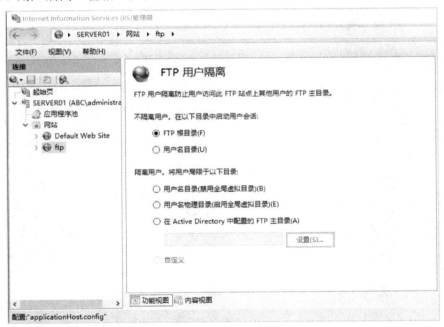

图 10-29　"FTP 用户隔离"窗格

1. 不隔离用户

对于不隔离用户，管理员可以选择在以下两个目录中启动用户会话。

(1) FTP 根目录：所有 FTP 会话都将在 FTP 站点的根目录中启动。这表示可以登录 FTP

服务器的用户都可以访问任何其他 FTP 用户的内容。

(2) 用户名目录：所有 FTP 会话都将在与当前登录用户同名的物理或虚拟目录(如果该目录存在)中启动；否则，FTP 会话将在 FTP 站点的根目录中启动。

2. 隔离用户

对于隔离用户，管理员要为每个用户账户创建主目录。首先，必须在 FTP 服务器的根目录中创建一个物理目录或虚拟目录，将本地用户账户命名为 LocalUser。然后，必须为访问 FTP 站点的每个用户账户创建一个物理目录或虚拟目录。表 10-1 列出了不同的用户账户类型对应的主目录路径。表中，%FtpRoot%是 FTP 站点的根目录。在本任务中 FTP 站点的主目录是 C:\inetpub\ftproot。

表 10-1　不同的用户账户类型对应的主目录路径

用户账户类型	主目录路径
匿名用户账户	%%FtpRoot%\LocalUser\Public
本地 Windows 用户账户	%%FtpRoot%\LocalUser\UserName%
Windows 域用户账户	%%FtpRoot%\%LocalDomain%\%UserName%
IIS 管理器或 ASP.NET 自定义身份验证用户账户	%%FtpRoot%\LocalUser\%UserName%

二、隔离用户的类型

隔离用户的类型有以下 3 种：

(1) 用户名目录(禁用全局虚拟目录)：将 FTP 用户会话隔离到与 FTP 用户账户同名的物理目录或虚拟目录中。用户只能看见其自身的 FTP 根位置，无法沿目录树向上导航。

(2) 用户名物理目录(启用全局虚拟目录)：将 FTP 用户会话隔离到与 FTP 用户同名的物理目录中。用户只能看见其自身的 FTP 根位置，无法沿目录树向上导航。

(3) 在 Active Directory 域中配置的 FTP 主目录：将 FTP 用户会话隔离到 Active Directory 账户为每个 FTP 用户配置的主目录中。

任务实施

网络管理员决定规划 FTP 站点隔离用户，从而有效地解决公共资源的访问安全性问题。另外，给每个有需要的员工设置个人目录，方便员工编排目录内容并确保资料的安全。网络管理员首先给两个部门设置了 user1 和 user2 两个用户账户，两个用户账户都能对 public 目录进行读取与上传，具体操作步骤如下：

(1) 指定 FTP 站点的主目录。这个过程在 10.1 节中已经具体介绍过，这里不再赘述，在本任务中 FTP 站点的主目录是 C:\inetpub\ftproot。

(2) 在资源管理器中打开主目录 C:\inetpub\ftproot，建立 abc 目录(根据域名建立相应的目录，例如，域名为 abc.com 则建立目录为 abc)，如图 10-30 所示。

① 在 abc 目录中建立 user1、user2 和 public 目录(user1、user2 为已经建立好的域用户)，

在这三个目录中分别创建 aa.xt.bb.xt 和 public.txt 文件作为测试文档。

② 在 user1 和 user2 目录中分别创建空目录 public。

③ 为 user1 目录增加 user1 用户的完全控制权限，为 user2 目录增加 user2 用户的完全控制权限，为 public 目录增加 user1 和 user2 用户的完全控制权限。

图 10-30　建立 abc 目录

(3) 在"站点信息"界面中输入 FTP 站点名称"ftp"和物理路径"C:\inetpub\ftproot"，如图 10-31 所示。

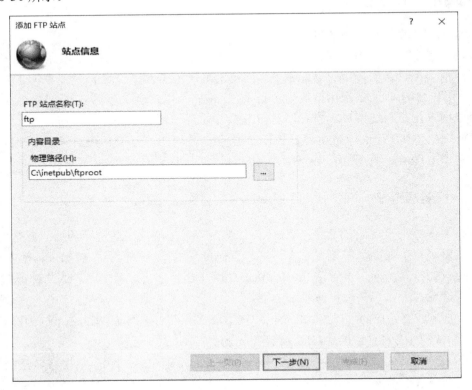

图 10-31　添加 FTP 站点信息

（4）站点建立完成之后在"ftp 主页"窗格中选择"FTP 用户隔离"选项，然后在"FTP 用户隔离"窗格中选中"用户名物理目录(启用全局虚拟目录)"选项按钮。在右侧"操作"窗格中点击"应用"链接，如图 10-32 所示。

图 10-32　FTP 用户隔离设置

（5）对不同目录授予不同权限。public 目录允许 user1、user2 用户读、写，user1 目录只允许 user1 用户读、写，user2 目录只允许 user2 用户读、写。图 10-33 和图 10-34 显示了 public 和 user1 目录的规则情况。

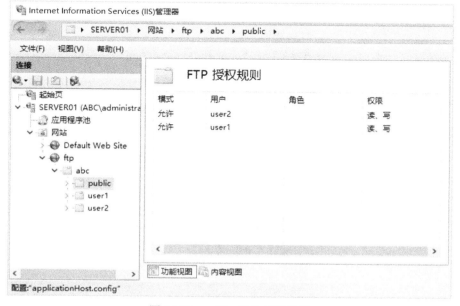

图 10-33　public 目录规则设置

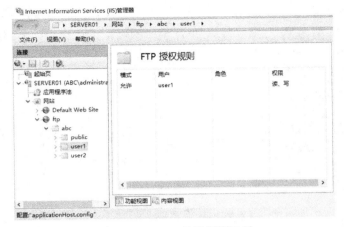

图 10-34 user1 目录规则设置

(6) 在 FTP 站点上建立虚拟目录，如图 10-35 和图 10-36 所示。

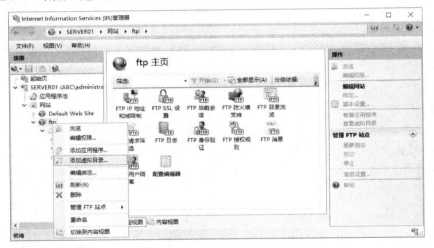

图 10-35 "添加虚拟目录"命令

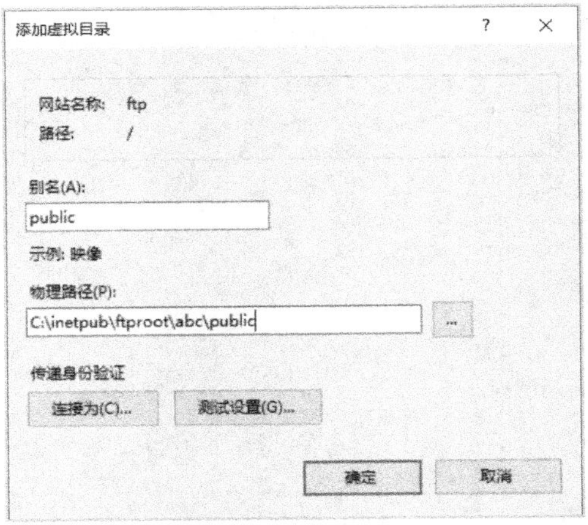

图 10-36 建立虚拟目录

(7) 测试隔离用户的访问权限。在浏览器地址栏或资源管理器中输入 "ftp://192.168.10. 10"，以用户 user1 的身份登录，结果显示用户 user1 仅能看见自己的目录，即 public 目录，无法在当前目录中看到其他用户的目录。用户 user1 可以在 public 目中下载、上传文件，对自己的目录有完全控制权限，如图 10-37 和图 10-38 所示。用户 user2 与用户 user1 拥有相似的权限。

图 10-37　用户 user1 的身份登录

图 10-38　测试隔离用户的访问权限

任务拓展

公司目前没有域控制器，同样需要在不同部门之间设置隔离。网络管理员首先给两个部门分别设置了 user1 和 user2 两个用户，两个用户都能在 public 目录中进行读取与上传，具体操作步骤如下：

(1) 在 "FTP 站点" 主目录中指定根目录 C:\ftp(该目录可按需求设置)。

(2) 创建两个本地用户 user1 和 user2 作为隔离用户，如图 10-39 所示。

(3) 在资源管理器中打开根目录 C:\ftp，建立 LocalUser 目录。

① 在 LocalUser 目录中建立 user1、user2 和 public 目录,在三个目录中分别创建 u1.txt、u2.txt 和 pub.txt 文件作为测试文档。

② 在 user1 和 user2 目录中创建空目录 public。

图 10-39　创建本地用户作为隔离用户

③ 为 user1 目录增加 user1 用户的完全控制权限，为 user2 目录增加 user2 用户的完全控制权限，为 public 目录增加 user1 和 user2 用户的完全控制权限，设置方式与域环境下的设置方式相同。

(4) 新建 FTP 站点，如图 10-40 所示。其他设置方式与域环境下的设置方式相同。

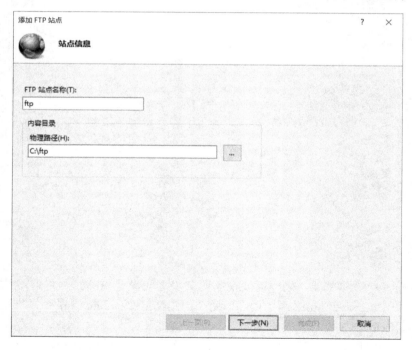

图 10-40　新建 FTP 站点

(5) 测试隔离用户的访问权限。以用户 user1 的身份登录，该用户只能看见自己用户名目录下的内容和 public 目录下的内容，在 public 目录中可以读取和上传文件，如图 10-41 所示。以用户 user2 的身份登录，该用户只能看见自己用户名目录下的内容和 public 目录下的内容。两个用户所查看和操作的 public 目录中的内容是同步的，如图 10-42 所示。

图 10-41　以用户 user1 的身份登录

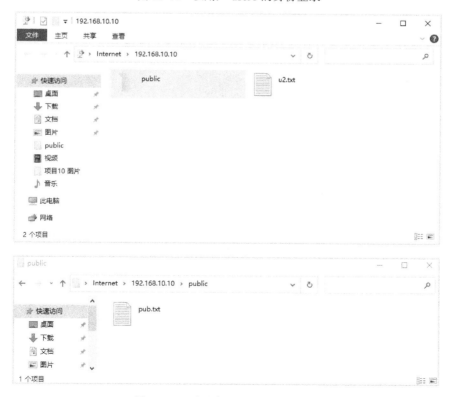

图 10-42　以用户 user2 的身份登录

小　结

通过使用 FTP 服务器可以在不同的计算机之间进行文件传输。FTP 是 Internet 的一项核心服务。Windows Server 2019 使用 IIS 管理工具使得用户可以轻松地管理网站和应用程序。FTP 是文件传输协议。FTP 和 NFS 之间的区别在于：前者是文件传输协议，后者用于提供文件访问服务。

习　题

一、单项选择题

1. FTP 是一个(　　)系统。

A. 客户端/浏览器　　　　　　　　B. 单客户端

C. 客户端/服务器　　　　　　　　D. 单服务器

2. Windows Server 2019 服务器通过安装(　　)角色来提供 FTP 服务。

A. Active Directory 域服务　　　　B. DNS 服务器

C. Internet 信息管理　　　　　　　D. DHCP 服务器

3. Windows Server 2019 FTP 服务器的默认主目录是(　　)。

A. C:\　　　　　　　　　　　　　B. \inetpub\wwwroot

C. :\inetpub\ftproot　　　　　　　D. C:\wwwroot

4. 关于匿名 FTP 服务，下列说法正确的是(　　)。

A. 登录用户名是 Guest

B. 登录用户名是 anonymous

C. 用户完全具有对整台服务器访问和文件操作的权限

D. 匿名用户不需要登录

5. 在下列选项中，(　　)不是隔离用户的类型。

A. 用户名目录

B. 用户名物理目录

C. 在 Active Directory 域中配置的 FTP 主目录

D. 没有设置权限的目录

二、填空题

1. FTP 协议是_____。它利用传输层的_____协议通过_____次握手进行连接。FTP 服务器的连接端口是_____。数据连接端口是_____。

2. FTP 服务器的用户的身份包括_____、_____、_____。

3. FTP 站点的用户隔离模式可以为每个用户提供_____以上传个人资源。

4. 日志记录的数据包括服务器上所有用户登录后的_____操作痕迹。

5. 在隔离用户环境中，当本地用户需要建立公共目录时，需要在本地用户主目录的 LocalUser 目录下建立_____目录。

三、解答题

1. 简述在 Windows Server 2019 中安装 FIP 服务器角色的过程。在安装 FTP 服务器角色前需要做哪些准备？

2. 简述 FTP 服务器的工作原理。FTP 工作模式包括哪两种？简述主动模式的工作过程。

3. 客户端在访问 FTP 服务器的过程中，如果出现只能查看文件而不能操作的错误，应如何解决？请描述解决过程。

项目 11　VPN 服务器的配置与管理

 项目背景

　　某公司经常要派员工到外面出差，由于公司业务的需求，出差在外的员工经常需要访问公司内部服务器的数据，为了保证员工出差期间能够和公司之间实现安全的数据传输，请管理员给出一个合适的解决方案。根据任务的需求，网络管理员准备搭建 VPN 服务器，基本步骤如下：

　　(1) 架设 VPN 服务器。

　　(2) 配置 VPN 服务器的网络策略。

 知识目标

● 理解 VPN 的基本概念。

● 掌握 VPN 的工作过程。

● 了解远程访问 VPN 的构成和应用场合。

 能力目标

● 掌握 VPN 服务器的安装和 VPN 服务器的管理方法。

● 掌握配置并测试远程访问 VPN 的方法。

● 掌握 VPN 服务器的网络策略的配置方法。

 素养目标

● 培养自我学习的能力、习惯和爱好。

● 培养实践能力、能解决实际工作中的问题、树立爱岗敬业精神。

 任务 1　VPN 服务器的安装

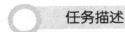 **任务描述**

　　公司要实现企业员工在外地或在家也能够访问企业内部服务器资源时，就需要安装 VPN 服务器。

知识衔接

随着企业网应用的不断增加，企业网的覆盖范围也不断扩大，如从一个本地网络到一个跨地区、跨城市甚至是跨国的网络。如果采用传统的广域网方式建立企业专网，则往往需要租用昂贵的跨地区数字专线网络。如果利用公共网络，则信息安全又得不到保证。虚拟专用网络(virtual private network，VPN)是企业网在公共网络上的延伸，它可以提供与专用网络一样的安全性、可管理性和传输性能，而建设、运转和维护网络的工作也从企业内部的 IT 部门剥离出去，交由运营商来负责。

一、VPN 技术概述

VPN 属于远程访问技术，简单地说就是利用公共网络架设专用网络。例如，某公司员工出差到外地，他想访问企业内网的服务器资源，这种访问就属于远程访问。

在传统的企业网络配置中，进行远程访问需要租用数字数据网专线或帧中继，这样的通信方案必然导致高昂的网络通信和维护费用。对于移动用户(移动办公人员)与远端个人用户而言，一般会通过拨号线路(Internet)进入企业的局域网，但这样的做法必然会带来安全隐患。

让身处外地的员工能访问内网资源,利用 VPN 的解决方法就是在内网中架设一台 VPN 服务器。身处外地的员工在连接上互联网后，通过互联网连接 VPN 服务器，并通过 VPN 服务器进入企业内网。为了保证数据安全，VPN 服务器和客户端之间的通信数据都进行了加密处理。有了数据加密，就可以认为数据是在一条专用的数据链路上进行安全传输，就如同专门架设了一个专用网络一样，但实际上 VPN 使用的是互联网上的公用链路，VPN 的实质是利用加密技术在公共网络上封装出一条数据通信隧道。有了 VPN 技术，用户无论是在外地出差还是在家办公，只要能连接上互联网，就能利用 VPN 访问内网资源。这就是 VPN 在企业中应用得如此广泛的原因。

1. VPN 的定义

VPN 是指通过综合利用访问控制技术和加密技术，并通过一定的密钥管理机制，在公共网络中建立起安全的"专用"网络，保证数据在"加密管道"中进行安全传输的技术。VPN 可以利用公共网络来发送专用信息，形成逻辑上的专用网络，其目标是在不安全的公共网络上建立一个安全的专用通信网络。

VPN 利用公共网络来构建专用网络,它是使特殊设计的硬件和软件直接通过共享的 IP 网络所建立的隧道来实现的。通常将 VPN 当作广域网(wide area network，WAN)解决方案，但它也可以简单地应用于局域网中。VPN 类似于点到点直接拨号连接或租用线路连接，尽管它是以交换和路由的方式工作的。

2. VPN 的主要特点

VPN 是平衡 Internet 适用性和价格的通信手段之一。利用共享的 IP 网络建立 VPN 连接，可以降低企业对昂贵租用线路和复杂远程访问方案的依赖性。VPN 具有以下几个方面的特点。

1) 安全性

VPN 用加密技术对经过隧道传输的数据进行加密，以保证数据仅被指定的发送者和接收者使用，从而保证了数据的私有性和安全性。

2) 专用性

VPN 会在非面向连接的公共 IP 网络中建立一个逻辑的、点对点的连接，称为建立一个隧道。使用隧道的双方进行数据的加密传输，就好像真正的专用网络中一样。

3) 经济性

VPN 可以使移动用户和一些小型的分支机构的网络开销减少，不仅可以大幅度减少传输数据的开销，还可以减少传输语音的开销。

4) 扩展性和灵活性

VPN 能够支持通过 Internet 和 Extranet 的任何类型的数据流，方便增加新的节点；VPN 支持多种类型的传输介质，可以同时满足语音、图像、数据等的高质量传输，以及带宽增加的需求。

二、VPN 的工作过程

一条 VPN 连接由客户端、隧道和服务器 3 部分组成，VPN 系统使分布在不同地方的专用网络能在公共网络上安全地通信。它采用复杂的算法来加密传输的信息，使得敏感的数据不会被窃听，其工作过程如下：

(1) 要保护的主机发送明文信息到连接公共网络的 VPN 设备。

(2) VPN 设备根据网络管理员设置的规则，确定是对数据进行加密还是直接传输。

(3) 对需要加密的数据，VPN 设备将其整个数据包(包括要传输的数据、源 IP 地址和目的 IP 地址)进行加密并附上数据签名，加上新的数据报头(包括目的地 VPN 设备需要的安全信息和一些初始化参数)重新进行封装。

(4) 将封装后的数据包通过隧道在公共网络上传输。

(5) 数据包到达目的 VPN 设备后，目的 VPN 设备将其解封，核对数字签名无误后，对数据包进行解密。

三、VPN 的构成

1. VPN 服务器

远程访问 VPN 服务器用于接收并响应 VPN 客户端的连接请求，并建立 VPN 连接。它可以是专用的 VPN 服务器设备，也可以是运行 VPN 服务的主机。

2. VPN 客户端

VPN 客户端用于发起连接 VPN 的请求，通常为 VPN 连接组件的主机。

3. 隧道协议

VPN 的实现依赖于隧道协议，通过隧道协议，它可以将一种协议用另一种协议或相同协议的形式封装，同时可以提供加密、认证等安全服务。VPN 服务器和客户端必须支持相同的隧道协议，以便建立 VPN 连接。目前常用的隧道协议有点对点隧道协议(PPTP)和第二层隧道协议(L2TP)。

(1) 点对点隧道协议。点对点隧道协议(point-to-point tunneling protocol，PPTP)是点对点协议(point-to-point protocol，PPP)的扩展，并协调使用 PPP 的身份验证、压缩和加密机制。PPTP 客户机支持内置于 Windows XP 操作系统的远程访问客户机。只有 IP 网络(如 Internet)才可以建立 PPTP 的 VPN。若两个局域网之间通过 PPTP 来连接，则两端直接连接到 Internet 的 VPN 服务器必须要执行 TCP/IP，但网络内的其他计算机不一定需要支持 TCP/IP，它们可执行 TCP/IP、IPX 或 NetBEUI 通信协议，因为当它们通过 VPN 服务器与远程计算机通信时，这些不同通信协议的数据包会被封装到 PPP 的数据包中，并经过 Internet 传送。信息到达目的地后，再由远程的 VPN 服务器将其还原为 TCP/IP、IPX 或 NetBEUI 的数据包。PPTP 是利用微软点对点加密(microsoft point-to-point encryption，MPPE)技术来实现信息加密的。PPTP 的 VPN 服务器支持内置于 Windows Server 2003 家族的成员。PPTP 与 TCP/IP 一同安装，根据运行"路由和远程访问服务器安装向导"时所做的选择，PPTP 可以配置为 5 个或 128 个 PPTP 端口。

(2) 第二层隧道协议(layer 2 tunneling protocol，L2TP)是基于 RFC 的隧道协议，该协议是一种业内标准。L2TP 同时具有身份验证、加密与数据压缩的功能。L2TP 的验证与加密方法都是采用互联网安全协议(Internet protocol security，IPSec)。与 PPTP 类似，L2TP 也可以将 IP、IPX 或 NetBEUI 的数据包封装到 PPP 的数据包中。与 PPTP 不同的是，运行在 Windows Server 2019 服务器上的 L2TP 不利用 MPPE 来加密 PPP 数据包。L2TP 依赖于加密服务的 IPSec。L2TP 和 IPSec 的组合被称为 L2TP/IPSec，L2TP/IPSec 提供专用数据的封装和加密的主要 VPN 服务。VPN 客户端和 VPN 服务器必须支持 L2TP 和 IPSec。在 VPN 客户端方面，L2TP 支持 Windows 8/10 操作系统的远程访问客户端。在 VPN 服务器方面，L2IP 支持 Windows Server 家族的成员。L2IP 与 TCP/IP 一同安装，根据运行"路由和远程访问服务器安装向导"时所做的选择，L2IP 可以配置为 5 个或 128 个 L2TP 端口。

4. Internet 连接

VPN 服务器和客户端必须都接入 Internet，并且能够通过 Internet 进行正常的通信。

四、VPN 应用场合

VPN 的实现可以分为软件和硬件两种方式。Windows 服务器版的操作系统以完全基于软件的方式实现 VPN，成本低廉。无论身处何地，只要能连接到 Internet，就可以与企业网在 Internet 上的 VPN 相关联，登录到内部网络浏览或交换信息。VPN 常被使用在以下两种场合中。

(1) 远程客户端通过 VPN 连接到局域网。

总公司(局域网)的网络已经连接到 Internet，而用户通过远程拨号连接 ISP 接入 Internet 后，就可以通过 Internet 来与总公司(局域网)的 VPN 服务器建立 PPTP 或 L2TP 的 VPN，并通过 VPN 来安全地传送信息。

(2) 两个局域网通过 VPN 互联。

两个局域网的 VPN 服务器都连接到 Internet，并通过 Internet 建立 PPTP 或 L2TP 的

VPN，它可以让两个网络之间安全地传送信息，不用担心在 Internet 上传送信息时泄密。

除了使用软件方式实现外，VPN 的实现需要建立在交换机、路由器等硬件设备的基础上。目前，在 VPN 技术和产品方面，较具有代表性的公司当属华为和锐捷。

在部署 VPN 服务器之前，我们需要了解企业部署 VPN 的项目规划需求和实训环境，本书使用 VMware Workstation 构建虚拟环境。

一、项目规划

部署 VPN 服务器的网络拓扑结构图如图 11-1 所示。

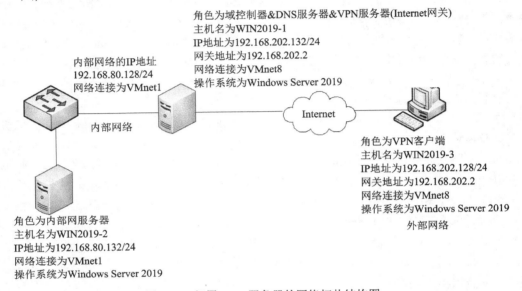

图 11-1 部署 VPN 服务器的网络拓扑结构图

二、部署需求

(1) 设置 VPN 服务器的 TCP/IP 属性，手工指定 IP 地址、子网掩码、默认网关和 DNS 服务器 IP 地址等。

(2) 部署域环境，设置域名为 abc.com。

三、部署环境

架设 VPN 服务器之前，VPN 服务器至少要有两个网络连接，其中 VPN 服务器必须与内部网络相连，需要配置与内部网络连接所需要的 TCP/IP 参数(私有 IP 地址)，该参数可以手动指定，也可以通过内部网络中的 DHCP 服务器自动分配。本项目中 IP 地址为192.168.80.128，子网掩码为 255.255.255.0，DNS 服务器为 192.168.80.1。

VPN 服务器必须同时与 Internet 相连，因此需要建立和配置与 Internet 的连接。VPN 服务器与 Internet 的连接通常采用较快的连接方式，如专线连接。本项目中 IP 地址为192.168.202.132，子网掩码为 255.255.255.0，默认网关与 DNS 服务器为 192.168.202.2。

合理规划分配给 VPN 客户端的 IP 地址。VPN 客户端在请求建立 VPN 连接时，VPN

服务器需要为其分配内部网络的 IP 地址。配置的 IP 地址必须是内部网络中不使用的 IP 地址，IP 地址的数量要根据同时建立 VPN 连接的客户端数量来确定。

在本项目中部署远程访问 VPN 服务时，使用静态 IP 地址池为远程访问客户端分配 IP 地址，IP 地址范围为 192.168.80.151/24～192.168.80.180/24。

VPN 客户端在请求 VPN 连接时，VPN 服务器要对其进行身份验证，因此应合理规划需要建立 VPN 连接的用户账户。

任务实施

一、为 VPN 服务器添加第二块网卡

(1) 在 VM Workstation 中，用鼠标右键点击目标虚拟机(本任务中为 WIN2019-1)，选择"设置"选项，打开"虚拟机设置"对话框。

(2) 选择"添加"→"网络适配器"选项，点击"完成"按钮，选择网络连接方式为"自定义：VMnet8"，最后点击"确定"按钮完成第二块网卡的添加，如图 11-2 所示。

(3) 启动 WIN2019-1，用鼠标右击"开始"菜单，在弹出的快捷菜单中选择"网络连接"选项，更改两块网卡的网络连接的名称分别为"局域网连接"和"Internet 连接"，并分别设置两个网络连接的网络参数，如图 11-3 所示。(或者用鼠标右键单击右下方的"网络连接"图标，选择打开"网络和 Internet"设置→"更改适配器选项"命令)。

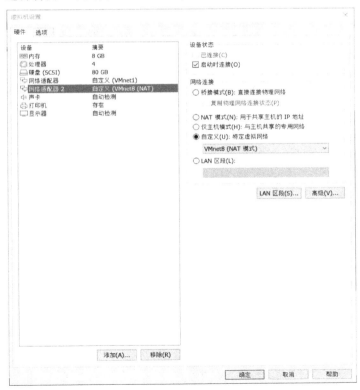

图 11-2   添加第 2 块网卡

图 11-3 "网络连接"

特别注意： 设置 WIN2019-2 的网络连接方式为 VMnet1(与 WIN2019-1 的局域网连接一致)，设置 WIN2019-3 的网络连接方式为 VMnet8(与 WIN2019-1 的 Internet 连接一致)。如果设置不当，本项目将会失败。

(4) 同理启动 WIN2019-2 和 WIN2019-3，并设置这两台服务器的 IP 地址等信息。设置完成后利用 ping 命令测试这 3 台虚拟机的连通情况，为后面实训做准备。

二、安装"路由和远程访问服务"角色

要配置 VPN 服务器，必须安装"路由和远程访问"服务角色。Windows Server 2019 中的路由和远程访问是包括在"网络策略和访问服务"角色中的，常规默认是没有安装的。用户可以根据自己的需要选择同时安装网络策略和访问服务中的所有服务组件或者只安装路由和远程访问服务。

路由和远程访问服务角色的安装步骤如下：

(1) 以域管理员身份登录 VPN 服务器"WIN2019-1"，点击"服务器管理器"→"仪表板"→"添加角色和功能"链接，打开如图 11-4 所示的"选择服务器角色"窗口，"网络策略和访问服务"和"远程访问"复选框。

图 11-4 "选择服务器角色"窗口

（2）持续点击"下一步"按钮，直至进入"网络策略和访问服务"界面，网络策略和访问服务中包括"网络策略服务器""健康注册机构""主机凭据授权协议"角色服务，勾选"网络策略服务器"复选框。

（3）点击"下一步"按钮，显示"远程访问"的"角色服务"列表框。勾选全部复选框，如图 11-5 所示。

图 11-5　"远程访问"的"角色服务"列表框

（4）最后单击"安装"按钮即可开始安装，安装完成后务必重启计算机。

三、配置并启用路由和远程访问

在已经安装"路由和远程访问"服务角色的计算机"WIN2019-1"上通过"路由和远程访问"控制台配置并启用路由和远程访问，具体步骤如下：

（1）打开"路由和远程访问服务器安装向导"页面。

① 以域管理员账户登录到需要配置 VPN 服务的计算机 WIN2019-1 上，点击"开始"→"Windows 管理工具"→"路由和远程访问"，打开如图 11-6 所示的"路由和远程访问"控制台。

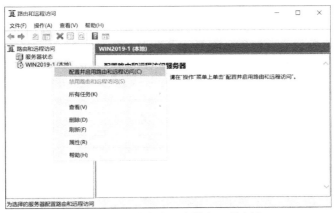

图 11-6　"路由和远程访问"控制台

② 在该控制台目录树上用鼠标右键单击服务器"WIN2019-1(本地)"，在弹出的菜单中选择"配置并启用路由和远程访问"，打开"路由和远程访问服务器安装向导"对话框。

(2) 选择 VPN 连接。

① 点击"下一步"按钮，出现"配置"对话框，在该对话框中可以配置 NAT、VPN以及路由服务，在此选择"远程访问(拨号或 VPN)"复选框，如图 11-7 所示。

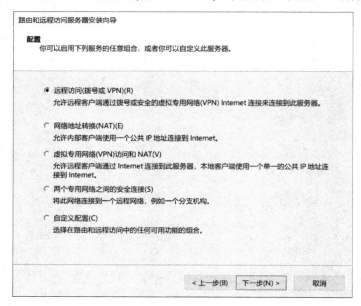

图 11-7　选择"远程访问(拨号或 VPN)"选项

② 点击"下一步"按钮，出现"远程访问"对话框，在该对话框中可以选择创建拨号或 VPN 远程访问连接，在此选择"VPN"复选框，如图 11-8 所示。

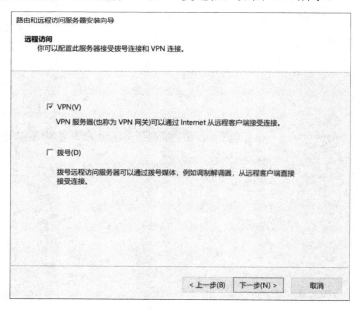

图 11-8　"远程访问"窗口

(3) 选择连接到 Internet 的网络接口。

点击"下一步"按钮，出现"VPN 连接"对话框，在该对话框中选择连接到 Internet 的网络接口，在此选择"Internet 连接"接口，如图 11-9 所示。

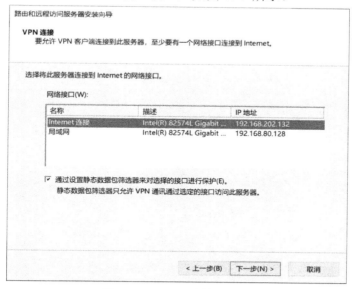

图 11-9 "VPN 连接"窗口

(4) 设置 IP 地址分配。

① 点击"下一步"按钮，出现"IP 地址分配"对话框，在该对话框中可以设置分配给 VPN 客户端计算机的 IP 地址从 DHCP 服务器获取或是指定一个范围，此处选择"来自一个指定的地址范围"选项，如图 11-10 所示。

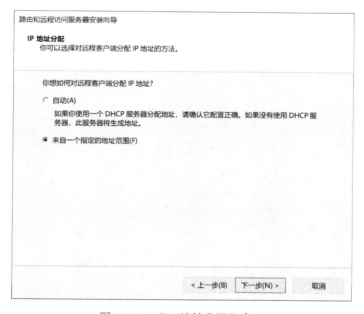

图 11-10 "IP 地址分配"窗口

② 点击"下一步"按钮，出现"地址范围分配"对话框，在该对话框中指定 VPN 客

户端计算机的 IP 地址范围。

③ 点击"新建"按钮,出现"新建 IPv4 地址范围"对话框,在"起始 IP 地址"文本框中输入"192.168.80.151",在"结束 IP 地址"文本框中输入"192.168.80.180",如图 11-11 所示,然后点击"确定"按钮即可。

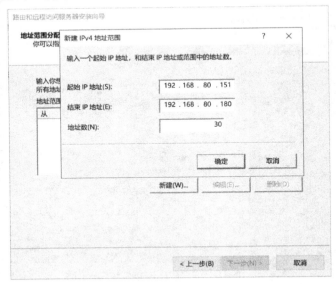

图 11-11 输入 VPN 客户机的 IP 地址范围

④ 返回到"地址范围分配"对话框,可以看到已经指定了一段 IP 地址范围。

(5) 结束 VPN 配置。

① 点击"下一步"按钮,出现"管理多个远程访问服务器"对话框。在该对话框中可以指定身份验证的方法是路由和远程访问服务器还是 RADIUS 服务器,此处选择"否,使用路由和远程访问来对连接请求进行身份验证"单选框,如图 11-12 所示。

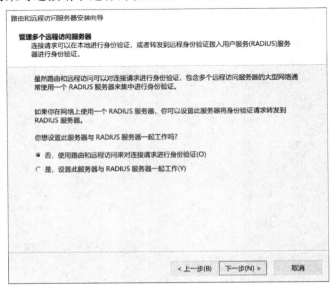

图 11-12 "管理多个远程访问服务器"窗口

②　点击"下一步"按钮，出现"摘要"对话框，在该对话框中显示了之前步骤所设置的信息。

③　点击"完成"按钮，出现如图 11-13 所示对话框，表示需要配置 DHCP 中继代理程序，最后点击"确定"按钮即可。

图 11-13　提示需要配置 DHCP 中继代理的属性

（6）查看 VPN 服务器状态。

①　完成 VPN 服务器的创建，返回到"路由和远程访问"控制台。由于目前已经启用了 VPN 服务，所以服务器图标显示绿色向上的标识箭头，如图 11-14 所示。

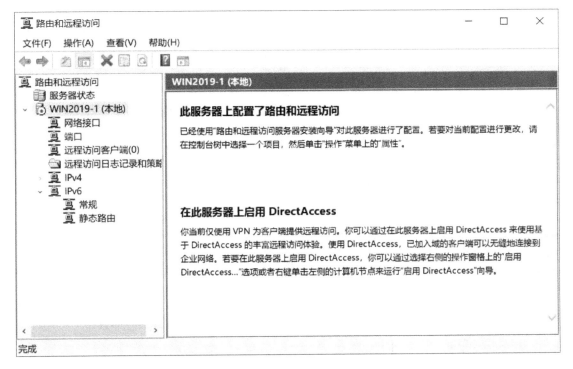

图 11-14　完成 VPN 配置后的效果

②　在"路由和远程访问"控制台树中，展开服务器，点击"端口"，在控制台右侧界面中显示所有端口的状态为"不活动"，如图 11-15 所示。

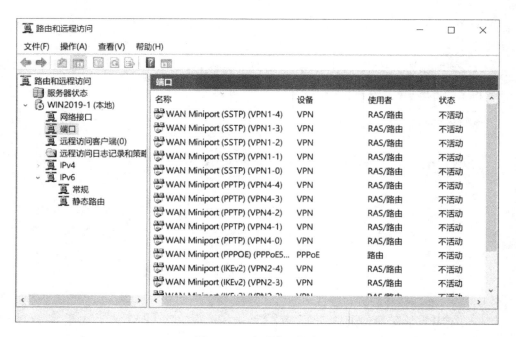

图 11-15　查看端口状态

③ 在"路由和远程访问"控制台树中，展开服务器，单击"网络接口"，在控制台右侧界面中显示 VPN 服务器上的所有网络接口，如图 11-16 所示。

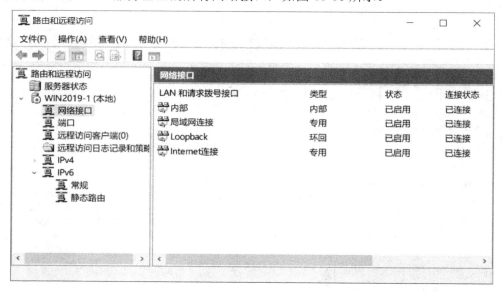

图 11-16　查看网络连接

四、停止和启动 VPN 服务

要启动或停止 VPN 服务，可以使用 net 命令、"路由和远程访问"控制台或"服务"控制台，具体步骤如下：

(1) 使用 net 命令。

以域管理员账户登录到 VPN 服务器 WIN2019-1 上，在命令行提示符界面中，输入命令"net stop remoteaccess"停止 VPN 服务，输入命令"net start remoteaccess"后启动 VPN 服务。

(2) 使用"路由和远程访问"控制台。

在"路由和远程访问"控制台目录树中，用鼠标右键单击服务器，在弹出的快捷菜单中选择"所有任务"→"停止"或"启动"命令即可停止或启动 VPN 服务。

VPN 服务停止以后，"路由和远程访问"控制台如图 11-17 所示显示红色向下标识箭头。

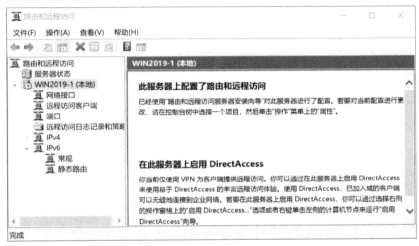

图 11-17　VPN 服务器停止状态

(3) 使用"服务"控制台。

点击"开始"→"Windows 管理工具"→"服务"，打开"服务"控制台。找到服务"Routing and Remote Access"，点击"启动"或"停止"即可启动或停止 VPN 服务，如图 11-18 所示。

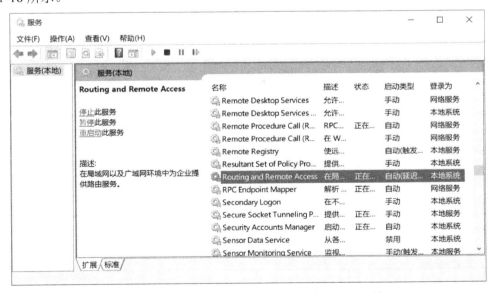

图 11-18　使用"服务"控制台启动或停止 VPN 服务

五、配置域用户账户允许 VPN 连接

在域控制器 WIN2019-1 上设置允许用户"ABC\Administrator"使用 VPN 连接到 VPN 服务器的具体步骤如下：

(1) 以域管理员账户登录到域控制器上 WIN2019-1，打开"Active Directory 用户和计算机"控制台。依次打开"abc.com"和"Users"节点，右键单击用户"Administrator"，在弹出菜单中选择"属性"打开"Administrator 属性"对话框。

(2) 在"Administrator 属性"对话框中选择"拨入"选项卡。在"网络访问权限"选项区域中选择"允许访问"单选框，如图 11-19 所示，最后点击"确定"按钮即可。

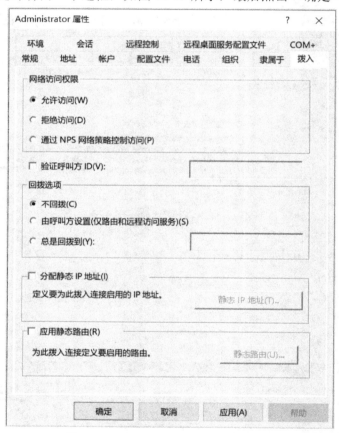

图 11-19　"Administrator 属性"对话框

六、在 VPN 客户机上建立并测试 VPN 连接

在 VPN 客户机 WIN2019-3 上建立 VPN 连接并连接到 VPN 服务器上，具体步骤如下：

(1) VPN 在客户机上新建 VPN 连接。

① 以域管理员账户登录到 VPN 客户机 WIN2019-3 上，单击"开始"→"控制面板"→"网络和 Internet"→"网络和共享中心"，打开如图 11-20 所示的"网络和共享中心"界面。

图 11-20　"网络和共享中心"对话框

② 点击"设置新的连接或网络"按钮，打开"设置连接或网络"对话框，通过该对话框可以建立连接以连接到 Internet 或专用网络，在此选择"连接到工作区"选项，如图 11-21 所示。

图 11-21　选择"连接到工作区"选项

③ 点击"下一步"按钮，出现"连接到工作区-你希望如何连接"对话框，在该对话框中指定使用 Internet 还是拨号方式连接到 VPN 服务器，在此点击"使用我的 Internet 连

接(VPN)(I)"选项，如图 11-22 所示。

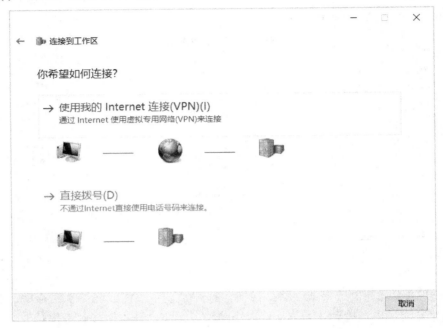

图 11-22   选择"使用我的 Internet 连接(VPN)(I)"选项

④ 出现"连接到工作区-你想在继续之前设置 Internet 连接吗？"对话框，在该对话框中设置 Internet 连接，由于本实例 VPN 服务器和 VPN 客户机是物理直接连接在一起的，所以点击"我将稍后设置 Internet 连接(I)"，如图 11-23 所示。

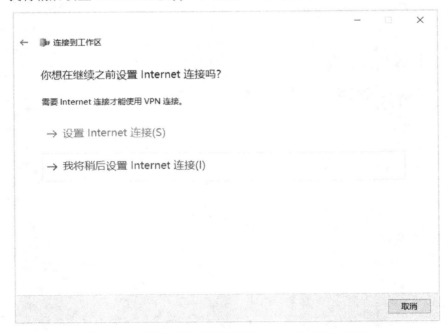

图 11-23   选择"我将稍后设置 Internet 连接(I)"选项

⑤ 出现如图 11-24 所示的"连接到工作区-键入要连接的 Internet 地址"对话框，在"Internet 地址"文本框中输入 VPN 服务器的外网网卡 IP 地址为"192.168.202.132"，并设置目标名称为"VPN 连接"，点击创建按钮，VPN 连接创建完成。

图 11-24 键入要连接的 Internet 地址

(2) 连接到 VPN 服务器。

① 选择"开始"菜单并单击鼠标右键，在弹出的快捷菜单中选择"网络连接"选项，打开"设置"窗口，选择"VPN"选项，点击"VPN 连接"→"连接"按钮，如图 11-25 所示。在图 11-26 所示的"Windows 安全中心"对话框中输入允许 VPN 连接的账户和密码，点击"确定"按钮，在此使用账户"ABC\Administrator"建立连接。

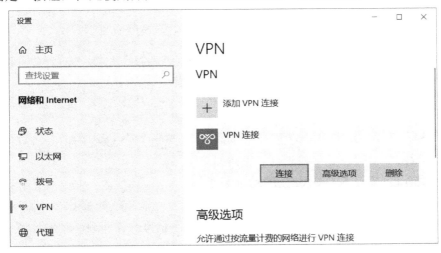

图 11-25 设置 VPN 连接

图 11-26 "Windows 安全中心"对话框

② 点击"确定"按钮，经过身份验证后即可连接到 VPN 服务器，在如图 11-27 所示的"网络连接"界面中可以看到"VPN 连接"的状态是连接的。

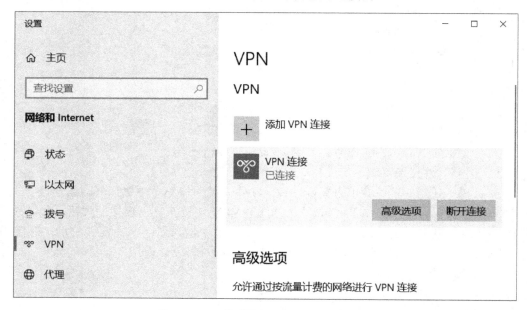

图 11-27 已经连接到 VPN 服务器的效果

七、验证 VPN 连接

当 VPN 客户端计算机 WIN2019-3 连接到 VPN 服务器 WIN2019-1 上之后，可以访问公司内部局域网络中的共享资源，具体步骤如下所述。

(1) 查看 VPN 客户端获取到的 IP 地址。

① 在 VPN 客户端计算机 WIN2019-3 上，打开命令提示符界面，使用命令"ipconfig/all"查看 IP 地址信息，如图 11-28 所示，可以看到 VPN 连接获得的 IP 地址为"192.168.80.152"。

② 先后输入命令"ping 192.168.80.128"和"ping 192.168.80.132"，可以测试 VPN 客户端计算机和 VPN 服务器以及内网计算机的连通性，如图 11-29 所示，显示能连通。

图 11-28　查看 VPN 客户端获取的 IP 地址信息

图 11-29　测试 VPN 连接

(2) 在 VPN 服务器上的验证。

① 以域管理员账户登录到 VPN 服务器上,在"路由和远程访问"控制台树中,展开服务器节点,点击"远程访问客户端(I)",在控制台右侧界面中显示持续连接时间以及连接的账户,这表明已经有一个客户端建立了 VPN 连接,如图 11-30 所示。

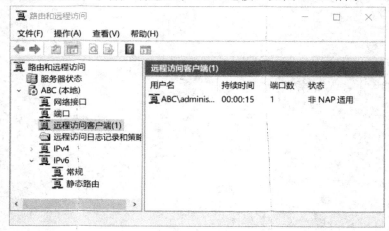

图 11-30　查看远程访问客户端

② 选择"端口"选项,在右侧窗格中可以看到其中一个端口的状态是"活动",表明有客户端连接到 VPN 服务器。

③ 用鼠标双击该活动端口,弹出"端口状态"对话框。该对话框中显示了持续连接时间、用户以及分配给 VPN 客户端计算机的 IP 地址,如图 11-31 所示。

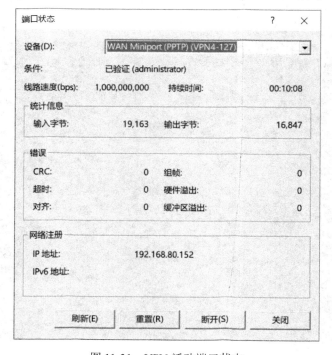

图 11-31　VPN 活动端口状态

(3) 访问内部局域网的共享文件。

① 以域管理员账户登录到内部网服务器 WIN2019-2 上，在"计算机"管理器中创建文件夹"C:\share"作为测试目录，在该文件夹内存入一些文件，并将该文件夹设置为共享。

② 以域管理员账户登录到 VPN 客户端计算机 WIN2019-3 上，点击"开始"→"运行"，输入内部网服务器 WIN2019-2 上共享文件夹的 UNC 路径为"\\192.168.80.132"，点击"确定"按钮。

③ 由于已经连接到 VPN 服务器上，所以可以访问内部局域网络中的共享资源，但需要输入网络凭据。在"输入网络凭据"界面中，点击"使用其他账户"按钮，并输入用户名和密码，点击"确定"按钮后即可访问 WIN2019-2 中的共享资源，如图 11-32 所示。

图 11-32 输入网络凭据

(4) 断开 VPN 连接。

以域管理员账户登录到 VPN 服务器上，在"路由和远程访问"控制台树中依次展开服务器和"远程访问客户端(1)"节点，在控制台右侧界面中右键单击连接的远程客户端，在弹出菜单中选择"断开"命令即可断开客户端计算机的 VPN 连接。

任务 2 配置 VPN 服务器的网络策略

 任务描述

在 VPN 服务器 WIN2019-1 上创建网络策略"VPN 网络策略"，使得用户在进行 VPN 连接时使用该网络策略。

○　知识衔接

一、什么是网络策略

在部署网络访问保护(network access protection，NAP)时，将向网络策略配置中添加健康策略，以便在授权的过程中使用网络策略服务器(network policy server，NPS)对客户端进行健康检查。

当处理作为 RADIUS 服务器的连接请求时，网络策略服务器对此连接请求既执行身份验证，又执行授权。在身份验证过程中，NPS 验证连接到网络的用户或计算机的身份。在授权过程中，NPS 决定是否允许用户或计算机访问网络。若允许，则 NPS 使用在 NPS 微软管理控制台(microsoft management console，MMC)管理单元中配置的网络策略。NPS 还会检查 Active Directory 域服务中账户的拨入属性以执行授权。

可以将网络策略视为规则。每个规则都具有一组条件和设置。NPS 将规则的条件与连接请求的属性进行对比。如果规则和连接请求之间能够匹配，则规则中定义的设置会应用于连接。

当在 NPS 中配置了多个网络策略时，它们是一组有序的规则。NPS 根据列表中的第一个规则检查每个连接请求，然后根据第二个规则进行同样的检查，以此类推，直到找到匹配项为止。

每个网络策略都有"前略状态"设置，使用该设置可以启用或禁用策略。如果禁用网络策略，则授权连接请求时，NPS 不评估策略。

二、网络策略属性

每个网络策略中都有以下 4 种类别的属性。

1. 概述

使用概述属性可以指定是否启用策略、是允许还是拒绝访问策略，以及连接请求是需要特定的网络连接方法还是需要网络访问服务器类型。使用概述属性还可以指定是否忽略 Active Directory 域服务中的用户账户的拨入属性。如果选择忽略，则 NPS 只能使用网络策略中的设置来确定是否授权连接。

2. 条件

使用条件属性可以指定为了匹配网络策略，连接请求所必须具有的条件；如果策略中配置的条件与连接请求匹配，则 NPS 将把网络策略中指定的设置应用于连接。例如，如果将网络访问服务器 IPv4 地址(NAS IPv4 地址)指定为网络策略的条件，并且 NPS 从具有指定 IP 地址的 NAS 接收连接请求，则策略中的条件与连接请求相匹配。

3. 约束

约束是匹配连接请求所需的网络策略的附加参数。如果连接请求与约束不匹配，则 NPS 自动拒绝该请求。与 NPS 对网络策略中不匹配条件的响应不同，如果约束不匹配，则 NPS 不评估附加网络策略，只拒绝连接请求。

4. 设置

使用设置属性可以指定在策略的所有网络策略条件都匹配时，NPS 应用于连接请求的设置。

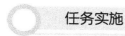

在 VPN 服务器 WIN2019-1 上创建网络策略 "VPN 网络策略"，使得用户在进行 VPN 连接时使用该网络策略。具体步骤如下所述。

一、新建网络策略

(1) 以域管理员账户登录到 VPN 服务器 WIN2019-1 上，选择"开始"→"Windows 管理工具"→"网络策略服务器"选项，打开如图 11-33 所示的"网络策略服务器"控制台。

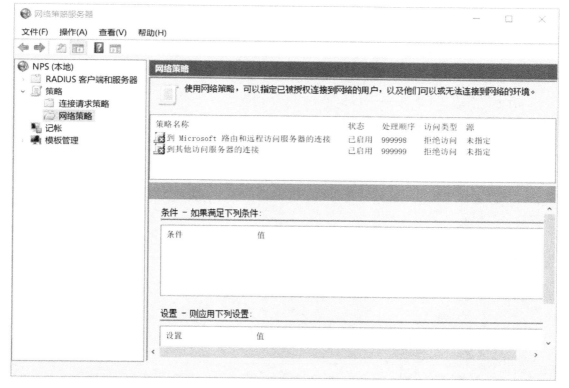

图 11-33　"网络策略服务器"控制台

(2) 用鼠标右键单击"网络策略"，在弹出的快捷菜单中选择"新建"命令，打开"新建网络策略"对话框，在"指定网络策略名称和连接类型"窗口中指定网络策略的名称为"VPN 策略"，指定"网络访问服务器的类型"为"远程访问服务器(VPN 拨号)"，如图 11-34 所示。

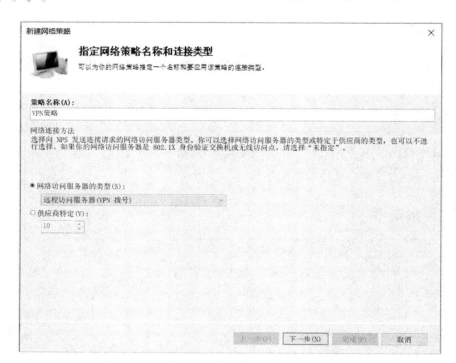

图 11-34　"指定网络策略名称和连接类型"窗口

二、指定网络策略条件——日期和时间限制

（1）点击"下一步"按钮，出现"指定条件"窗口，在该窗口中设置网络策略的条件，如日期和时间、用户组等。

（2）点击"添加"按钮，出现"选择条件"对话框。在该对话框中选择要配置的条件属性，选择"日期和时间限制"选项，如图 11-35 所示，该选项表示每周允许和不允许用户连接的时间和日期。

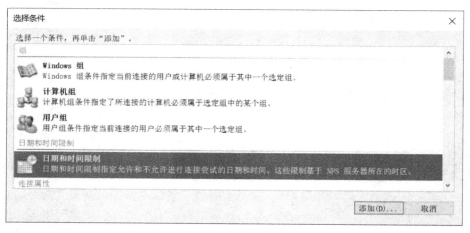

图 11-35　"选择条件"对话框

（3）点击"添加"按钮，出现"日期和时间限制"对话框，在该对话框中设置允许建

立 VPN 连接的时间和日期，如图 11-36 所示，选择右侧的"允许"选项，然后点击"确定"按钮。

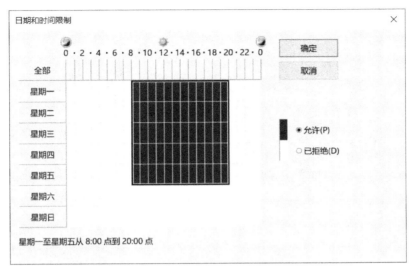

图 11-36　"日期和时间限制"对话框

（4）返回到"指定条件"窗口，从中可以看到已经添加了一条网络条件，如图 11-37 所示。

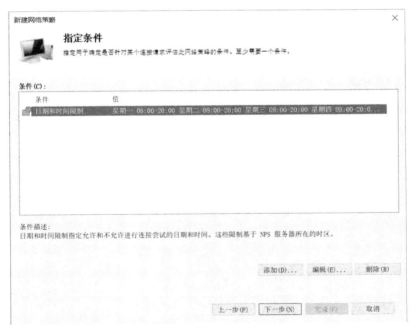

图 11-37　"指定条件"窗口

三、授予远程访问权限

点击"下一步"按钮，出现"指定访问权限"窗口，在该窗口中指定连接访问权限是允许或是拒绝，在此选择"已授予访问权限"单选框，如图 11-38 所示。

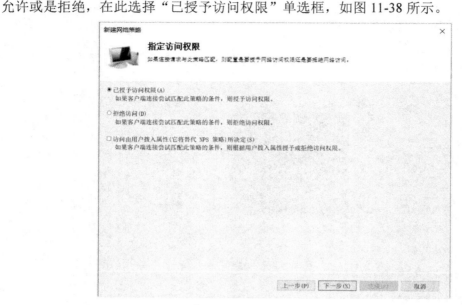

图 11-38　"指定访问权限"窗口

四、配置身份验证的方法

点击"下一步"按钮，出现如图 11-39 所示的"配置身份验证方法"窗口，在该窗口中设定身份验证的方法和 EAP 类型。

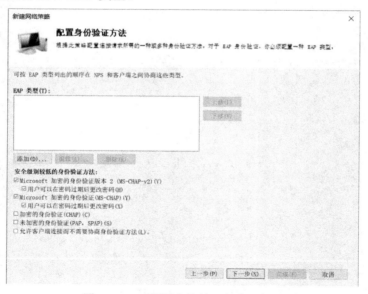

图 11-39　"配置身份验证方法"窗口

五、配置约束

点击"下一步"按钮，出现如图 11-40 所示的"配置约束"窗口，在该窗口中配置网络策略的约束，如空闲超时、会话超时、被叫站 ID、日期和时间限制、NAS 端口类型。

图 11-40　"配置约束"窗口

六、配置设置

点击"下一步"按钮，出现如图 11-41 所示的"配置设置"窗口，在该窗口中配置此网络策略的设置，如 RADIUS 属性、多链路和带宽分配协议(BAP)、IP 筛选器、加密、IP 设置。

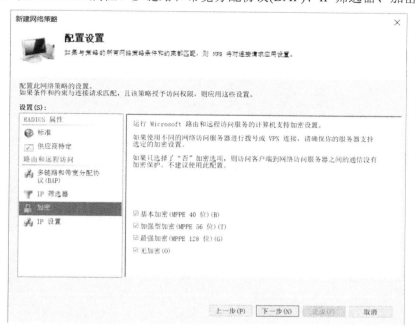

图 11-41　"配置设置"窗口

七、完成新建网络策略

点击"下一步"按钮，出现"正在完成新建网络策略"窗口，最后点击"完成"按钮即可完成网络策略的创建。

八、设置用户远程访问权限

以域管理员账户登录到域控制器 WIN2019-1 上，打开"Active Directory 用户和计算机"控制台，依次展开"abc.com"和"Users"节点，点击用户"Administrator"，在弹出菜单中选择"属性"，打开"Administrator 属性"对话框。选择"拨入"选项卡，在"网络访问权限"选项区域中选择"通过 NPS 网络策略控制访问"选项框，如图 11-42 所示，设置完毕后点击"确定"按钮即可。

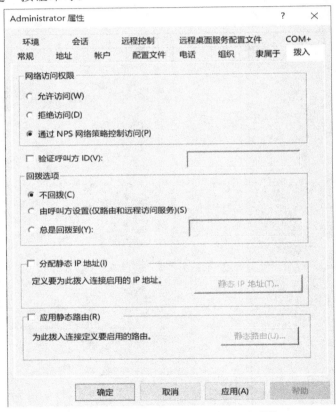

图 11-42 "Administrator 属性"对话框

九、客户端测试能否连接到 VPN 服务器

以本地管理员账户登录到 VPN 客户端计算机 WIN2019-3 上，打开 VPN 连接，以用户"ABC\Administrator"账户连接到 VPN 服务器，此时是按网络策略进行身份验证的。如果验证成功，则表示连接到 VPN 服务器；如果验证不成功，而是出现了如图 11-43 所示的"错误连接"提示，则点击"更改适配器选项"链接，在弹出的对话框中依次选择"VPN 连接"→"属

性"→"安全"选项，弹出"VPN 连接属性"对话框，选中"允许使用这些协议"选项按钮，勾选"Microsoft CHAP Version 2(MS-CHAP v2)"复选框，点击"确定"按钮，如图 11-44 所示。完成后，重新启动计算机即可。

图 11-43　错误连接提示

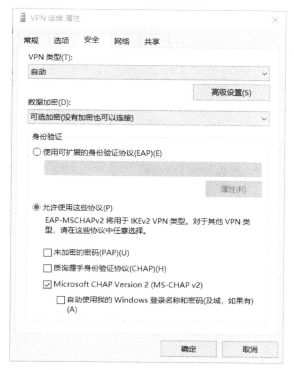

图 11-44　"VPN 连接属性"对话框

小　结

本章首先介绍了 VPN 基础知识，包括 VPN 的定义、VPN 的主要特点、VPN 的工作过程、VPN 的构成、VPN 的应用场合。其次介绍网络策略，包含了网络策略的定义和网络策略属性的种类。最后实施 VPN 服务器的安装，配置以及在客户机上建立并测试 VPN 连接。

习　题

一、单项选择题

1. VPN 的含义是(　　)。

A. 局域网 　　　　　　　　　　B. 虚拟专用网络

C. 广域网 　　　　　　　　　　D. 城域网

2. 以下关于 VPN 说法正确的是(　　)。

A. VPN 指的是用户自己租用的线路和公共网络物理上完全隔离的、安全的线路

B. VPN 指的是用户通过公用网络建立的临时的、安全的连接

C. VPN 不能做到信息认证和身份认证

D. VPN 只能提供身份认证、不能提供加密数据的功能

3. IPSec 是(　　)VPN 协议标准。

A. 第一层 　　　B. 第二层 　　　C. 第三层 　　　D. 第四层

4. (　　)不是 VPN 所采用的技术。

A. PPTP 　　　　B. L2TP 　　　　C. IPSec 　　　　D. PKI

5. VPN 服务启用后，系统默认会自动建立(　　)个 PPTP 端口。

A. 128 　　　　　B. 64 　　　　　C. 32 　　　　　D. 16

二、填空题

1. VPN 是_____的简称，其中文名称是_____。

2. 一般来说，VPN 适用于以下两种场合：_____和_____。

3. VPN 使用的两种隧道协议是_____和_____。

4. 在 Windows Server 网络操作系统的命令行窗口中，可以使用_____命令查看本机的路由表信息。

5. 每个网络策略中都有以下 4 种类别的属性：_____、_____、_____和_____。

三、简答题

1. 什么是专用地址和公用地址？

2. 简述 VPN 的工作过程。

3. 简述 VPN 的构成及应用场合。

项目 12　NAT 服务器的配置与管理

 项目背景

　　某公司采用实名认证上网，认证软件只限本人在一台计算机上进行认证。但需要上网的设备比较多，如手机、平板电脑以及多台计算机，现在只需要共享一个公用 IP 地址，就可以同时连接 Internet、浏览网页与收发电子邮件。网络管理员根据任务要求准备搭建 NAT 服务器，基本步骤如下：

　　(1) 安装路由和远程访问服务。

　　(2) 配置和测试 NAT 客户机。

　　(3) 设置外部网络主机访问内部 Web 服务器。

　　(4) 配置筛选器。

　　(5) 设置 NAT 客户端。

　　(6) 配置 DHCP 分配器与 DNS 中继代理。

 知识目标

● 理解 NAT 的基本概念和基本原理。

● 掌握 NAT 的工作过程。

 能力目标

● 掌握配置并测试 NAT 服务器的方法。

● 掌握设置外部网络主机访问内部 Web 服务器的实现方法。

● 掌握配置 DHCP 分配器与 DNS 中继代理的方法。

 素养目标

● 培养自我学习的能力和习惯。

● 树立团队互助、进取合作的意识。

 任务 1　安装路由和远程访问服务

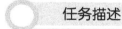 **任务描述**

　　该公司的网络管理员通过 Windows Server 2019 中的"添加角色和功能向导"窗口来

安装 NAT 服务器角色，NAT 服务器的局域网 IP 地址为 192.168.80.128，Internet IP 地址为 192.168.202.132。

 知识衔接

一、NAT 基础知识

随着网络技术的发展，接入 Internet 的计算机数量不断增加，Internet 中空闲的 IP 地址越来越少，IP 地址资源越来越紧张。事实上，除了中国教育和科研计算机网(China Education and Research Network，CERNET)外，一般用户几乎申请不到整段的 C 类 IP 地址。在其他 ISP 那里，即使是拥有几百台计算机的大型局域网用户，他们所能申请到的 IP 地址也不过只有几个或十几个。显然，这么少的 IP 地址根本无法满足网络用户的需求，于是人们使用了网络地址转换(network address translation，NAT)技术。目前 NAT 技术有效地解决了此问题，使得私有网络 IP 可以访问外网。

1. NAT 概述

网络地址转换器 NAT 位于使用专用地址的 Intranet 和使用公用地址的 Internet 之间。从 Intranet 传出的数据包由 NAT 将它们的专用地址转换为公用地址。从 Internet 传入的数据包由 NAT 将它们的公用地址转换为专用地址。这样在内网中计算机使用未注册的专用 IP 地址，而在与外部网络通信时使用注册的公用 IP 地址，大大降低了连接成本。同时 NAT 也起到将内部网络隐藏起来、保护内部网络的作用，因为对外部用户来说只有使用公用 IP 地址的 NAT 才是可见的。

2. NAT 实现方式和技术背景

NAT 的实现方式有 3 种，即静态转换(static NAT)、动态转换(dynamic NAT)和端口多路复用(overload)。

(1) 静态转换是指将内部网络的私有 IP 地址转换为公有 IP 地址。IP 地址对是一对一的，是一成不变的，某个私有 IP 地址只转换为某个公有 IP 地址。借助静态转换，可以实现外部网络对内部网络中某些特定设备(如服务器)的访问。

(2) 动态转换是指将内部网络的私有 IP 地址转换为公用 IP 地址时，IP 地址是不确定的，是随机的，所有被授权访问 Internet 的私有 IP 地址可随机转换为任何指定的合法 IP 地址。也就是说，只要指定哪些内部地址可以进行转换，以及用哪些合法地址作为外部地址时，就可以进行动态转换。动态转换可以使用多个合法外部地址集。当 ISP 提供的合法 IP 地址略少于网络内部的计算机数量时，可以采用动态转换的方式。

(3) 端口多路复用是指改变外出数据包的源端口并进行端口转换，即端口地址转换(port address translation，PAT)采用端口多路复用方式。内部网络的所有主机均可共享一个合法外部 IP 地址来实现对 Internet 的访问，从而可以最大限度地节约 IP 地址资源。同时，又可隐藏网络内部的所有主机，有效避免来自 Internet 的攻击。因此，目前网络中应用最多的就是端口多路复用方式。

要真正地了解 NAT 就必须先了解现在 IP 地址的适用情况。私有 IP 地址是指内部网络或主机的 IP 地址，公有 IP 地址是指在因特网上全球唯一的 IP 地址。RFC 1918 为私有网络预留出了如下 3 个 IP 地址块：

A 类范围：10.0.0.0～10.255.255.255；

B 类范围：172.16.0.0～172.31.255.255；

C 类范围：192.168.0.0～192.168.255.255。

上述 3 个范围内的地址不会在因特网上被分配，因此可以不必向 ISP 或注册中心申请而在公司或企业内部自由使用。

随着接入 Internet 的计算机的数量的不断猛增，IP 地址资源也就愈加显得捉襟见肘。

虽然 NAT 可以借助某些代理服务器来实现，但考虑到运算成本和网络性能，很多时候都是由路由器实现的。

3. NAT 的工作过程

NAT 地址转换协议的工作过程主要有以下 4 个步骤。

(1) 客户机将数据包发给运行 NAT 的计算机。

(2) NAT 将数据包中的端口号和专用的 IP 地址换成它自己的端口号和公用的 IP 地址，然后将数据包发给外部网络的目的主机，同时记录一个跟踪信息在映像表中，以便向客户机发送回答信息。

(3) 外部网络发送回答信息给 NAT。

(4) NAT 将所收到的数据包的端口号和公用 IP 地址转换为客户机的端口号和内部网络使用的专用 IP 地址并转发给客户机。

以上步骤对于网络内部的主机和网络外部的主机都是透明的，如同直接通信一样，如图 12-1 所示。担当 NAT 的计算机有两块网卡，两个 IP 地址。IP1 为 192.168.0.1，IP2 为 202.162.4.1。

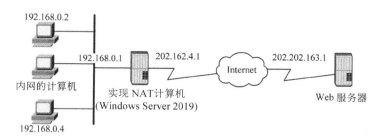

图 12-1　NAT 的工作过程

下面举例来说明详细步骤。

(1) 192.168.0.2 用户使用 Web 浏览器连接到位于 202.202.163.1 的 Web 服务器，则用户计算机将创建带有下列信息的 IP 数据包。

① 目标 IP 地址为 202.202.163.1；

② 源 IP 地址为 192.168.0.2；

③ 目标端口为 TCP 端口 80；

④ 源端口为 TCP 端口 1350。

(2) IP 数据包转发到运行 NAT 的计算机上，它将传出的数据包的 IP 地址转换成下面的形式，再用自己的 IP 地址重新打包后转发。

① 目标 IP 地址为 202.202.163.1；

② 源 IP 地址为 202.162.4.1；

③ 目标端口为 TCP 端口 80；

④ 源端口为 TCP 端口 2500。

(3) NAT 协议在表中保留了(192.168.0.2，TCP 1350)到(202.162.4.1，TCP 2500)的映射，以便回传。

(4) 转发的数据包是通过 Internet 发送的。Web 服务器响应通过 NAT 协议发回和接收。当接收时，数据包包含下面的公用 IP 地址信息。

① 目标 IP 地址为 202.162.4.1；

② 源 IP 地址为 202.202.163.1；

③ 目标端口为 TCP 端口 2500；

④ 源端口为 TCP 端口 80。

(5) NAT 协议检查转换表，将公用 IP 地址映射到专用 IP 地址，并将数据包转发给位于 192.168.0.2 的计算机。转发的数据包包含以下信息。

① 目标 IP 地址为 192.168.0.2；

② 源 IP 地址为 202.202.163.1；

③ 目标端口为 TCP 端口 1350；

④ 源端口为 TCP 端口 80。

说明：对于来自 NAT 协议的传出数据包，源 IP 地址(专用 IP 地址)被映射到 ISP 分配的地址(公用 IP 地址)，并且 TCP/IP 端口号也会被映射到不同的 TCP/IP 端口号。对于到 NAT 协议的传入数据包，目标 IP 地址(公用 IP 地址)被映射到源 IP 地址(专用 IP 地址)，并且 TCP/UDP 端口号被重新映射回源 TCP/UDP 端口号。

4. NAT 的适用场景

NAT 的适用场景主要有两方面，一是公有 IP 地址不够用，当企业只租用到了数量有限的公有 IP，而内部由任意数量的客户组成时，就不可能为内部每台计算机都分配一个公有 IP，这时就可以采用 NAT 技术，多个内部计算机在访问 Internet 时使用同一个公网 IP 地址；二是当公司希望对内部计算机进行有效的安全保护时可以采用 NAT 技术，内部网络中的所有计算机上网时受到路由器或服务器(防火墙)的保护，黑客与病毒的攻击被阻挡在网络出口设备上，大大提高了内部计算机的安全性。

二、规划部署 NAT 服务器

在架设 NAT 服务器之前，我们需要了解 NAT 服务器配置实例的部署需求和实训环境，本书使用 VMware Workstation 构建虚拟环境。

1. 项目规划

部署 NAT 服务器的网络拓扑结构图如图 12-2 所示。

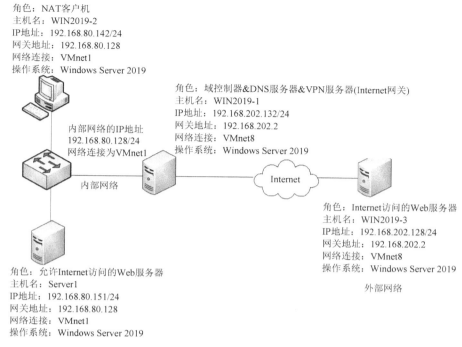

角色：NAT客户机
主机名：WIN2019-2
IP地址：192.168.80.142/24
网关地址：192.168.80.128
网络连接：VMnet1
操作系统：Windows Server 2019

角色：域控制器&DNS服务器&VPN服务器(Internet网关)
主机名：WIN2019-1
IP地址：192.168.202.132/24
网关地址：192.168.202.2
网络连接：VMnet8
操作系统：Windows Server 2019

内部网络的IP地址
192.168.80.128/24
网络连接为VMnet1

内部网络

Internet

角色：Internet访问的Web服务器
主机名：WIN2019-3
IP地址：192.168.202.128/24
网关地址：192.168.202.2
网络连接：VMnet8
操作系统：Windows Server 2019

外部网络

角色：允许Internet访问的Web服务器
主机名：Server1
IP地址：192.168.80.151/24
网关地址：192.168.80.128
网络连接：VMnet1
操作系统：Windows Server 2019

图 12-2　部署 NAT 服务器的网络拓扑结构图

2. 部署需求

(1) 设置 NAT 服务器的 TCP/IP 属性，手动指定 IP 地址、子网掩码、默认网关和 DNS 服务器 IP 地址等；

(2) 部署域环境，域名为 abc.com。

3. 部署环境

所有实例都被部署在网络环境下。其中，NAT 服务器主机名为"WIN2019-1"，该 NAT 服务器连接内部局域网网卡(LAN)的 IP 地址为 192.168.80.128/24，连接外部网络网卡 (Internet)的 IP 地址为 192.168.202.132/24；NAT 客户端主机名为 WIN2019-2，其 IP 地址为 192.168.80.142/24；内部 Web 服务器主机名为 Server1，IP 地址为 192.168.80.151/24；Internet 上的 Web 服务器主机名为 WIN2019-3，IP 地址为 192.168.202.128/24。

WIN2019-1、WIN2019-2、WIN2019-3、Server1 可以是 Hyper-V 服务器的虚拟机，也可以是 VMWare 的虚拟机。

特别提示：在 VMWare Workstation 虚拟机中，WIN2019-1 的内部网卡的连接方式采用 VMnet1，WIN2019-1 的外部网卡的连接方式采用 VMnet8，WIN2019-2 和 Server1 的网络连接方式采用 VMnet1，WIN2019-3 的网络连接方式采用 VMnet8。

任务实施

一、安装"路由和远程访问服务"角色服务

(1) 按照网络拓扑图配置计算机的 IP 地址等参数。

（2）在计算机 WIN2019-1 上通过"服务器管理器"控制台安装路由和远程访问服务角色，具体步骤参见项目 11 中的任务 1。注意，安装的角色名称是"远程访问"。

二、配置并启用 NAT 服务

在计算机"WIN2019-1"上通过"路由和远程访问"控制台配置并启用 NAT 服务，具体步骤如下：

（1）打开"路由和远程访问服务器安装向导"对话框。

以域管理员账户登录到需要添加 NAT 服务的计算机 WIN2019-1 上，点击"开始"→"Windows 管理工具"→"路由和远程访问"，打开"路由和远程访问"控制台。用鼠标右键单击 NAT 服务器"WIN2019-1"，在弹出的快捷菜单中选择"禁用路由和远程访问"(清除 VPN 实验的影响)。

（2）选择"网络地址转换(NAT)"选项。

用鼠标右键单击 NAT 服务器"WIN2019-1"，在弹出的快捷菜单中选择"配置并启用路由和远程访问"命令，打开"路由和远程访问服务器安装向导"对话框，点击"下一步"按钮，出现"配置"窗口，在该窗口中可以配置 NAT、VPN 以及路由服务，在此选择"网络地址转换(NAT)"选项，如图 12-3 所示。

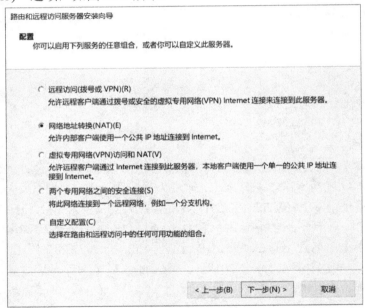

图 12-3　选择"网络地址转换(NAT)"选项

（3）选择连接到 Internet 的网络接口。

点击"下一步"按钮，出现"NAT Internet 连接"对话框，在该对话框中指定连接到 Internet 的网络接口，即 NAT 服务器连接到外部网络的网卡，选择"使用此公共接口连接到 Internet"单选框，并选择接口为"Internet 连接"，如图 12-4 所示。

（4）结束 NAT 配置。

点击"下一步"按钮，出现"正在完成路由和远程访问服务器安装向导"对话框，最后点击"完成"按钮即可完成 NAT 服务的配置和启用。

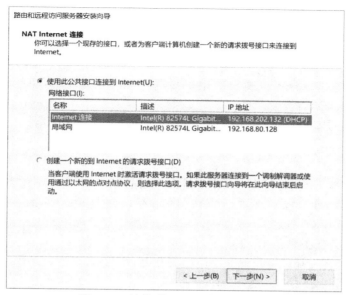

图 12-4   连接到 Internet 的网络接口

三、停止 NAT 服务

可以使用"路由和远程访问"控制台停止 NAT 服务，具体步骤如下：

(1) 以域管理员账户登录到 NAT 服务器上，打开"路由和远程访问"控制台，NAT 服务启用后显示绿色向上标识箭头。

(2) 用鼠标右键单击服务器，在弹出的快捷菜单中选择"所有任务"→"停止"命令，停止 NAT 服务。

(3) NAT 服务停止以后，显示红色向下标识箭头，表示 NAT 服务已停止。

四、禁用 NAT 服务

要禁用 NAT 服务，可以使用"路由和远程访问"控制台，具体步骤如下：

(1) 以域管理员登录到 NAT 服务器上，打开"路由和远程访问"控制台，用鼠标右键单击服务器，在弹出的快捷菜单中选择"禁用路由和远程访问"命令。

(2) 弹出"禁用 NAT 服务警告信息"界面。该信息表示禁用 NAT 服务后要重新启用路由器，需要重新配置。

(3) 禁用 NAT 服务后，显示红色向下标识的箭头。

‖▶ 任务 2   配置和测试 NAT 客户机

 任务描述

该公司的网络管理员通过 Windows Server 2019 中的"添加角色和功能向导"窗口安装

NAT 服务器角色，配置 NAT 客户端计算机，并测试内部网络和外部网络计算机之间的连通性。

知识衔接

局域网 NAT 客户端只要修改 TCP/IP 的设置即可。可以选择以下两种设置方式：

(1) 自动获得 TCP/IP。

此时客户端会自动向 NAT 服务器或 DHCP 服务器来索取 IP 地址、默认网关、DNS 服务器的 IP 地址等。

(2) 手动设置 TCP/IP。

手动设置 IP 地址要求客户端的 IP 地址必须与 NAT 局域网接口的 IP 地址在相同的网段内，也就是 Network ID 必须相同。默认网关必须设置为 NAT 局域网接口的 IP 地址，本例中为 192.168.80.128。首选 DNS 服务器可以设置为 NAT 局域网接口的 IP 地址，或是任何一台合法的 DNS 服务器的 IP 地址。

设置完成后，客户端的用户只要上网、收发电子邮件、连接 FTP 服务器等，NAT 就会自动通过 PPPoE 请求拨号来连接 Internet。

任务实施

一、设置 NAT 客户端计算机网关地址

以域管理员账户登录 NAT 客户端计算机 WIN2019-2 上，打开"Internet 协议版本 4(TCP/IPv4)属性"对话框。设置"默认网关"的 IP 地址为 NAT 服务器的内网网卡(LAN)的 IP 地址，在此输入"192.168.80.128"，如图 12-5 所示。最后点击"确定"按钮即可。

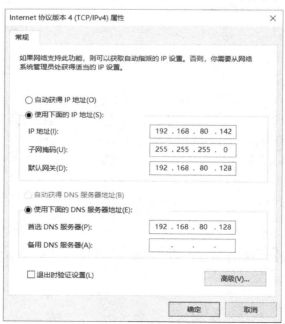

图 12-5　内部网络 NAT 客户端计算机的 IP 地址等相关参数

二、测试内部网络 NAT 客户端与外部网络计算机的连通性

在 NAT 客户端计算机 WIN2019-2 上打开"命令提示符"窗口，测试与 Internet 上的 Web 服务器(WIN2019-3)的连通性。输入命令"ping 192.168.202.128"，如图 12-6 所示，显示能连通。

图 12-6　测试内部网络 NAT 客户端与外部网络计算机的连通性

三、测试外部网络计算机与 NAT 服务器、内部网络的 NAT 客户端的连通性

以本地管理员账户登录到外部网络计算机(WIN2019-3)上，打开"命令提示符"窗口，依次使用命令"ping 192.168.202.132""ping 192.168.80.128""ping 192.168.80.142""ping 192.168.80.151"，测试外部网络计算机(WIN2019-3)与 NAT 服务器的外网卡、内网卡以及内部网络的 NAT 客户端的连通性，如图 12-7 所示。

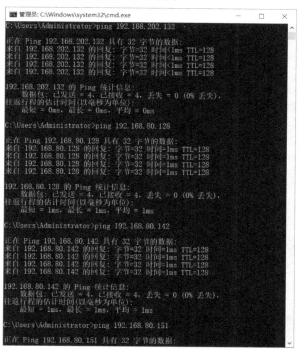

图 12-7　测试外部网络计算机与 NAT 服务器、内部网络的 NAT 客户端的连通性

任务 3　外部网络主机访问内部 Web 服务器

任务描述

若要让外部网络的计算机"WIN2019-3"访问内部 Web 服务器 Server1，应在 IE 浏览器的地址栏输入 http://192.168.202.132，将会打开内部网络的计算机 Server1 上的 Web 网站。

知识衔接

一、网络地址端口转换

用于 NAT 的公网地址就一个，内网计算机使用此公网访问 Internet，出去的数据包要替换源 IP 和源端口，在路由器上有一张表用于记录端口地址转换。

二、地址池

在用户开启了 DHCP 服务后，可以设置一个开始的 IP 地址与结束的 IP 地址，由此构成了一个地址池。地址池中的地址可以动态地分配给网络中的客户机使用。

三、服务和端口

服务和端口是一一对应的关系，相互依赖。没有服务运行也就无所谓端口，端口的开启和关闭也就是软件服务的启动和关闭。例如，常见的端口 80 默认运行的是 www 服务，端口 53 默认运行的是 DNS 服务。

任务实施

一、在 Server1 上安装 Web 服务器

如何在 Server1 上安装 Web 服务器，请参考项目 9。

二、计算机 Server1 配置成 NAT 客户端

以域管理员账户登录 NAT 客户端计算机 Server1 上，打开"Internet 协议版本 4(TCP/IPv4)属性"对话框。设置"默认网关"的 IP 地址为 NAT 服务器的内网网卡(LAN)的 IP 地址，在此输入"192.168.80.128"，如图 12-8 所示，最后点击"确定"按钮即可。

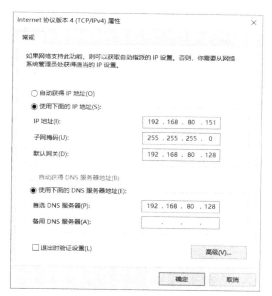

图 12-8　内部网络的计算机 Server1 配置成 NAT 客户端

注意　使用端口映射等功能时，一定要将内部网络的计算机配置成 NAT 客户机。

三、设置端口地址转换

（1）以域管理员账户登录到 NAT 服务器上，打开"路由和远程访问"控制台，依次展开服务器"WIN2019-1"和"IPv4"节点，点击"NAT"，在控制台右侧界面中，用鼠标右键单击 NAT 服务器的外网网卡"Internet 连接"，在弹出的快捷菜单中选择"属性"选项，如图 12-9 所示，打开"Internet 连接属性"对话框。

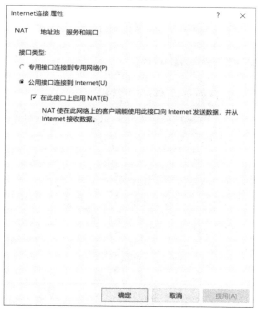

图 12-9　"Internet 连接属性"对话框

(2) 在打开的"Internet 连接属性"对话框中，选择如图 12-10 所示的"服务和端口"选项卡，在此可以设置将 Internet 用户重定向到内部网络上的服务。

(3) 选择"服务"列表中的"Web 服务器(HTTP)"复选框，打开"编辑服务"对话框，在"专用地址"文本框中输入安装 Web 服务器的内部网络的计算机的 IP 地址，在此输入"192.168.80.151"，如图 12-11 所示，最后点击"确定"按钮。

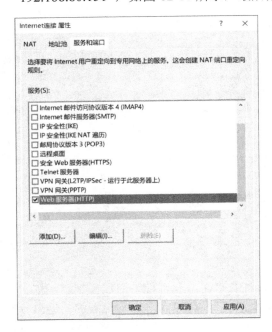

图 12-10　"服务和端口"选项卡　　　　图 12-11　"编辑服务"对话框

(4) 返回"服务和端口"选项卡，可以看到已经选择了"Web 服务器(HTTP)"复选框，点击"确定"按钮可完成端口地址转换的设置。

四、从外部网络访问内部 Web 服务器

(1) 以域管理员账户登录到外部网络的计算机 WIN2019-3 上。

(2) 打开 IE 浏览器，输入 http://192.168.202.132，打开内部网络计算机 Server1 上的 Web 网站，如图 12-12 所示。

图 12-12　访问内部网络计算机 Server1 上的 Web 服务器

　　注意　192.168.202.132 是 NAT 服务器外部网卡的 IP 地址。

五、在 NAT 服务器上查看地址转换信息

　　(1) 以域管理员账户登录到 NAT 服务器 WIN2019-1 上，打开"路由和远程访问"控制台，依次展开服务器"WIN2019-1"和"IPv4"节点，点击"NAT"，在控制台右侧界面中显示 NAT 服务器正在使用的连接内部网络的网络接口。

　　(2) 用鼠标右键单击"Internet 连接"，在弹出的快捷菜单中选择"显示映射"命令，打开如图 12-13 所示的"WIN2019-1-网络地址转换会话映射表格"窗口。该窗口信息表示外部网络计算机"192.168.202.128"访问到内部网络计算机"192.168.80.151"的 Web 服务，NAT 服务器将 NAT 服务器外网卡 IP 地址"192.168.202.132"转换成了内部网络计算机 IP 地址"192.168.80.151"。

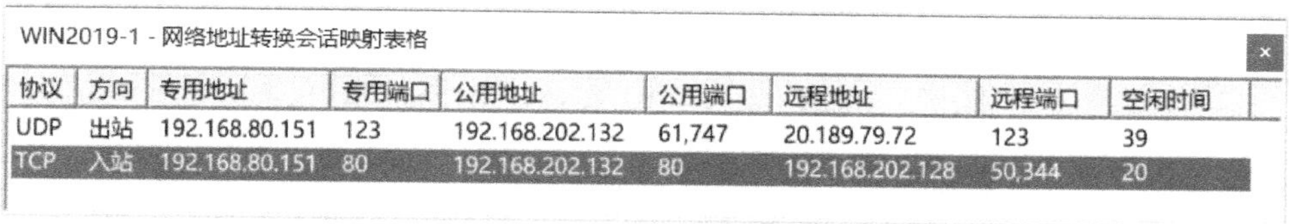

协议	方向	专用地址	专用端口	公用地址	公用端口	远程地址	远程端口	空闲时间
UDP	出站	192.168.80.151	123	192.168.202.132	61,747	20.189.79.72	123	39
TCP	入站	192.168.80.151	80	192.168.202.132	80	192.168.202.128	50,344	20

WIN2019-1 - 网络地址转换会话映射表格

图 12-13　"WIN2019-1-网络地址转换会话映射表格"窗口

六、配置筛选器

　　数据包筛选器用于过滤 IP 数据包。数据包筛选器分为入站筛选器和出站筛选器，分别对应接收到的数据包和发出去的数据包。对于某一个接口而言，入站数据包指的是从此接口接收到的数据包，而不询问此数据包的源 IP 地址和目的 IP 地址；出站数据包指的是从此接口发出的数据包，而不询问此数据包的源 IP 地址和目的 IP 地址。

　　可以在入站筛选器和出站筛选器中定义 NAT 服务器，在配置数据包筛选器时，可以允许所有不匹配筛选器设置的数据包通过，即允许所有未被特定规则匹配的数据包通过。对于没有允许的数据包，NAT 服务器默认将丢弃此数据包。

七、配置 DHCP 分配器与 DNS 代理

　　DHCP 分配器(DHCP allocator)：用来分配 IP 地址给内部的局域网客户端计算机。
　　DNS 代理(DNS proxy)：可以替局域网内的计算机来查询 IP 地址。

1. 配置 DHCP 分配器

　　DHCP 分配器扮演着类似 DHCP 服务器的角色，用来给内部网络的客户端分配 IP 地址。修改 DHCP 分配器设置的方法：如图 12-11 所示，展开"IPv4"，用鼠标右键单击"NAT"选项，弹出快捷菜单，选择"属性"命令，打开"NAT 属性"对话框中的"地址分配"选项卡，如图 12-14 所示。

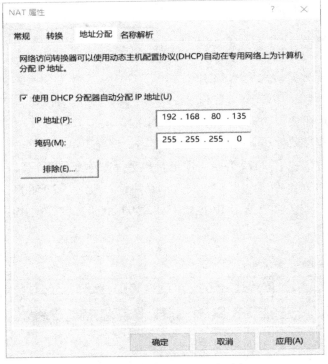

图 12-14 "地址分配"选项卡

注意 在配置 NAT 服务器时,若系统检测到内部网络上有 DHCP 服务器,它就不会自动启动 DHCP 分配器。

图 12-14 中,DHCP 分配器分配给客户端的 IP 地址的网段为 192.168.0.0,这个默认值是根据 NAT 服务器内网卡的 IP 地址(192.168.80.128)产生的。读者可以修改此默认值,不过必须与 NAT 服务器内网卡的 IP 地址一致,也就是与网络 ID 相同。

若内部网络的某些计算机的 IP 地址是手动输入的,且这些 IP 地址位于上述 IP 地址范围内,则通过点击"NAT 属性"对话框中的"排除"按钮来将这些 IP 地址排除,以免这些 IP 地址被发放给其他客户机。

若内部网络包含多个子网或 NAT 服务器拥有多个专用网接口,则由于 NAT 服务器的 DHCP 分配器只能够分配一个网段的 IP 地址,因此其他网络内的计算机的 IP 地址需手动设置或另外通过其他 DHCP 服务器分配。

2. 配置 DNS 中继代理

当内部计算机需要查询主机的 IP 地址时,它们可以将查询请求发送到 NAT 服务器,然后由 NAT 服务器的 DNS 中继代理(DNS proxy)来替它们查询 IP 地址。通过图 12-15 中的"名称解析"选项卡来启动或修改 DNS 中继代理的设置,勾选"使用域名系统(DNS)的客户端"复选框,表示要启用 DNS 中继代理的功能,以后只要客户端要查询主机的 IP 地址(这些主机可能位于因特网或内部网络),NAT 服务器都可以代替客户端向 DNS 服务器查询。

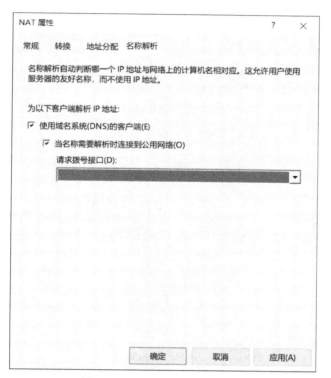

图 12-15 "名称解析"选项卡

NAT 服务器会向哪一台 DNS 服务器查询呢？它会向其 TCP/IP 配置处的首选 DNS 服务器(备用 DNS 服务器)查询。若此 DNS 服务器位于 Internet，而且 NAT 服务器是通过 PPPoE 请求拨号来连接 Internet 的，则勾选图 12-15 中"当名称需要解析时连接到公用网络"复选框，以便让 NAT 服务器自动利用 PPPoE 请求拨号(如 HiNet)来连接 Internet。

小　结

本章主要讲解了 NAT 基础知识和技能实践，包括 NAT 概述、NAT 实现方式和技术背景、NAT 的工作过程、NAT 的适用场景、配置并测试 NAT 服务器、外部网络主机访问内部 Web 服务器、配置 DHCP 分配器与 DNS 中继代理等相关内容。

习　题

一、单项选择题

1. NAT 的地址转换是双向的，可实现内网和 Internet 之间的双向通信。根据地址转换的方向，NAT 可分为(　　)。

A. 内网到外网的 NAT　　　　　　　　B. 外网到内网的 NAT

C. 内外网之间的 NAT　　　　　　D. 多功能 NAT

2. 配置 NAT 服务器的作用不包括(　　)。

A. 节省了公有 IP 地址

B. 提高了局域网计算机的安全性

C. 客户端能自动获取 DHCP 服务器提供的 IP 地址

D. 加快了局域网计算机的上网速度

3. 下面有关 NAT 叙述不正确的是(　　)。

A. NAT 是英文"地址转换"的缩写，又称地址翻译

B. NAT 用来实现私有地址与公用网络地址之间的转换

C. 当内部网络的主机访问外部网络的时候，一定不需要 NAT

D. 地址转换的提出为解决 IP 地址紧张的问题提供了一个有效途径

二、填空题

1. NAT 是＿＿＿＿＿＿＿＿的简称，中文是＿＿＿＿＿＿＿。

2. NAT 位于使用专用 IP 地址的＿＿＿＿和使用公用 IP 地址的＿＿＿＿之间。从 Intranet 传出的数据包由 NAT 将它们的＿＿＿＿地址转换为＿＿＿＿地址。从 Intranet 传入的数据包由 NAT 将它们的＿＿＿＿地址转换为＿＿＿＿地址。

3. NAT 也起到将＿＿＿＿网络隐藏起来、保护＿＿＿＿网络的作用，因为对外部用户来说只有使用＿＿＿＿地址的 NAT 是可见的。

4. NAT 让位于内部网络的多台计算机只需要共享一个＿＿＿＿IP 地址，就可以同时连接＿＿＿＿、＿＿＿＿与＿＿＿＿。

三、解答题

1. 网络地址转换 NAT 的功能是什么？

2. 简述地址转换的原理，即 NAT 的工作过程。

3. 简述下列不同技术有何异同。

(1) NAT 与路由；

(2) NAT 与代理服务器；

(3) NAT 与 Internet 共享。